高职高专电子信息类项目式“十二五”课改规划教材

计算机网络技术及应用实例

（第二版）

主　编　尹建璋　龚追飞　胡双全
副主编　喻　皓
参　编　李　蕾　张丽虹

西安电子科技大学出版社

内容简介

本书以组建一个小型网络的实际过程为主线，共设计了10个项目，将计算机网络技术的理论知识寓于各项目的各个任务之中。其中，项目1是小型企业网络设计初步，涉及网络的概念及网络拓扑图的绘制；项目2是网络硬件选型，涉及常用网络硬件与设备选型；项目3涉及IP地址概念与规划设计；项目4涉及网络连接施工；项目5涉及常用的网络服务架设；项目6涉及交换机及其端口基本配置；项目7是局域网与因特网的连接技术；项目8涉及无线网络架设；项目9是网络安全与管理；项目10涉及某学校校园网设计案例。网络基本概念及局域网技术的内容以附录的形式放在教材后，便于学生详细了解计算机网络基本理论。

本书特别适合作为高等职业教育、高等专科及其他职业技术教育开设计算机网络课程的相关专业的教材，也可作为其他专业的学生、教师及网络爱好人员的参考书。

图书在版编目(CIP)数据

计算机网络技术及应用实例/尹建璋，龚追飞，胡双全主编. —2版.
—西安：西安电子科技大学出版社，2014.7
高职高专电子信息类项目式“十二五”课改规划教材
ISBN 978-7-5606-3245-2

Ⅰ. ① 计… Ⅱ. ① 尹… ② 龚… ③ 胡… Ⅲ. ① 计算机网络—高等职业教育—教材
Ⅳ. ① TP393

中国版本图书馆CIP数据核字(2013)第317187号

策　　划　毛红兵
责任编辑　南景　毛红兵
出版发行　西安电子科技大学出版社(西安市太白南路2号)
电　　话　(029)88242885　88201467　　邮　　编　710071
网　　址　www.xduph.com　　电子邮箱　xdupfxb001@163.com
经　　销　新华书店
印刷单位　陕西天意印务有限责任公司
版　　次　2014年7月第2版　2014年7月第3次印刷
开　　本　787毫米×1092毫米　1/16　印 张 15
字　　数　353千字
印　　数　6001～9000册
定　　价　26.00元
ISBN 978-7-5606-3245-2/TP

XDUP 3537002-3

前　言

本书第一版于 2008 年 8 月由西安电子科技大学出版社出版，被很多高职学校采用。经过近几年的高职教学实践，教学理念及教学方法都有大的改变，项目任务化教学已成为高职教育的主流。为适应高职高专项目任务化教学的需要，作者在教学实践的基础上对本书第一版进行了改编。

项目任务化教学，就是以生产工作中的某个实际项目为基础，根据项目实施过程中产生的任务，按照教学课程标准，选择其中能实现课程教学目标的任务，并将其设计成便于教学的单元再应用于教学。项目任务化教学不同于项目教学，也不同于任务教学。项目教学将项目作为教学单元，侧重的是宏观项目；任务教学虽然也是将任务作为教学单元，但是，任务教学侧重的是任务本身，不能突出任务与整体项目的联系。项目任务化教学，突出任务与项目的联系、任务在项目中的地位及作用。它不单纯是一种教学方法，实际上也是对教学内容的变革；教学内容不再是以知识为目标的分散的任务模块，而是以技术技能为目标的、基于实际工作过程的项目整体。

本书是在第一版的基础上，根据企、事业单位，特别是中小微企业的特点，按照项目化任务教学方法改编的。全书以组建一个小型网络为主线，共设计了 10 个项目，力求将计算机网络的相关理论基础融于各项目任务之中，以适应高职高专学生的学习特点，重点培养学生的网络技术应用的基本技能。

本书在编写过程中得到了浙江长征职业技术学院各级领导的支持及杭州展望科技有限公司的支持，特别是杭州展望科技有限公司的胡双全经理提供了多个企业网络组建实例，对本书的编写提出了许多宝贵的建议。本书由尹建璋主持编写，参与本书编写的还有胡双全、龚追飞、喻皓老师，李蕾、张丽虹对全书进行了审核与校对，并提出多个修改建议，在此一并表示感谢。

本书可作为高职高专院校相关专业计算机网络技术课程的教材及实训实验教材，也可作为其他专业学生、家庭用户及小型企业办公人员学习网络技术的参考书。

由于作者水平有限，加之计算机网络技术发展日新月异，书中难免存在一些缺点、错误与不当之处，恳请广大读者批评指正。

作　者

2014 年 3 月

目　　录

引言

典型中小微企业局域网概述

据统计，我国共有约200万家小型企业，120万家中型企业，50万家大型企业，中小微企业在我国经济建设中的地位显而易见。在社会高度信息化的今天，中小微企业几乎都有自己的计算机局域网络，这些局域网络在单位的经济活动中起着至关重要的作用。

中小微企业局域网通常规模较小，结构相对简单，对性能的要求则因应用的不同而差别较大。许多中小微企业网络技术人员较少，因而对网络的健壮性要求很高，通常要求网络尽可能简单、可靠、易用。因此，降低网络的使用和维护成本、提高产品的性能价格比对这类企业来说就显得尤为重要。

典型的中小微企业组网方式是，申请一个公网IP和10 M带宽，通过单台路由器接入Internet，配置内部Web服务器、DNS服务器、FTP服务器等；配置客户端办公电脑100台左右，按部门划分VLAN，用ACL控制各部门访问权限，配置网络打印机，实现资源共享等。其典型网络拓扑如图0-1所示。

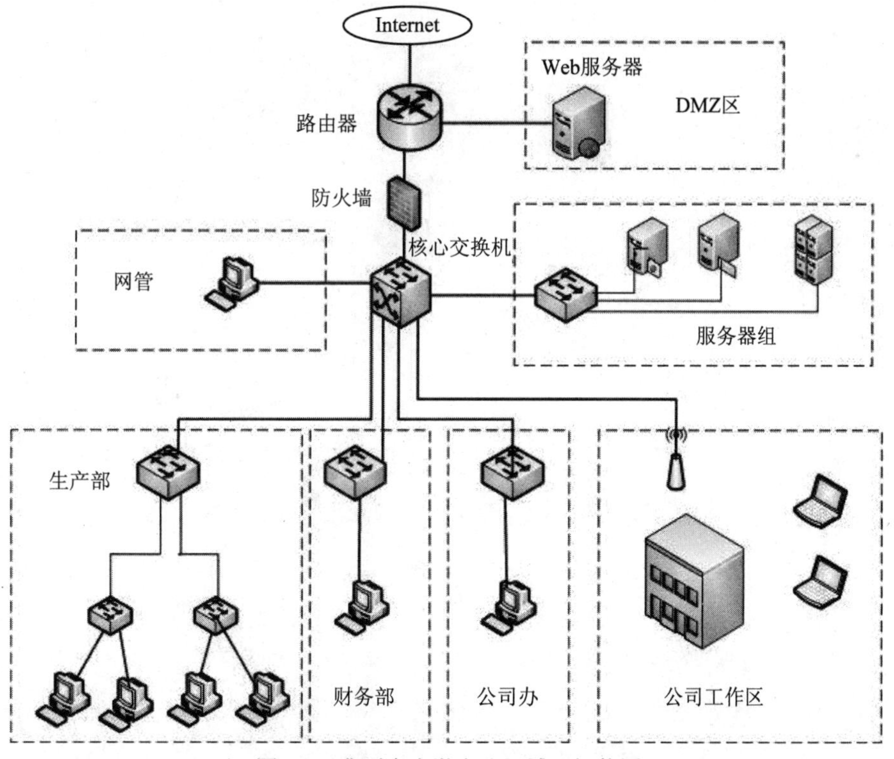

图0-1　典型中小微企业局域网拓扑图

要组建一个网络，严格来讲需要按照网络工程的要求进行设计并施工，但是，对于小型企业网络，某些设计过程可以从简，通常可以考虑以下步骤：

(1) 网络结构设计：主要包括局域网结构中的数据链路层设备互联方式、广域网结构中的网络层设备互联方式等。

(2) 物理层技术选择：主要包括缆线类型、网卡的选用。

(3) 局域网技术选择与应用：主要考虑STP、VLAN、链路聚合技术、冗余网关协议、线路冗余与负载均衡、服务器冗余与负载均衡等。

(4) 广域网技术选择与应用：主要考虑城域网远程接入技术（如ISDN、ADSL等）、广域网互联技术（如DDN、SDH、VPN等）、广域网性能强化等因素。

(5) 地址设计和命名模型：主要明确的内容有是否需要公网IP地址、私有IP地址；公网IP地址如何翻译；VLSM的设计；CIDR的设计；DNS的命名设计等。

(6) 路由选择协议：主要考虑因素有动态路由的协议类型、度量权值排序等；静态路由选择协议；内部与外部路由选择协议，分类与无分类路由选择协议等。

(7) 网络管理：主要包括行政管理和技术管理。

(8) 网络安全：主要工作内容有机房及物理线路安全、网络安全(如安全域划分、路由交换安全策略等)、系统安全(如身份认证、桌面安全管理、系统监控与审计等)、数据容灾与恢复、安全运维服务体系(如应急预案的制定等)、安全管理体系(如建立安全组织机构等)。

以上步骤将在后续相关项目及其任务中体现，读者可通过完成项目任务学习相关知识与技能。

项目1

小型企业网络设计初步

建设一个网络，首先要对网络进行设计。对于大型网络，应采用网络工程的方法进行设计；而对于小型网络，则可根据网络的具体情况、规模大小适当从简设计。在具体设计之前，网络需求分析是必须的，只是小型网络的需求分析相对而言要简单得多。在此，假设公司接入点在100个左右，有若干个部门；要求部门之间不可以直接通信，但公司所有计算机都能访问Internet和公司的Web服务器、FTP服务器等；各部门内部共用一台打印机；在公司工作场所，如果某些用户使用笔记本电脑，可通过无线接入点方便地接入公司内部网络并能访问公司各类应用服务器。

在明确了公司的网络需求后，就可以着手设计网络了。设计网络的主要内容如引言中所述，其中重要的一项内容是设计网络拓扑。设计网络拓扑通常采用设计软件。常用的设计软件有Microsoft Office Visio、亿图图示专家等。采用思科模拟器不仅能设计网络拓扑，而且能模拟配置网络。本书主要使用Microsoft Office Visio 2007及Cisco Packet Tracer 5.3完成相关任务。

项目目标

(1) 了解计算机网络的概念；了解Microsoft Office Visio 2007的用途及常用工具的使用方法；了解Cisco Packet Tracer 5.3的用途及常用工具的使用方法；了解无线网络及相关概念。

(2) 会使用Microsoft Office Visio 2007及Cisco Packet Tracer 5.3设计网络拓扑图。

任务1.1 初识计算机网络

在我国经济快速发展的今天，计算机的应用已相当普及。不论是规模较大的企业还是规模较小的企业，几乎都有用于工作或管理的计算机。在家庭，特别是城市家庭，没有计算机的只是极少数了。计算机在不同的地方正发挥着不同的作用，其中一个重要的作用就是上网，通过上网可以及时了解世界各地的新闻，与世界上任何地方的人进行交流，搜索自己感兴趣的内容等。那么，什么是计算机网络呢？网络有哪些功能？如何分类？本任务将通过观察我们正在使用的网络了解相关内容。

任务目标

(1) 了解计算机网络的概念，如网络定义、功能、分类、拓扑结构等；初步了解这些网络设备的作用。

(2) 能认识主要的网络设备；会绘制网络连接草图。

知识要点

(1) 计算机网络的定义。计算机网络是指将地理位置不同且能独立工作的多个计算机通过通信线路连接，由网络软件实现资源共享的系统。

(2) 计算机网络的功能。计算机网络的功能主要有资源共享(包括硬件和软件资源共享)、数据通信、信息收集与管理、计算机性能价格比的提高、分布式处理等。

(3) 计算机网络的分类。按网络覆盖的地理范围不同划分，计算机网络可分为局域网、城域网、广域网；按拓扑结构划分，可分为总线型、星型、树型、环型、全部互联型、不规则型和无线蜂窝型；按通信传播方式划分，可分为点对点传播方式网和广播式传播方式网；按使用范围划分，可分为专用网和公用网；按信息交换方式划分，可分为报文交换网、电路交换网和混合交换网；按通信介质划分，可分为双绞线网、光纤网、卫星网及微波网；按通信速率划分，可分为高速网、中速网和低速网；按传输带宽划分，可分为基带网和宽带网。

(4) 网卡。网卡(NIC，Network Interface Card)，即网络适配器，又称为网络接口卡。它是使计算机接入网络的设备。

(5) 网卡的接口类型。常见的网卡接口类型有 RJ-45 接口(双绞线接口)、BNC 接口(细缆接口)、AUI 接口(粗缆接口)等。

(6) 网卡的 MAC 地址。MAC(Media Access Control)是介质访问控制的简称。对网卡而言，MAC 地址是唯一的。目前 MAC 地址由 6 个字节组成，共有 2^{48} 个地址，由 IEEE 组织分配。网卡生产厂商要向该组织购买，该组织负责分配前 3 个字节，这 3 个字节组成的每一个数字称为一个地址块，共有 2^{24} 个地址块；剩下的 3 个字节由厂商自行分配。

因此，全世界任何两块网卡的 MAC 地址都是不一样的，即使是同一厂家、同一型号、同一批次的两块网卡，MAC 地址也不一样。计算机上安装的网卡，其 MAC 地址可以在命令提示符下输入 IPCONFIG/ALL 得到。“Physical Address…”后显示的即是该网卡的 MAC 地址。如某块网卡的 MAC 地址为 00-13-D4-39-4D-96(其中的数字为十六进制表示的数字)。

(7) 无线网卡。无线网卡是终端无线网络的设备。在无线局域网覆盖范围内通过无线网卡，可将终端连接到网络上。

(8) 中继器。中继器(Repeater)的主要功能是对传输介质上的信号整形、放大，以便信号在网络上传输得更远，达到扩展网络长度的目的。

(9) 集线器。集线器(Hub)的实质是多端口的中继器。它除了具有中继器的功能外，还有集中管理网络、提高网络的稳定性和可靠性等功能。

(10) 路由器。路由器(Router)主要用于连接局域网和广域网，它有判断网络地址和选择路径的功能。它的主要工作就是为经过路由器的报文寻找一条最佳路径，并将数据传送到目的站点。

(11) 交换机。交换机(Switch)又称为交换式集线器，它是网络互联的重要设备。交换机有二层交换机(功能相当于网桥)、三层交换机(功能相当于路由器)和高层交换机(功能相当于网关)。

(12) 网关。网关(Gateway)又称信关，它用于不同网络之间的连接，为网络间提供协议转换，并将数据重新分组后再传送。

技能要点

(1) 认识主要的网络设备。了解网络设备的主要内容：设备名称、型号、主要技术参数(查看设备铭牌即知)。

(2) 绘制网络连接草图的方法。用方框或简单图形代表设备并注明设备名称。先以房间四周墙面为参照定位设备位置，再用线条连接代表网线连接。

实现任务的方法及步骤

1. 用具准备

每位学生准备白纸若干张，笔一支。

2. 了解实训机房及中心机房的网络现状并作记录

在教师或机房管理员的指导下完成下列操作：

(1) 了解机房中有哪些网络设备，记录设备的名称、型号、主要技术参数及数量。

(2) 了解各设备是怎样连接的，采用的是什么线缆。

(3) 绘制网络连接草图。先绘制机房内的平面框图，再用方框代表各网络设备，绘制出其在平面框图中的相应位置，最后用线连接相应的网络设备(即方框)。

任务1.2 用Visio软件绘制网络拓扑图

设计网络的一个重要步骤就是绘制网络拓扑图。绘制网络拓扑图可用多种软件实现，较常用的有Microsoft Office Visio。本书以Microsoft Office Visio 2007(以下简称Visio 2007)为例介绍绘制网络拓扑图的方法，其他软件的用法大同小异。Visio 2007已成为目前市场中最优秀的绘图软件之一，其强大的功能与操作简单的特性受到了广大用户的青睐，已被广泛应用于软件设计、项目管理、企业管理等众多领域中。它能够将难以理解的复杂文本和表格转换为一目了然的Visio图表。该软件通过创建与数据相关的Visio图表(而不使用静态图片)来显示数据，这些图表易于刷新，并能够显著提高生产率。使用Visio 2007中的各种图表可了解、操作和共享企业内组织系统、资源和流程的有关信息。

任务目标

(1) 了解Microsoft Office Visio 2007的用途及常用工具的使用方法。

(2) 能初步使用Microsoft Office Visio 2007绘制简单的网络拓扑图。

知识要点

(1) 网络节点。网络节点是指拥有自己唯一的网络地址、具有传送或接收数据功能的网络连接点。网络节点可以是工作站、网络用户或个人计算机、服务器、打印机和其他网络连接设备。

(2) 通信链路。网络中两个节点之间的物理通道称为通信链路。

(3) 网络拓扑。把许多的网络节点用通信链路连接起来，形成一定的几何关系，这就是计算机网络拓扑。或者说，一个网络的通信链路和节点的几何排列或物理布局图形就是网络拓扑。常用的计算机网络拓扑结构有：总线型、星型、环型、树型、全互联型和无线蜂窝型等。

各种拓扑的形状请参阅附录 A.1。

(4) 通信子网。通信子网是指网络中实现网络通信功能的设备及软件的集合，通信设备、网络通信协议、通信控制软件等都属于通信子网，是网络的内层，负责信息的传输。通信子网主要为用户提供数据的传输、转接、加工、变换等。

(5) 资源子网。资源子网由计算机系统、终端、终端控制器、联网外设、各种软件资源与信息资源组成。资源子网主要负责全网的数据处理业务，向网络用户提供各种网络资源和网络服务。资源子网拥有所有的共享资源及所有的数据。

(6) 计算机网络的组成。计算机网络按逻辑功能分为通信子网和资源子网两部分；而在物理结构上，计算机网络是由网络软件和网络硬件组成的。网络软件包括网络操作系统和应用软件；网络硬件包括计算机、网络设备、传输介质和外围设备。

技能要点

(1) 网络拓扑图中设备之间的连接线应尽可能避免交叉，一般用直线或折线而不用斜线连接网络节点。

(2) 当一个网络节点上的连接线较多时，可通过单击【视图】|【图层属性】，在【图层属性】对话框中取消【对齐】、【粘附】、【锁定】复选框的选择，以便按用户要求移动连接线的位置。

实现任务的方法及步骤

1. 用具准备

准备好任务 1.1 中绘制好的网络连接草图。

2. 新建绘图

启动 Visio，新建绘图并作基本设置，步骤如下：

(1) 从【开始】菜单或桌面 Visio 2007 快捷图标启动 Visio，打开【Microsoft Visio】窗口，如图 1.2-1 所示。

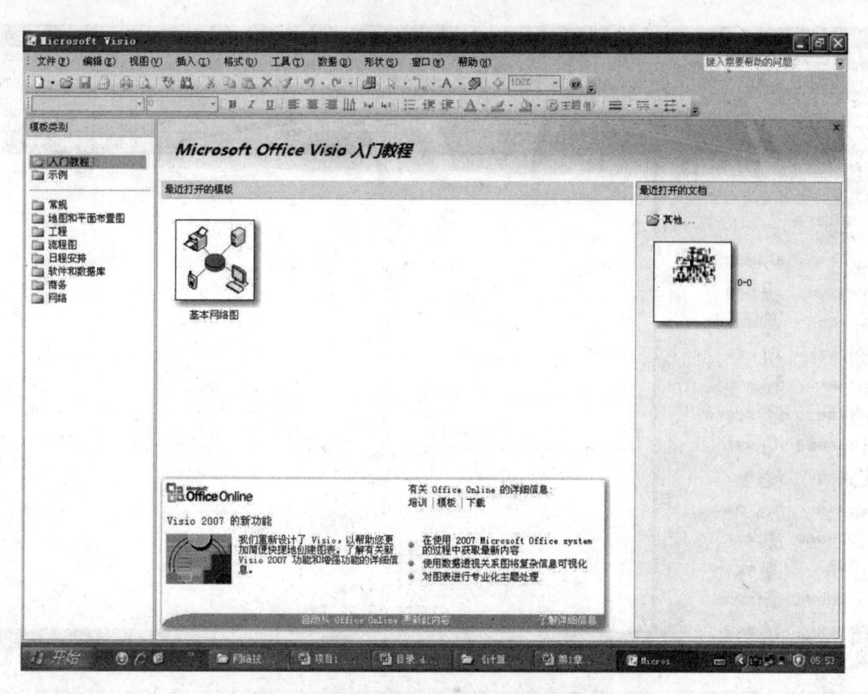

图 1.2-1　Microsoft Visio 窗口

(2) 在窗口左侧【模板类别】下单击【网络】，中间主窗格显示出常用模板，如图 1.2-2 所示。

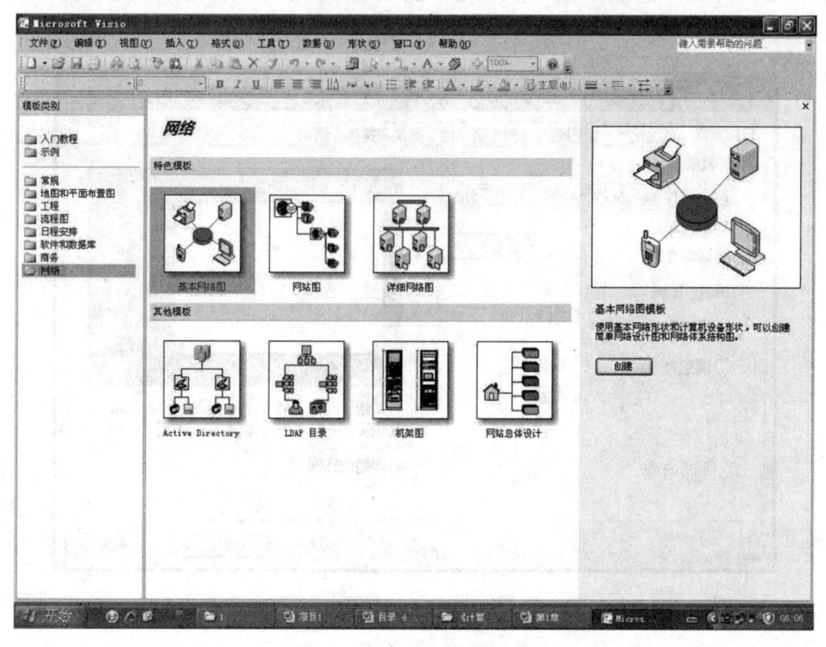

图 1.2-2　【网络】模板

(3) 在图 1.2-2 中选择一种模板，如【特色模板】栏中的【基本网络图】，然后单击右边窗格中的【创建】按钮，则系统将新建一个默认名为【绘图 1】的文档并进入绘图窗口，如图 1.2-3 所示。

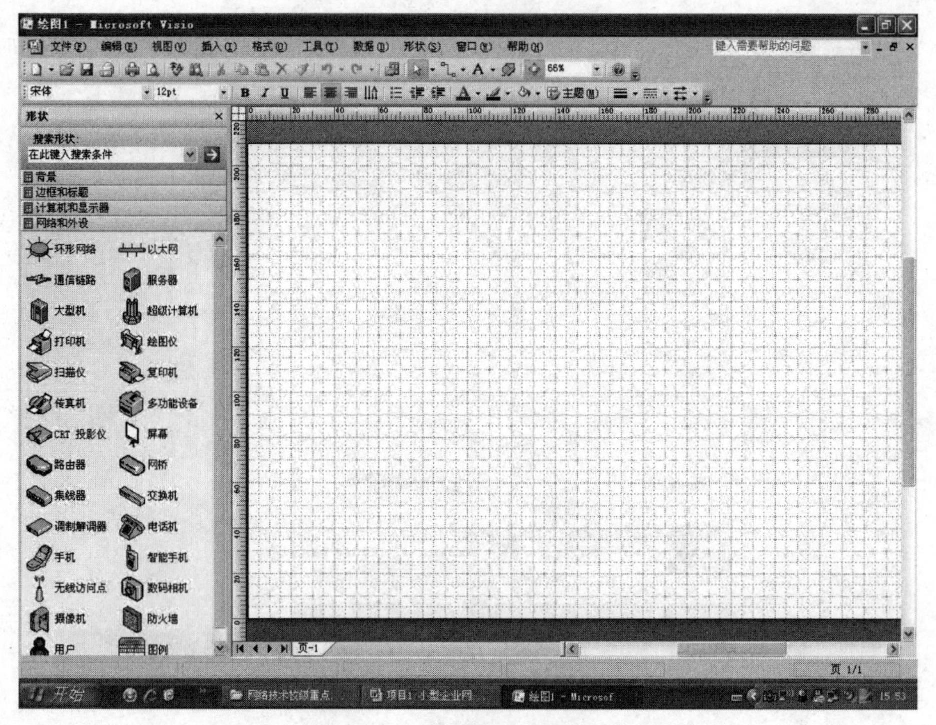

图 1.2-3 【绘图 1】绘图窗口

(4) 设置文档页面。依次单击【文件】|【页面设置】，打开【页面设置】对话框，如图 1.2-4 所示。

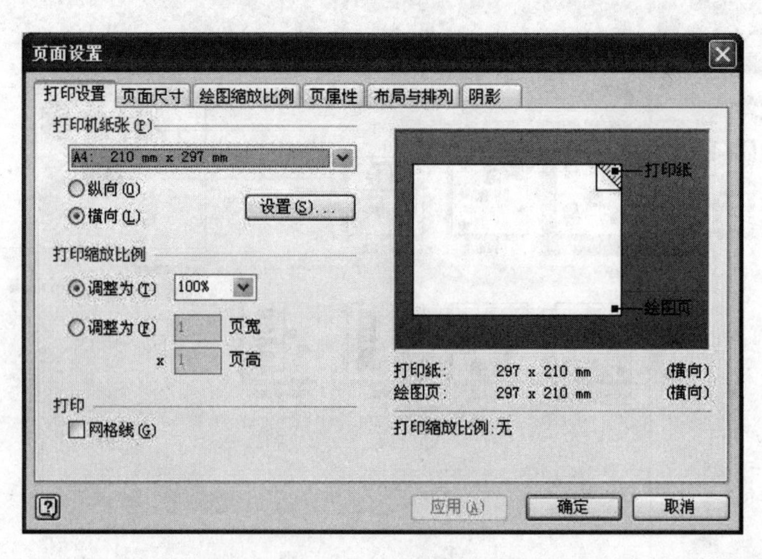

图 1.2-4 【页面设置】对话框

(5) 在图 1.2-4 中选择【打印设置】选项卡，可在该选项卡中选择合适的纸张，设置纸张的纵/横方向(如设置为纵向)，打印时的缩放比例等；也可根据需要选择【页面尺寸】、【绘图缩放比例】、【页属性】、【布局与排列】、【阴影】等选项卡作相应设置，如果不设置系统将采用默认值。设置完毕，单击【确定】按钮返回到图 1.2-3 所示的绘图窗口。

(6) 调整绘图区的显示比例。在图 1.2-3 中单击常用工具栏上 66% 右侧的倒三角按钮，在弹出的下拉列表菜单中选择合适的比例(如“宽度”)，以调整显示比例。

3. 绘制拓扑图

(1) 调出某组形状。在图 1.2-3 中左侧已列出多组形状。如果想要的形状在已列出的形状组中找不到，可调出其他形状组。如调出【网络符号】形状组，方法是：依次单击【文件】|【形状】|【网络】|【网络】|【网络符号】，如图 1.2-5 所示。这时，绘图窗口如图 1.2-6 所示。

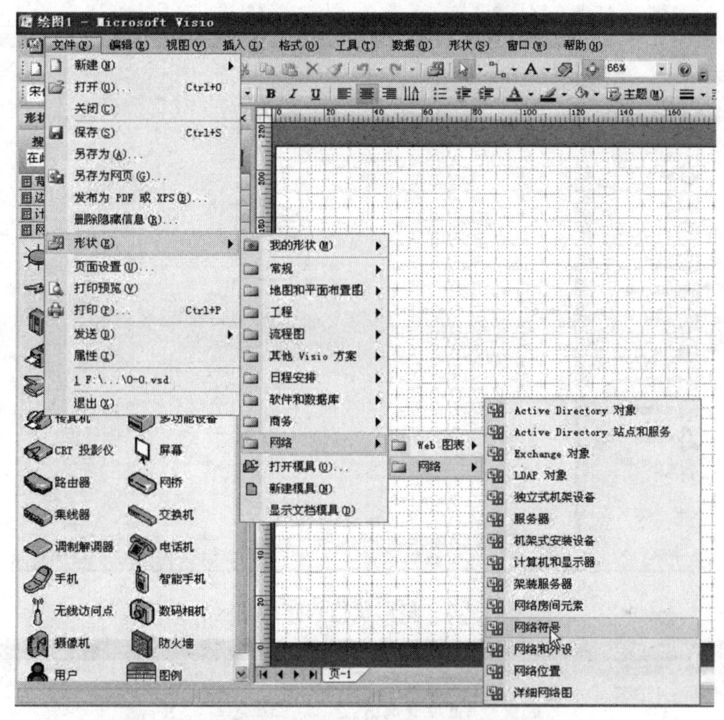

图 1.2-5　调出【网络符号】形状

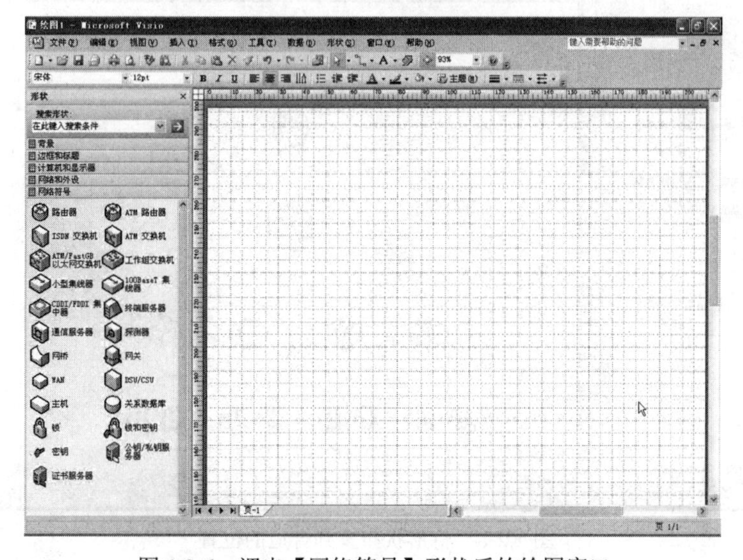

图 1.2-6　调出【网络符号】形状后的绘图窗口

(2) 在绘图区插入形状。在绘图区插入形状只需从左侧形状组中找到所需形状并拖放到绘图区即可。如将【网络符号】形状组中的【路由器】拖放到绘图区，如图 1.2-7 所示。此时，形状默认为选定状态，图形四周出现调节柄。通过调节柄可调节形状的大小和旋转形状。用同样的方法可将其他形状插入到适当的位置，并通过调节柄将形状调整到合适的大小，如图 1.2-8 所示。

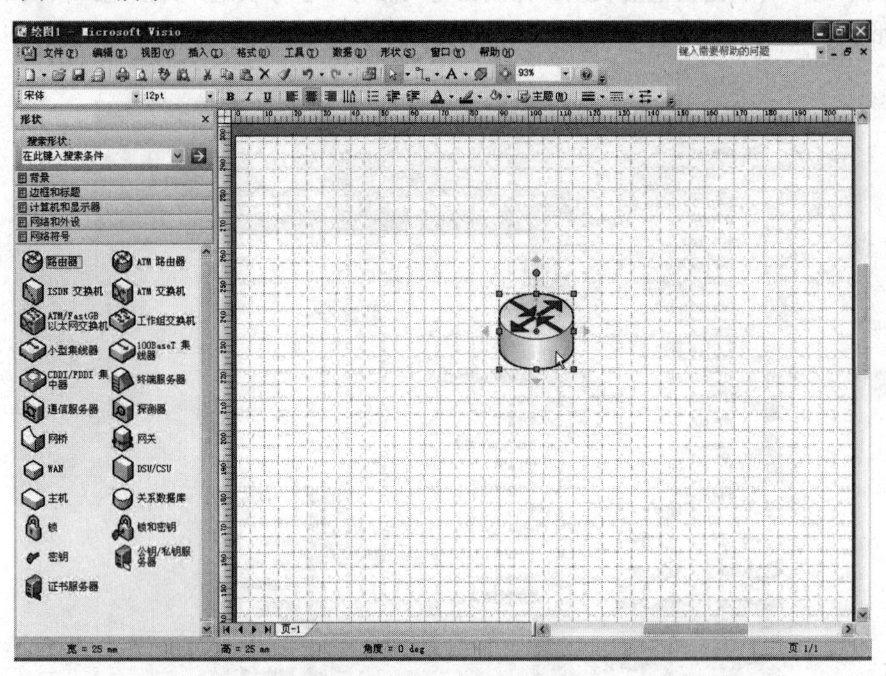

图 1.2-7　将形状拖入到绘图区

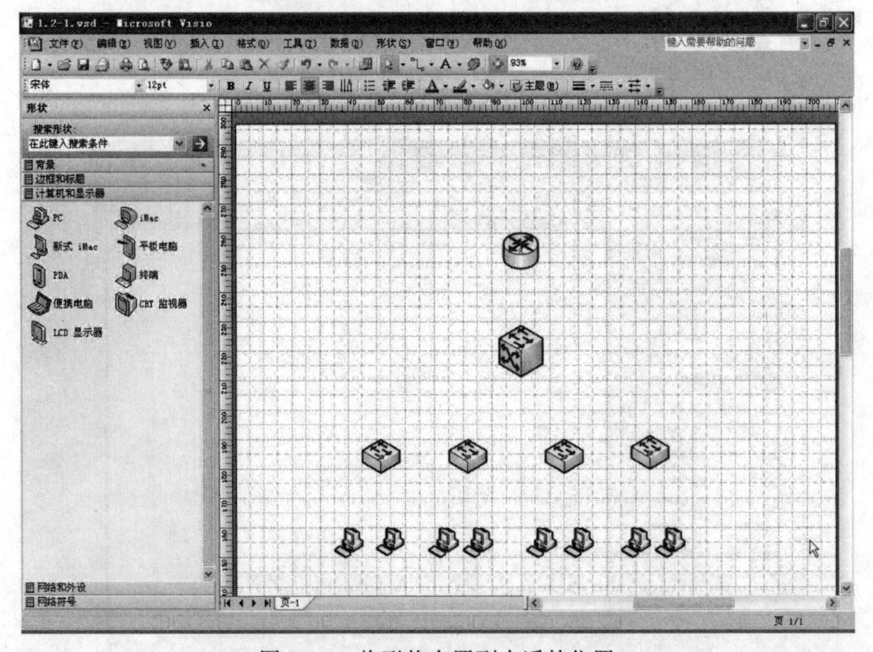

图 1.2-8　将形状布置到合适的位置

任务1.3 思科模拟器(Cisco Packet Tracer)的安装及使用

Packet Tracer 是 Cisco 公司针对其 CCNA 认证开发的一个用来设计、配置和故障排除的网络模拟软件。使用者可利用该软件自己创建网络拓扑，并通过一个图形接口配置该拓扑中的设备。Cisco Packet Tracer 还提供了一个分组传输模拟功能让使用者观察分组在网络中的传输过程。该软件是初学网络技术者很好的学习工具，有助于使用者在没有真实路由器、交换机的情况下学习路由器、交换机的相关知识并训练相关技能。本书以 Cisco Packet Tracer 5.3(以下简称 Packet Tracer 5.3)为例讲解其安装及使用方法。

任务目标

(1) 了解 Packet Tracer 5.3 的用途及常用工具的使用方法；理解网络协议、IP 地址的概念；了解 IPv4 及 IPv6。

(2) 能初步使用 Packet Tracer 5.3 绘制简单的网络拓扑图，并能做基本配置。

知识要点

(1) DCE。DCE(Data Communications Equipment)是数据通信设备，它用于在数据终端设备 DTE 和传输线路之间提供信号变换和编码功能，并负责建立、保持和释放链路的连接。

(2) DTE。DTE(Data Terminal Equipment)是数据终端设备，它是具有一定数据处理能力和数据收发能力的设备。

(3) 网络协议。为进行网络中的数据交换而建立的规则、标准或约定称为网络协议。网络协议一般由语法、语义和时序三要素组成。语法包括数据与控制信息的结构或格式；语义包括用于协调同步和差错处理的控制信息；时序包括速度匹配和事件实现顺序的详细说明。

(4) 局域网常用的三种通信协议。局域网常用的三种通信协议有 TCP/IP 协议、NetBEUI 协议和 IPX/SPX 协议。

TCP/IP(Transmission Control Protocol/Internet Protocol，传输控制协议/网际协议)是这三大协议中最重要的一个，作为互联网的基础协议，没有它就根本不可能上网，任何与互联网有关的工作都离不开 TCP/IP 协议。但是 TCP/IP 协议也是这三大协议中配置最复杂的一个，若需要通过局域网访问互联网的话，就要详细设置 IP 地址、网关、子网掩码、DNS 服务器等参数。

NetBEUI(NetBios Enhanced User Interface，网络基本输入输出增强用户接口)协议是一种短小精悍、通信效率高的广播型协议，安装后不需要进行设置，主要是为拥有 20～200 个工作站的小型局域网设计的。

IPX/SPX(Internetwork Packet Exchange/Sequential Packet Exchange，互联网包交换/顺序包交换)协议，在网络应用中主要用于 NetWare 操作系统。为了使其他操作系统与 NetWare 能够通信，我们必须在 NetWare 以外的操作系统上安装 IPX/SPX 协议。

(3) 标注设备名称。依次选择【插入】|【文本框】|【水平】，在设备周围适当位置单击，输入设备名称，如“路由器”，如图 1.2-9 所示。输入完毕，在输入框外任意空白处单击即可。

单击“路由器”文本框，会出现调节柄，通过调节柄可调节文字的排列方式，当出现移动图标时可移动文字到适当位置，也可设置字型、字号等格式。调整后的效果如图 1.2-10 所示。

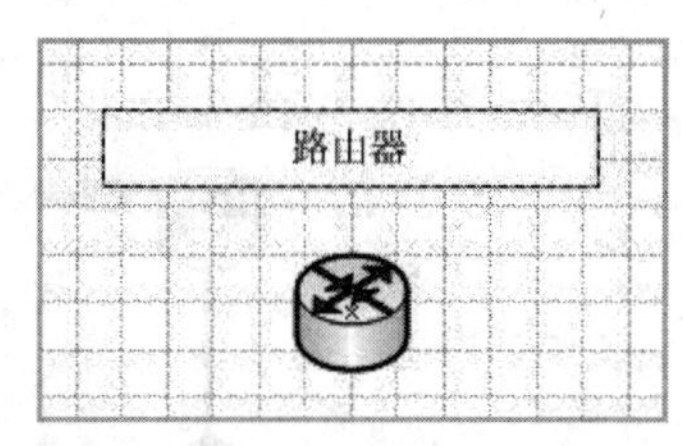

图 1.2-9　标注设备名称

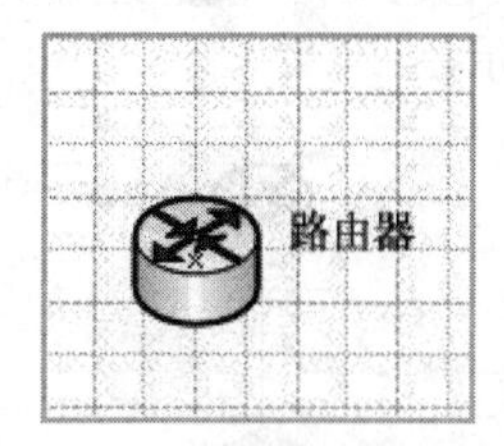

图 1.2-10　调整标注名称后的效果

(4) 连接形状。连接相邻形状时，可将鼠标指向第一个待连接形状周边的蓝色键头上，此时相邻形状出现红色线框，如果确定要连接，单击即可，如图 1.2-11(a)所示。连接后的图形如图 1.2-11(b)所示。

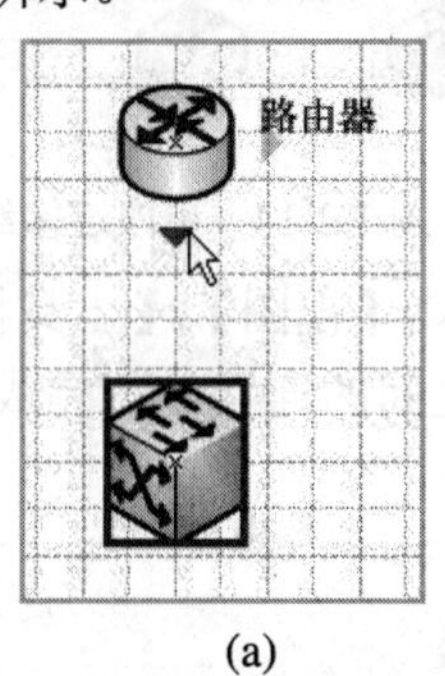

(a)

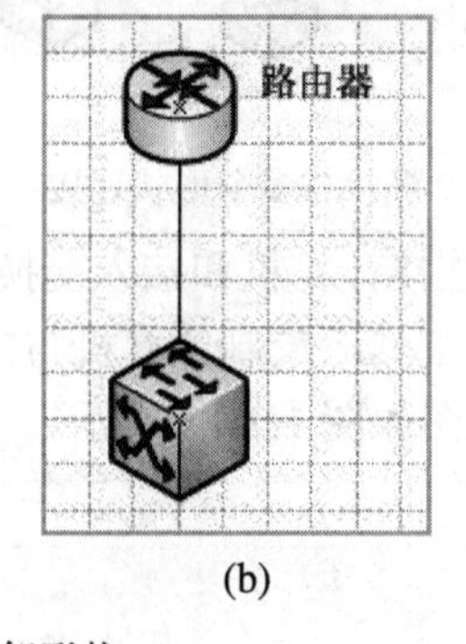

(b)

图 1.2-11　连接相邻形状

一个形状与多个形状连接时，可用连线工具来连接。为了在一个形状上方便地引出多个连接线，最好对图层属性作以修改。方法是：依次单击【视图】|【图层属性】，打开【图层属性】对话框，如图 1.2-12 所示。

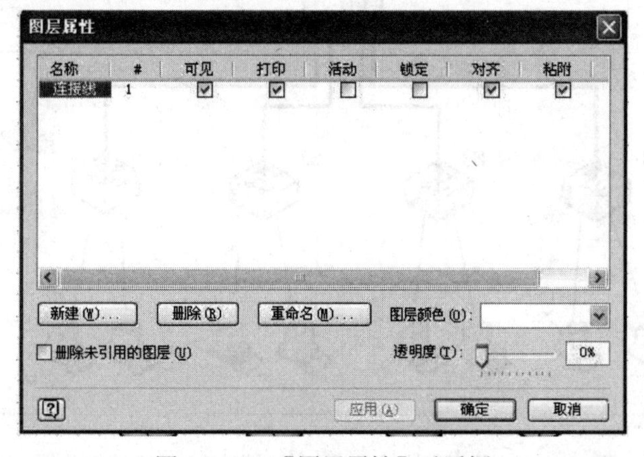

图 1.2-12　【图层属性】对话框

在图 1.2-12 中，选择“连接线”，单击【对齐】、【粘附】对应的复选框中的 取消该选项，然后单击【确定】，再用连线工具 连接各图形，并调节到合适为止，如图 1.2-13 所示。

(5) 更改连接线的粗细。单击选择要更改的连接线，如路由器与核心交换机的连接线，然后单击线条粗细工具 右侧的下拉列表键头，在下拉列表中选取所需粗细的线型，如【线条粗细 13】，核心交换机与其他交换机的连接线改用【线条粗细 9】，更改后的图形如图 1.2-14 所示。

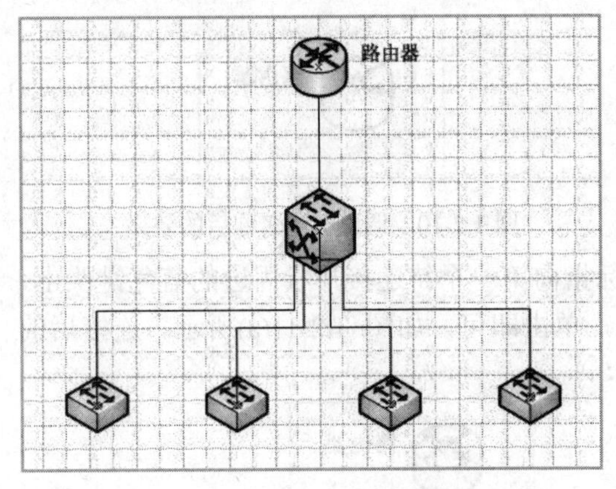

图 1.2-13　一个形状与多个形状连接

图 1.2-14　更改连接线粗细后的图形

(6) 使用直线连接计算机和接入交换机。依次单击【视图】|【工具栏】|【绘图】，在绘图工具中选取真线工具，绘制计算机与接入交换机之间的连接线。完成全部连接线及设备名称标注后的拓扑图如图 1.2-15 所示。

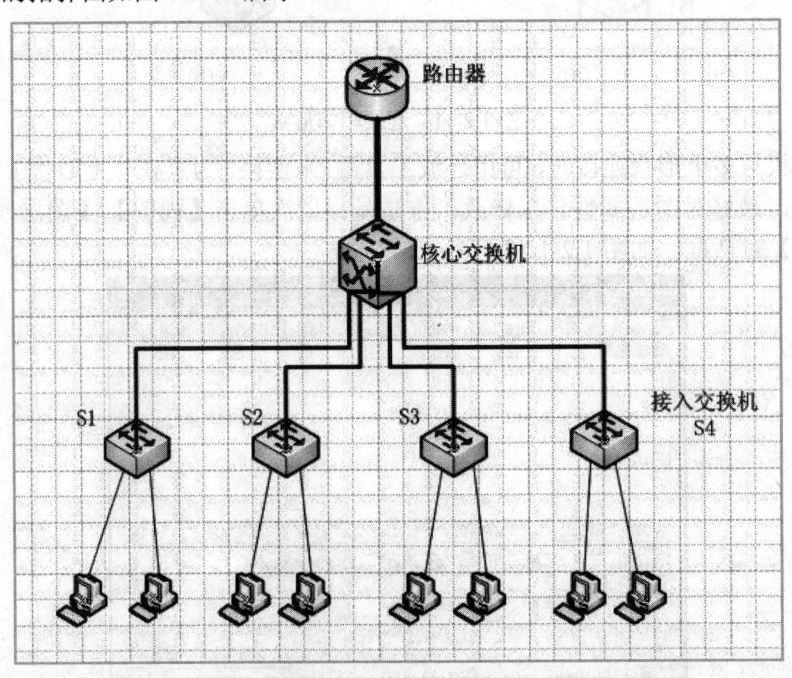

图 1.2-15　全部连接线及设备名称标注完成后的拓扑图

(5) IP 地址。IP 地址即“符合 IP 协议的地址”，目前采用的版本是 IPv4(IP 地址的第 4 个版本，以下简称 IP 地址)。IP 地址具有固定、规范的格式，它由 32 位二进制数组成，分成四段，其中每 8 位构成一段，一般用十进制数表示，段与段之间用英文的“.”隔开。如某台计算机的 IP 地址可设为 192.168.1.18。

IPv6 是 IETF(Internet Engineering Task Force，互联网工程任务组)设计的用于替代现行版本 IPv4 的下一代 IP 协议。IPv6 地址为 128 位，但通常写作 8 组，每组为四个十六进制数的形式。例如：

FE80:0000:0000:0000:AAAA:0000:00C2:0002

是一个合法的 IPv6 地址。如果几个连续段位的值都是 0，那么这些 0 就可以简单地以 :: 来表示，上述地址就可以写成 FE80::AAAA:0000:00C2:0002。

一个 IPv6 地址可以将一个 IPv4 地址内嵌进去，并且写成 IPv6 形式和平常习惯的 IPv4 形式的混合体。IPv6 有两种内嵌 IPv4 的方式：IPv4 映像地址和 IPv4 兼容地址。

IPv4 映像地址格式如下：::ffff:192.168.89.9。

IPv4 兼容地址格式如下：::192.168.89.9。

(6) IP 地址分类。目前使用的 IPv4 地址根据适用的范围不同分为五类：A 类地址、B 类地址、C 类地址、D 类地址和 E 类地址。分类的方法是根据地址二进制数的前几位，并将一个地址分为网络号和主机号两部分。

A 类地址：第一位是 0，第一个字节为网络号，后三个字节为主机号。A 类地址的网络共有 2^7(128)个，但规定 IP 地址不能是全“0”和全“1”，因此，实际使用的只有 1～126 共 126 个。每个 A 类地址可有 $2^{24}-2$(1 677 214)台主机，其格式为：1.x.y.z～126.x.y.z。

B 类地址：前两位是 10，前两个字节为网络号，后两个字节为主机号。其格式为：128.x.y.z～191.x.y.z。

C 类地址：前三位是 110，前三个字节为网络号，后一个字节为主机号。其格式为：192.x.y.z～223.x.y.z。

D 类地址：前四位是 1110，定义为组播地址。其格式为：224.x.y.z～239.x.y.z。

E 类地址：前五位是 11110，暂时保留，用于实验。其格式为：240.x.y.z～255.x.y.z。

技能要点

(1) 线型的选用。平行双绞线(Copper Straight-Through)用于网卡与集线器(交换机)相连、集线器与集线器(交换机)相连(级连)；交叉双绞线(Copper Cross-Over)用于网卡与网卡相连、集线器与集线器相连(不级连)、路由器和电脑直接相连、交换机和交换机相连。

(2) 更换接口卡。当所选设备接口不能满足连接要求时，可更换接口卡。更换接口卡前应关掉电源，换好后再接通电源。如果不想更换接口卡，可选用定制设备(Custom Made Devices)，因为定制设备有较多的可供选用的接口。

实现任务的方法及步骤

首先安装 Packet Tracer 5.3。下载好软件后，双击运行安装程序，一直单击“下一步”按钮，直到安装完成。下面重点介绍 Packet Tracer 5.3 的使用方法。

1. 熟悉界面

启动 Packet Tracer 5.3 后，进入 Packet Tracer 5.3 主界面，如图 1.3-1 所示。主界面中的主要部分有：标题栏、菜单栏、工具栏、设计区、编辑工具区、设备类型选择区、设备选择区等。这里重点介绍设备类型选择区。

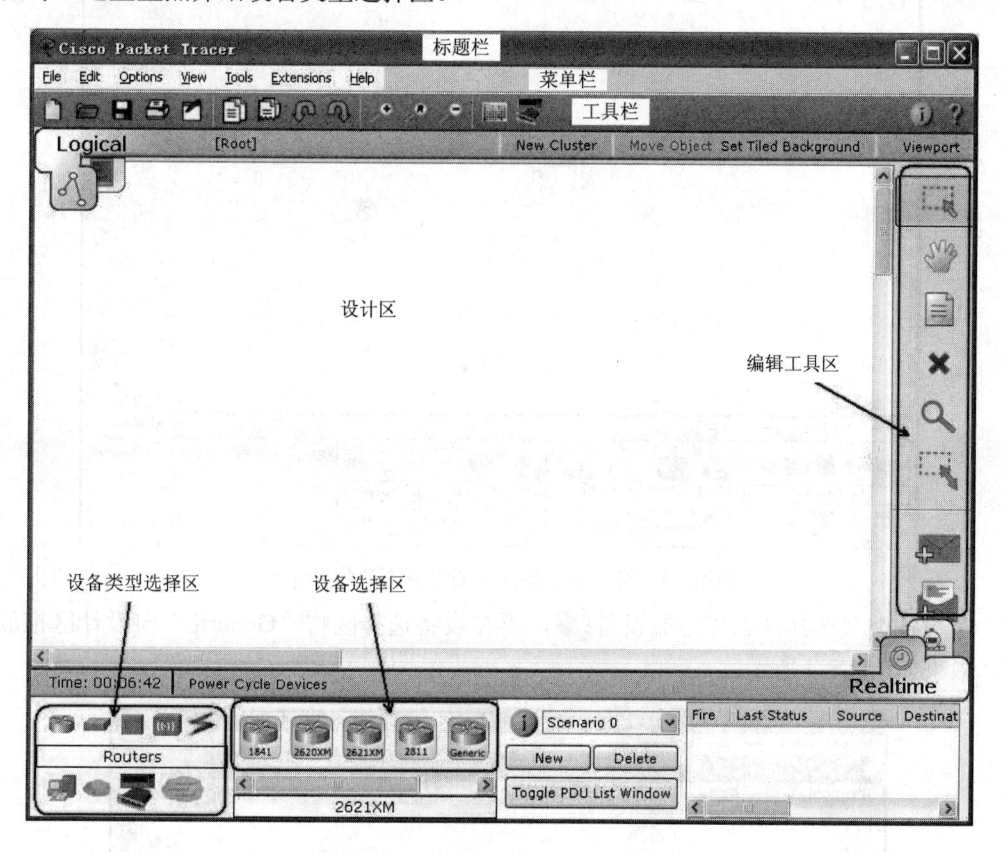

图 1.3-1　Packet Tracer 5.3 主界面

设备类型选择区中：为路由器；为交换机；为集线器；为无线设备；为设备之间的连线；为终端设备；为仿真广域网；为自定义设备。

2. 实例——用交换机连接两台 PC 机

(1) 选择设备类型。在设备类型选择区选择交换机，则在设备选择区显示几种常用型号的交换机，如图 1.3-2 所示。

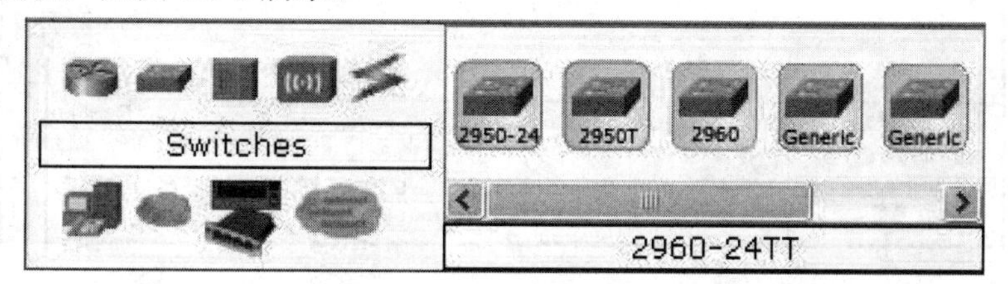

图 1.3-2　几种常用型号的交换机

(2) 将所需设备置入设计区。选择所需型号的交换机(如 2960)，再到设计区单击，则该设备显示在设计区，如图 1.3-3 所示。也可将设备选择区中的设备拖放到设计区。

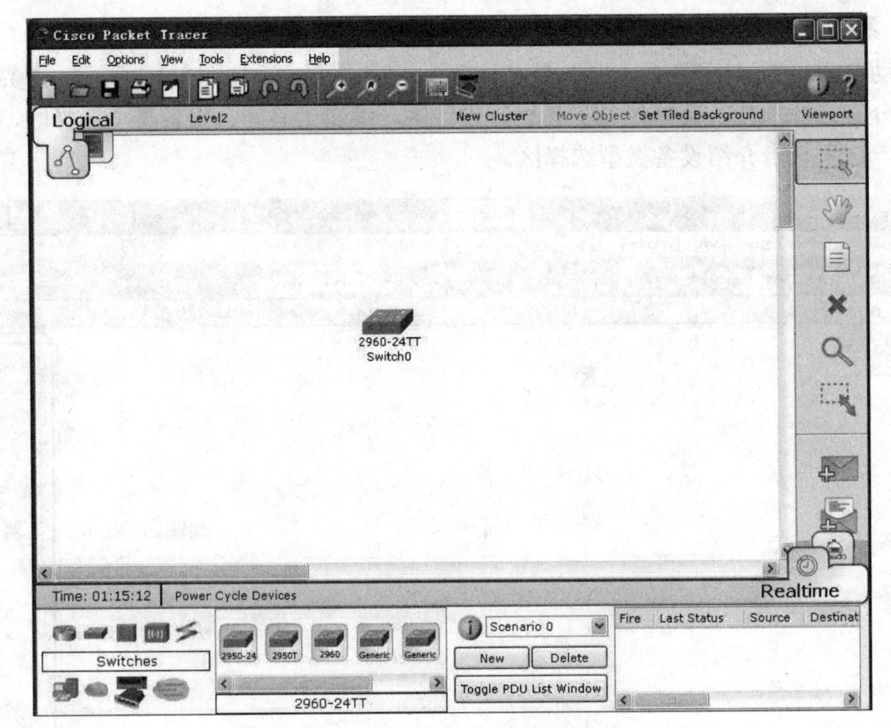

图 1.3-3　将设备选择区中的设备拖放到设计区

在设备类型选择区选择终端设备，再在设备选择区将“Generic”向设计区拖放两次，效果如图 1.3-4 所示。

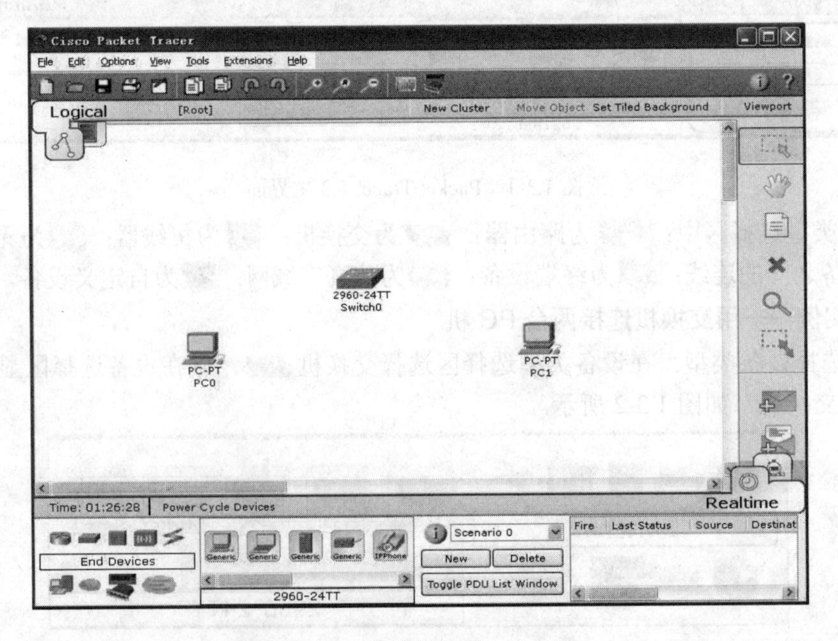

图 1.3-4　在设计区插入 PC 机

(3) 隐藏/显示设备标签。在菜单栏依次单击【Options】|【Preferences】,打开【Preferences】对话框，选择【Interface】选项卡，如图 1.3-5 所示。

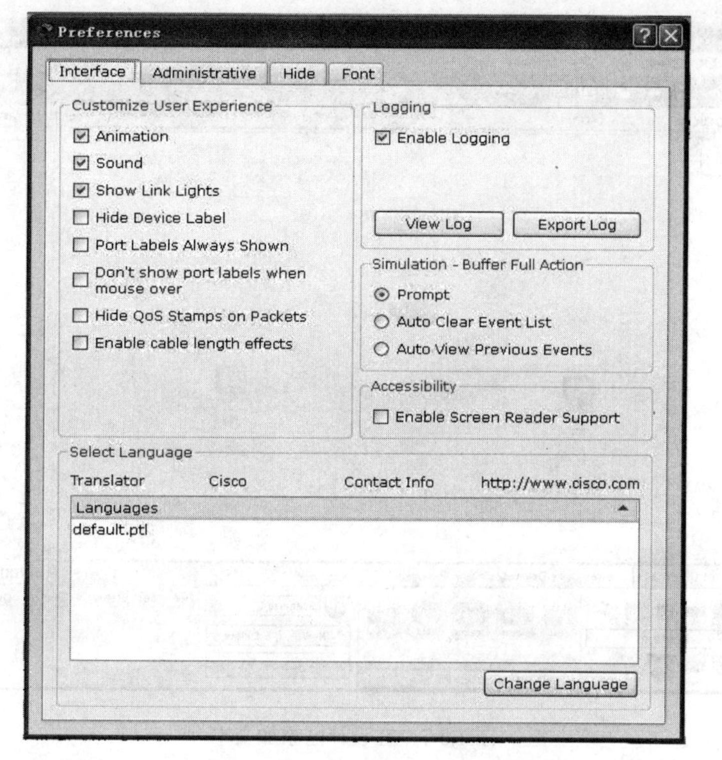

图 1.3-5　【Preferences】对话框中的【Interface】选项卡

选择【Hide Device Label】选项，则设计区中的设备标签随即隐藏了，如图 1.3-6 所示。若想显示设备标签，再次单击【Hide Device Label】取消选择即可。

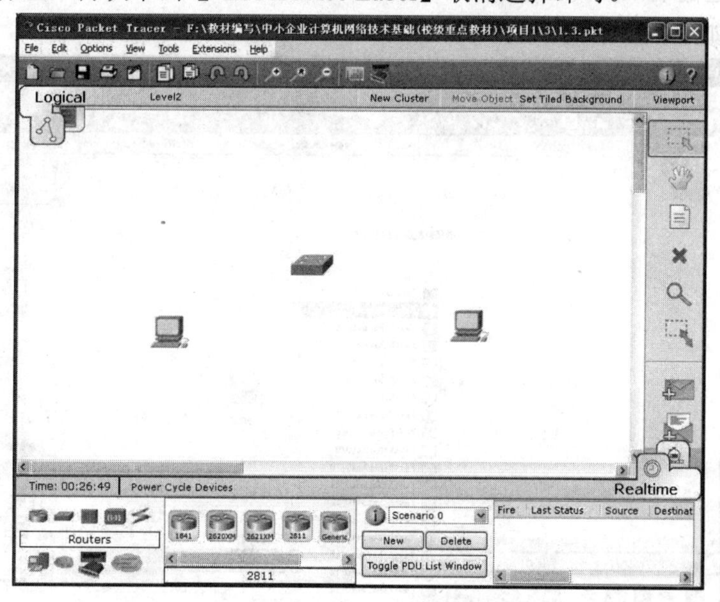

图 1.3-6　隐藏了设备标签的设计区

(4) 添加合适的文本。在设计区右侧的编辑工具区中单击▤，然后在设计区中需要添加文本的地方单击，输入所需文本，如图 1.3-7 所示。

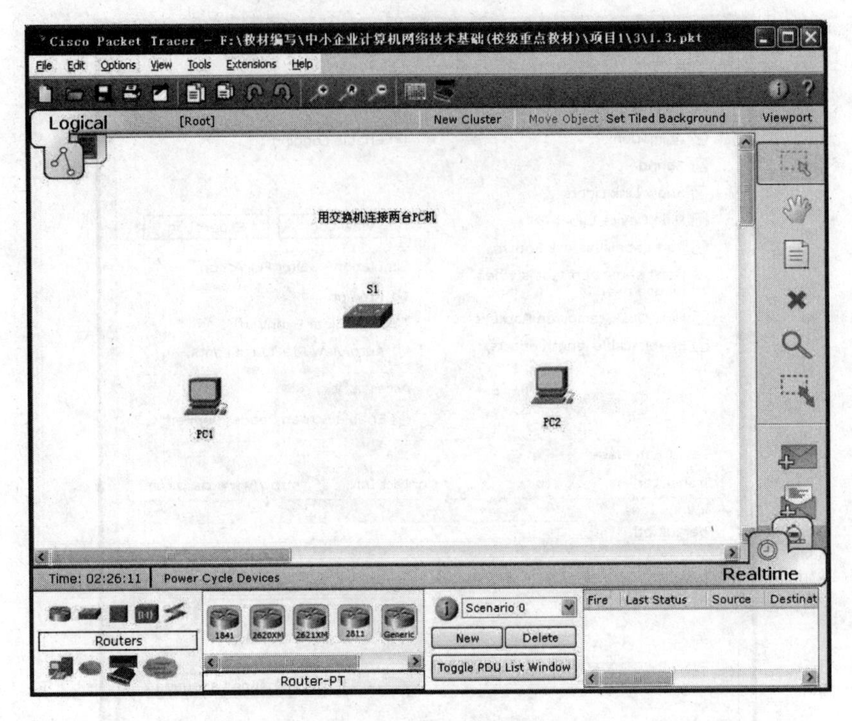

图 1.3-7　在设计区添加文本

(5) 选择合适的连线类型连接各设备。在设备类型选择区单击，在设备选择区单击，再到设计区单击要连接的设备之一(如 S1)，此时弹出该设备的端口列表，如图 1.3-8 所示。选择合适的端口(如 FastEthernet0/1)，再单击要连接的另一设备 PC1，此时弹出 PC1 的端口列表，如图 1.3-9 所示。

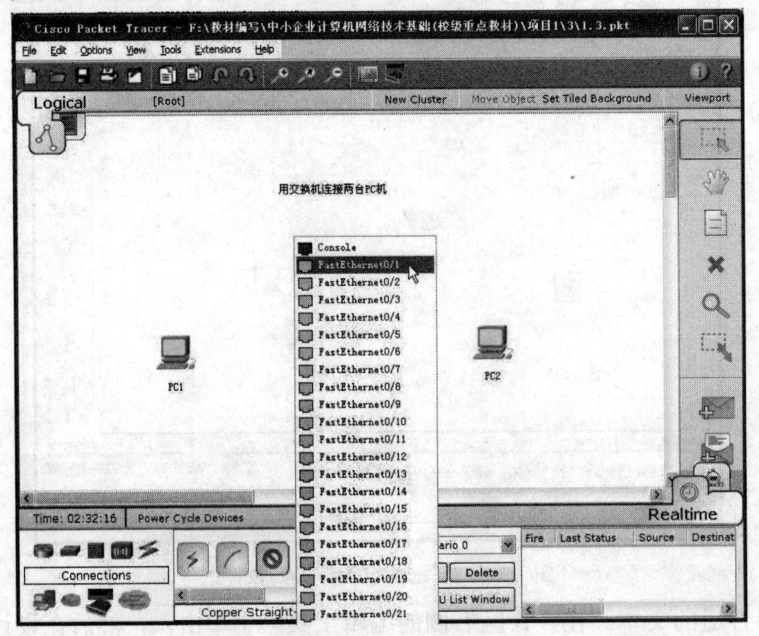

图 1.3-8　S1 端口列表

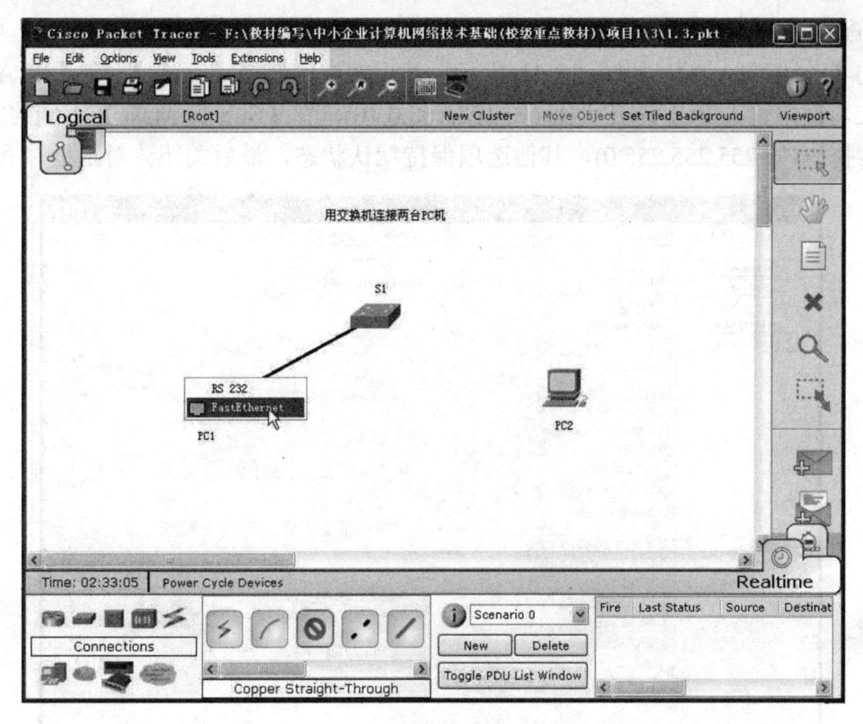

图 1.3-9 PC1 端口列表

选择合适的端口(如 FastEthernet)，则电脑 PC1 与交换机 S1 通过直通双绞线连接。重复以上步骤，连接电脑 PC2 与交换机 S1，效果如图 1.3-10 所示。

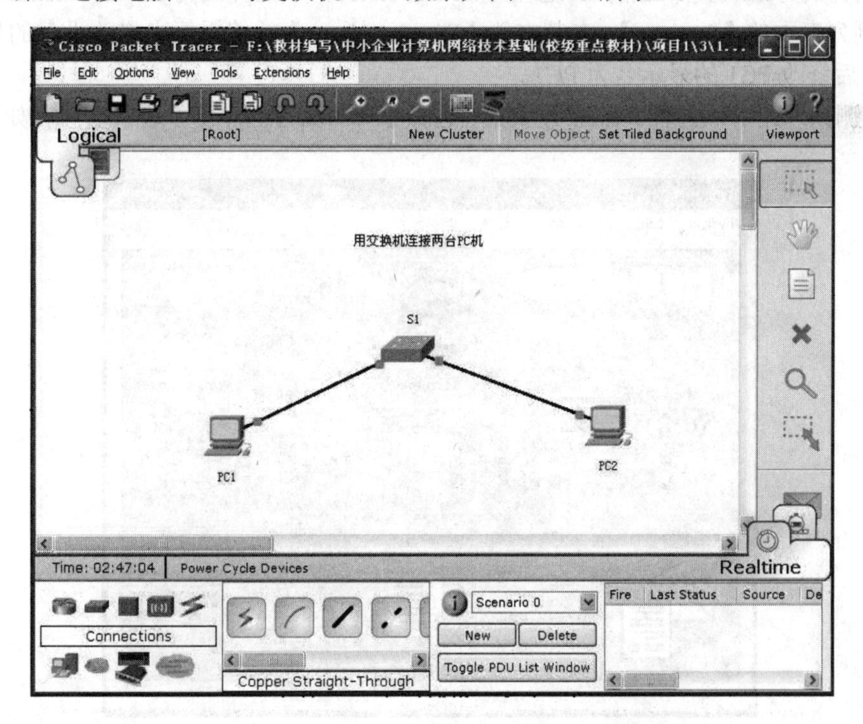

图 1.3-10 用直通双绞线将电脑接入交换机

(6) 配置PC1及PC2。单击PC1，在打开的对话框中选择【Config】选项卡，单击左侧列表中的【FastEthernet】，如图1.3-11所示；然后在右侧选择【Static】，在【IP Address】右侧的文本框中输入PC1的IP地址(如192.168.0.10)，在【Subnet Mask】右侧的文本框中输入子网掩码(如255.255.255.0)，其他选项保持默认状态，最后关闭该对话框。

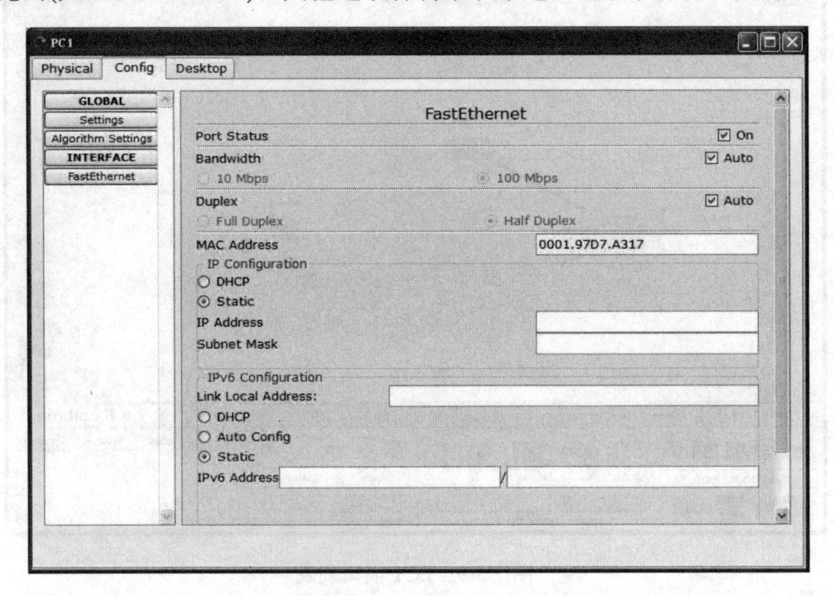

图1.3-11　配置PC1相关属性

用同样的方法设置PC2的IP地址为192.168.0.11，子网掩码为255.255.255.0。单击对话框左侧列表中的【Settings】，在其右侧【Display Name】的编辑框中修改设备的显示名为PC2，然后修改PC1的显示名为PC1。

(7) 测试网络的联通性。在图1.3-11中选择【Desktop】选项卡，选项卡内容如图1.3-12所示。

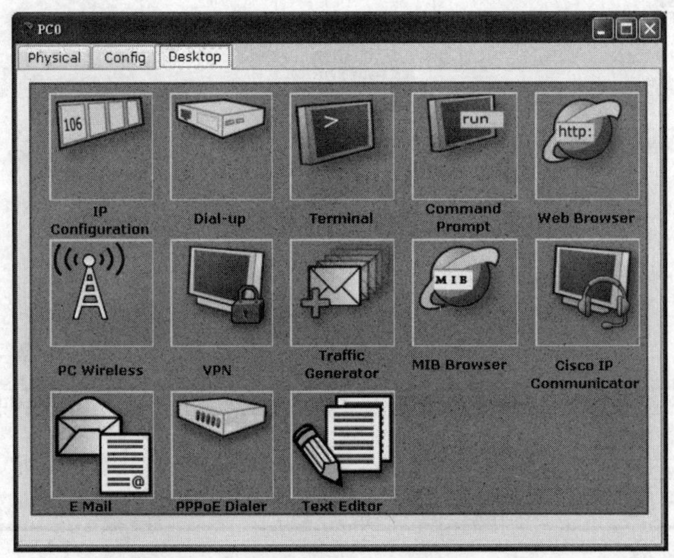

图1.3-12　PC0的【Desktop】选项卡内容

在图 1.3-12 中单击，进入到命令提示符状态，如图 1.3-13 所示。

在图 1.3-13 中输入命令提示符状态：ping 192.168.0.11，按回车键，如果配置无误，则显示如图 1.3-14 所示。

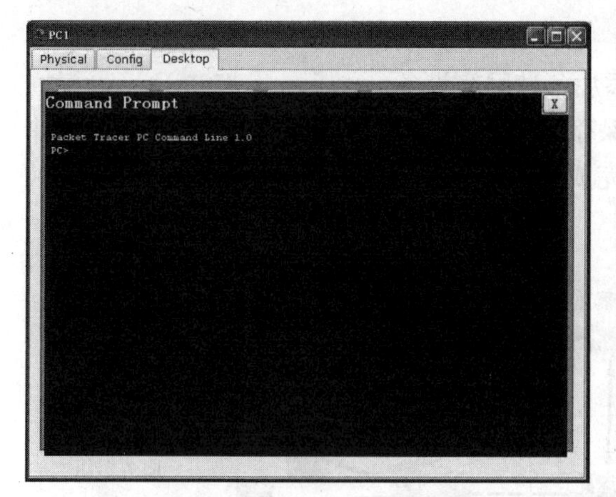

图 1.3-13　PC1 命令提示符状态

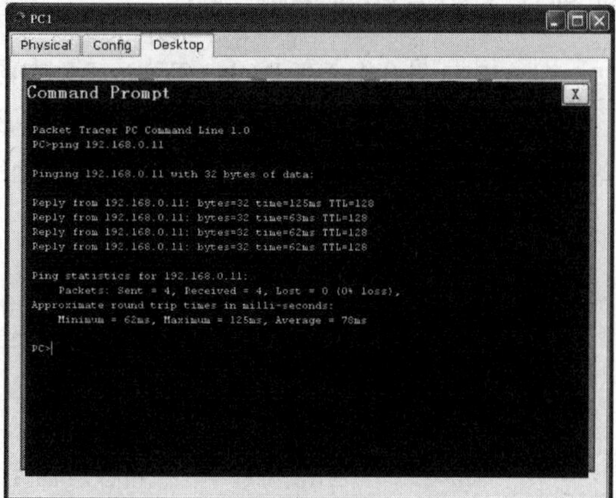

图 1.3-14　执行 ping 192.168.0.11 的效果

图 1.3-14 说明，发送了 4 个数据包，接收到 4 个数据包，没有包丢失，即 PC1 到 PC2 的网络是畅通的。

任务 1.4　用思科模拟器设计网络拓扑

Microsoft Office Visio 只能设计网络拓扑，不能配置网络；而思科模拟器不仅能设计网络拓扑，而且能模拟配置网络。本任务使用 Packet Tracer 5.3 完成图 0-1 的设计，并对相关设备作基本配置。

任务目标

(1) 进一步了解 Packet Tracer 5.3 的用途及常用工具的使用方法，能较熟练地使用 Packet Tracer 5.3 设计简单的网络拓扑图。

(2) 了解无线网络及相关概念。

(3) 会选用网络连接线。

知识要点

WLAN(Wireless Local Area Networks，无线局域网)是利用射频(RF，Radio Frequency)技术，取代旧式双绞铜线(Coaxial)所构成的局域网络。

技能要点

(1) 直通线的主要应用场合：计算机与交换机的连接。

(2) 交叉线的主要应用场合：交换机与交换机的连接。

(3) 串行线的主要应用场合：路由器与路由器的连接。

实现任务的方法及步骤

(1) 根据图 0-1，在 Packet Tracer 5.3 中添加各种网络设备。

(2) 用适当的线缆连接各设备，将文件保存为“小型企业网络设计.pkt”。注意保存并备份好此文件，因为后续任务将在此基础上完成。

完成的网络拓扑效果如图 1.4-1 所示。

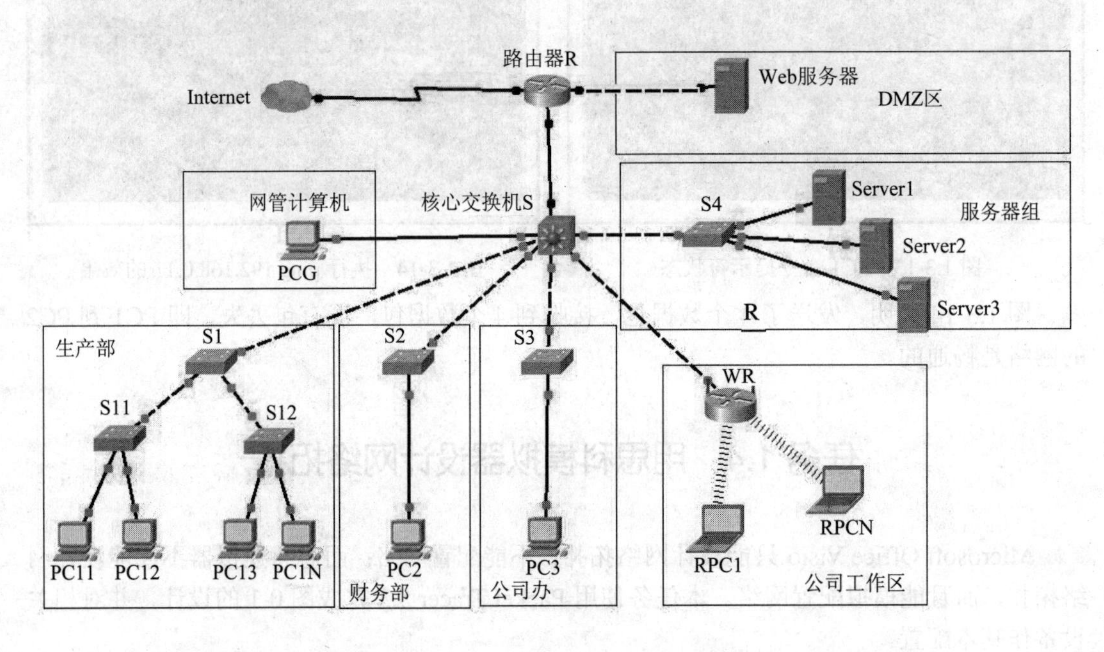

图 1.4-1　在 Packet Tracer 5.3 中设计网络拓扑

课外实践 1

1．找一个有网络的单位(如自己家里或自己熟悉的某个单位)：

(1) 了解机房中有哪些网络设备，记录设备的名称、型号、主要技术参数及数量。

(2) 了解各设备是怎样连接的，采用什么线缆连接的。

(3) 绘制网络连接草图。

2．根据上题中绘制的网络连接草图，用 Visio 绘制拓扑图。

3．在 Packet Tracer 5.3 中设计家庭网络并作基本配置，检测网络的联通性。

项目 2

网络硬件选型

在网络结构设计好以后，接下来要做的就是进行物理技术选择。物理技术选择主要包括缆线类型、网卡的选用。物理技术的选择与网络硬件相关。网络硬件设备最主要的是路由器和交换机。

项目目标

(1) 了解路由器、交换机的工作原理；掌握双绞线的两种制作标准。

(2) 会根据设计要求选用路由器、交换机；会制作双绞线。

任务 2.1 选择网络硬件

在网络设计中，网络硬件的选择至关重要，它关系到网络的性能，建成的网络能否达到设计要求，同时与网络预算相关。通常，较高性能的网络设备必定带来较高的网络性能，但是也需要较高的预算支持。采用高性能的网络设备建成的网络不一定是最优秀的网络，优秀的网络应是够用且运行稳定的网络。本任务对项目 1 中设计的网络拓扑(图 1.4-1)进行设备选择。

任务目标

(1) 了解网络设计中接入层、汇聚层、核心层的概念；了解网络设备的选型方法。

(2) 会根据网络设计要求选用路由器、交换机、线缆及网卡等。

知识要点

1．网络层次结构设计

(1) 接入层。各楼层信息点与各楼层交换机的连接构成网络结构的接入层。

(2) 汇聚层。通过与各接入层交换机互联，并作为各个信息点的网关，实现各个网段间的网络通信，构成网络的汇聚层。

(3) 核心层。各汇聚层交换机通过其上的光纤端口(或网线端口)连接至核心交换机，核心交换机之间进行链路聚合技术扩展交互带宽，同时核心交换需连接核心出口路由器(或防火墙)，从而构成网络的核心层。

2．选用交换机的一般原则

三层交换机或性能较高的交换机通常用于核心层或汇聚层；二层交换机通常用于接入层。

技能要点

(1) 路由器选型。路由器选型要考虑的内容有：实用性、可靠性、标准性、开放性、先进性、安全性、扩展性及性价比。

(2) 交换机选型。交换机选型要考虑的内容有：实用性与先进性相结合、选择市场主流产品、安全可靠、产品与服务相结合。

(3) 线缆选型。单模光纤的传输距离为 50～100 km；多模光纤的传输距离为 2～4 km；双绞线的传输距离为 100 m。

实现任务的方法及步骤

1. 明确网络层次

在图 1.4-1 中，计算机 PC11、PC12、PC13 及 PC1N 分别与 S11、S12 的连接，PC2、PC3 及服务器 Server1、Server2、Server3 分别与 S2、S3、S4 的连接构成网络的接入层；S11、S12 与 S1 的连接构成网络的汇聚层；S1、S2、S3 及 S4 与核心交换机 S 的连接构成网络的核心层。财务部、公司办及服务器组，由于信息点较少，所以不设汇聚层，当今后信息点增多时，增加一台交换机充当汇聚层交换机即可。公司工作区的无线网络形成网中网。

2. 路由器 R 的选型

由于图 1.4-1 所设计的拓扑中，没有用到防火墙，所以，路由器 R 应选择具有防火墙功能的型号。现在路由器的型号较多，价格也高低不等，选型时应遵循一定的原则。基本原则是：

(1) 实用性原则。根据实践经验选择实用的型号，满足网络设计要求。

(2) 可靠性原则。所选设备应能保证网络系统稳定和可靠地运行。

(3) 标准性和开放性原则。所选设备应符合国际标准或国家、行业标准，方便不同厂家设备的接入。

(4) 先进性原则。所选设备应支持 VRRP(虚拟路由冗余协议)技术、OSPF 协议等，保证网络的传输性能及快速收敛性。

(5) 安全性原则。所选设备应能提供安全设置，满足用户身份鉴别、访问控制、数据的完整性、可审核性和保密性等要求。

(6) 扩展性原则。当业务发展的情况下，路由系统可扩充升级，保证系统稳定运行。

(7) 性价比。不要盲目追求高性能产品，要购买适合自身需求的产品。

3. 交换机的选型

交换机的选型原则与路由器基本相同，不同的是它按层级选择产品。通常情况是，核心交换机选用具备较高性能的产品；汇聚层交换机选用中等性能的产品；接入层交换机选用较低性能的产品。

4. 线缆选型

由于单模光纤传输距离为 50～100 km，多模光纤传输距离为 2～4 km，双绞线传输距离为 100 m，所以，在实际应用中，楼宇之间(如图 1.4-1 中的 S 与 S1、S2、S3、S4 及 WR)

当距离不太大时采用多模光纤；连接各楼层的汇聚层交换机也使用多模光纤；汇聚层交换机与接入层交换机的连接可采用多模光纤(如图 1.4-1 中 S1 与 S11 及 S1 与 S12 的连接)，也可采用超五类双绞线；计算机与接入层交换机的连接可采用五类双绞线。

任务 2.2 制作双绞线

在网络设计完成后，通常进入网络施工阶段。在施工中，制作双绞线是较基础的工作，而且工作量较大，需要熟练地快速完成。本任务就是要学会制作双绞线的方法，并训练快速制作双绞线的技能。

任务目标

(1) 了解 T568A 及 T568B 两种双绞线的线序。

(2) 会按 T568A 及 T568B 两种标准制作双绞线。

知识要点

(1) T568A 标准规定的线序(从左至右)为：绿白、绿、橙白、蓝、蓝白、橙、棕白、棕。

(2) T568B 标准规定的线序(从左至右)为：橙白、橙、绿白、蓝、蓝白、绿、棕白、棕。

技能要点

(1) 两种标准线序中，从左至右，第 4、5 号位上的是“蓝、蓝白”不变，第 7、8 号位上的是“棕白、棕”不变。

(2) A 标准绿色线对在前，B 标准橙色线对在前。

(3) 制作双绞线时，先将蓝色线对放在中间，棕色线对放在最右侧。如果按 A 标准制作，则将绿色线对放在最左侧，然后将橙色线拆开，分别放在蓝色线对的两边(带白的在左)；如果按 B 标准制作，则将橙色线对放在最左侧，然后将绿色线对拆开，分别放在蓝色线对的两边(带白的在左)。

在工程中常常使用 T568B 标准。

实现任务的方法及步骤

RJ-45 连接口引脚序号和双绞线线序如图 2.2-1 所示。

1. 用具准备

要准备的用具有：制线钳一把、双绞线一根、水晶头若干、测线仪一台。

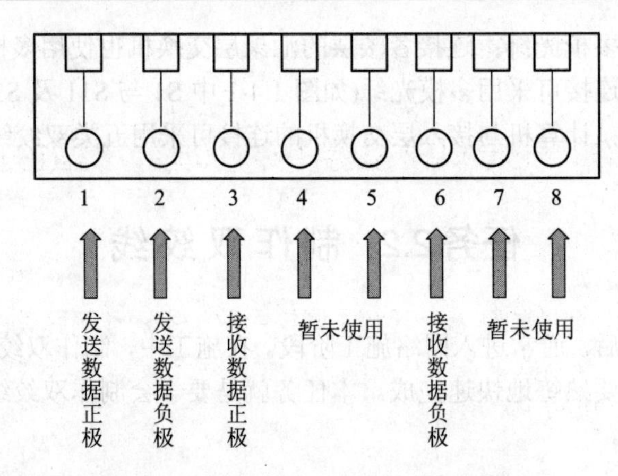

图 2.2-1　RJ-45 连接口引脚序号和双绞线线序

2．按 T568A 标准制作双绞线的一端

(1) 用制线钳将双绞线一端剪切整齐。

(2) 用制线钳剥线部位将双绞线外层皮套切掉。

(3) 将蓝色线对放在中间，棕色线对放在最右侧。

(4) 将绿色线对放在最左侧，然后将橙色线对拆开，分别放在蓝色线对的两边(带白的在左侧)。

(5) 再将所有线对拆开，按“绿白、绿、橙白、蓝、蓝白、橙、棕白、棕”顺序排列好线序。将所有线头拉直，并行排列。

(6) 用制线钳将排列好的线剪切整齐。将剪切整齐的线头按顺序(注意正反方向)对准水晶头，慢慢插入，直到底部。

(7) 用制线钳将水晶头压紧。

3．按 T568B 标准制作双绞线的另一端

(1) 用制线钳将双绞线一端剪切整齐。

(2) 用制线钳剥线部位将双绞线外层皮套切掉。

(3) 将蓝色线对放在中间，棕色线对放在最右侧。

(4) 将橙色线对放在最左侧，然后将绿色线对拆开，分别放在蓝色线对的两边(带白的在左侧)。

(5) 再将所有线对拆开，按“橙白、橙、绿白、蓝、蓝白、绿、棕白、棕”顺序排列好线序。将所有线头拉直，并行排列。

(6) 用制线钳将排列好的线剪切整齐。将剪切整齐的线头按顺序(注意正反方向)对准水晶头，慢慢插入，直到底部。

(7) 用制线钳将水晶头压紧。

4．检测

将制作好的双绞线两端分别插入测线仪的对应端口，打开测线仪，如果信号灯顺序是：1-3、2-6、3-1、4-5、5-5、6-2、7-7、8-8，则说明制线成功。

这样制作出来的双绞线通常叫做交叉双绞线(A-B)。

如果双绞线两端都用 A 标准(即 A-A)或两端都用 B 标准(即 B-B)，则称为直通线(或平行线)。如果是平行线，测线仪信号灯顺序则是：1-1、2-2、3-3、4-4、5-5、6-6、7-7、8-8。

任务 2.3　在思科模拟器下初步设计小型企业网络

任务目标

(1) 进一步理解 IP 地址的概念；理解子网掩码的作用；理解网关的概念。

(2) 能对路由器、各节点设备做基本配置；会用 ping 命令检测网络的联通性。

(3) 会配置无线局域网(WLAN)。

知识要点

(1) 子网掩码。子网掩码同 IP 地址一样，是一个 32 位的二进制数，只是网络部分全为“1”，主机部分全为“0”。IP 地址中的主机号可继续划分为“子网号”和“主机号”。当一个 IP 地址中主机数量较大(比如一个 B 类地址可以有 65534 台主机)时，为了便于隔离和管理网络，同时防止网络内由于主机数量太多出现“广播风暴”问题，可采用划分子网的方法。判断两个 IP 地址是否在同一个子网中，只需判断这两个 IP 地址与子网掩码做逻辑“与”运算的结果是否相同，相同则说明在同一子网中。

(2) 网关(Gateway)。在采用不同体系结构或协议的网络之间进行通信时，用于提供协议转换、路由选择、数据交换等网络兼容功能的设施叫网关。通俗地讲，就是从一个网络向另一个网络发送信息，必须经过一道“关口”，这道关口就是网关。网关就是一个网络连接到另一个网络的“关口”。

技能要点

(1) 一般情况下，交换机不用配置 IP 地址。

(2) 内网设备的网关就是与外网交界的设备内网端口的 IP 地址。

实现任务的方法及步骤

1．规划 IP 地址

根据图 1.4-1 对其 IP 地址进行规划。该设计中要用到一台路由器，该路由器使用了三个端口：Se0/0/0 与 Internet 连接；Fa0/0 与内网连接；Fa0/1 与 DMZ 区的 Web 服务器连接。端口 Se0/0/0 的 IP 地址由 ISP(Internet 服务提供商)提供，端口 Fa0/0、Fa0/1 的 IP 地址可使用任何内部地址。

路由器各端口设计如下：

Se0/0/0：IP 地址为 195.18.18.1；子网掩码为 255.255.255.0。

Fa0/0：IP 地址为 193.100.1.1；子网掩码为 255.255.255.0。

Fa0/1：IP 地址为 193.100.2.1；子网掩码为 255.255.255.0。

Web 服务器：IP 地址为 193.100.2.8；子网掩码为 255.255.255.0；网关：193.100.2.1。

由于网络规模不大，所以，全部内网可采用一个网段(各部门划分到不同 VLAN 的设计将在后面的任务中完成)，设计如下：

网管 PCG：IP 地址为 193.100.1.8；子网掩码为 255.255.255.0；网关为 193.100.1.1。

服务器组：

Server1：IP 地址为 193.100.1.3；子网掩码为 255.255.255.0；网关为 193.100.1.1。

Server2：IP 地址为 193.100.1.4；子网掩码为 255.255.255.0；网关为 193.100.1.1。

Server3：IP 地址为 193.100.1.5；子网掩码为 255.255.255.0；网关为 193.100.1.1。

生产部：

PC11：IP 地址为 193.100.1.11；子网掩码为 255.255.255.0；网关为 193.100.1.1。

PC12：IP 地址为 193.100.1.12；子网掩码为 255.255.255.0；网关为 193.100.1.1。

PC13：IP 地址为 193.100.1.13；子网掩码为 255.255.255.0；网关为 193.100.1.1。

PC1N：IP 地址为 193.100.1.19；子网掩码为 255.255.255.0；网关为 193.100.1.1。

财务部：

P2：IP 地址为 193.100.1.21；子网掩码为 255.255.255.0；网关为 193.100.1.1。

公司办：

P3：IP 地址为 193.100.1.31；子网掩码为 255.255.255.0；网关为 193.100.1.1。

公司工作区无线路由器 WR：

Internet 接入端口：IP 地址为 193.100.1.41；子网掩码为 255.255.255.0；网关为 193.100.1.1。

LAN 端口：IP 地址为 192.168.0.1；子网掩码为 255.255.255.0。

RPC1、RPCN 采用自动获取 IP 地址方式。

2．根据以上规划 IP 地址配置各设备

1) 配置路由器 R

在思科模拟器下打开任务 1.4 完成的“小型企业网络设计.pkt”，在设计区单击路由器 R，打开路由器配置对话框，选择【Config】选项卡，如图 2.3-1 所示。

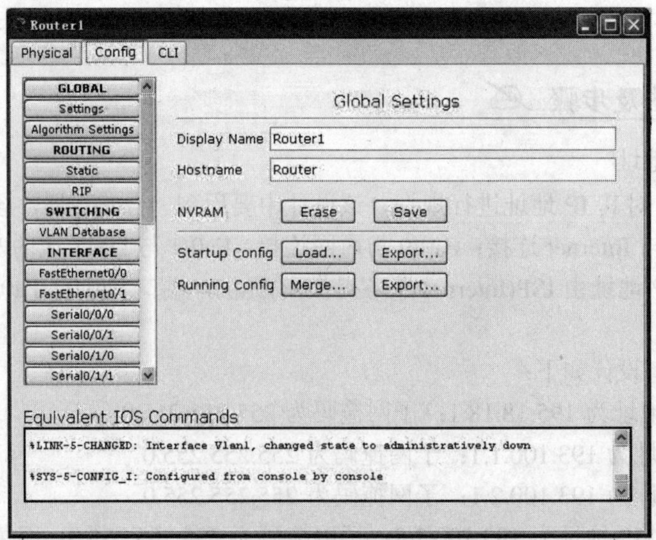

图 2.3-1　路由器配置对话框的【Config】选项卡

(1) 启用 Serial0/0/0 端口。在图 2.3-1 左侧列表中选择【Serial0/0/0】，选择【Port Status】右侧的【On】启用该端口(注：用命令的方式配置路由器将在相关课程中讲授)，如图 2.3-2 所示。

(2) 设置 Serial0/0/0 端口时钟速率。单击【Clock Rate】右侧下拉列表箭头，选择一个速率以配置该端口时钟速率，如图 2.3-2 所示。在此，假设选用 128000。

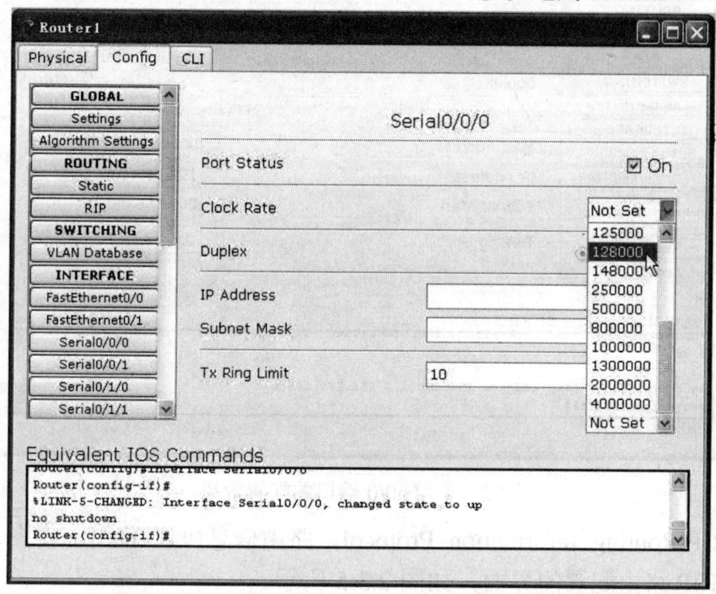

图 2.3-2 配置路由器 Serial0/0/0 端口的时钟速率

(3) 配置 Serial0/0/0 的 IP 地址及子网掩码。在【IP Address】右侧的文本框中输入 IP 地址：195.18.18.1；在【Subnet Mask】右侧的文本框中输入子网掩码：255.255.255.0，效果如图 2.3-3 所示。

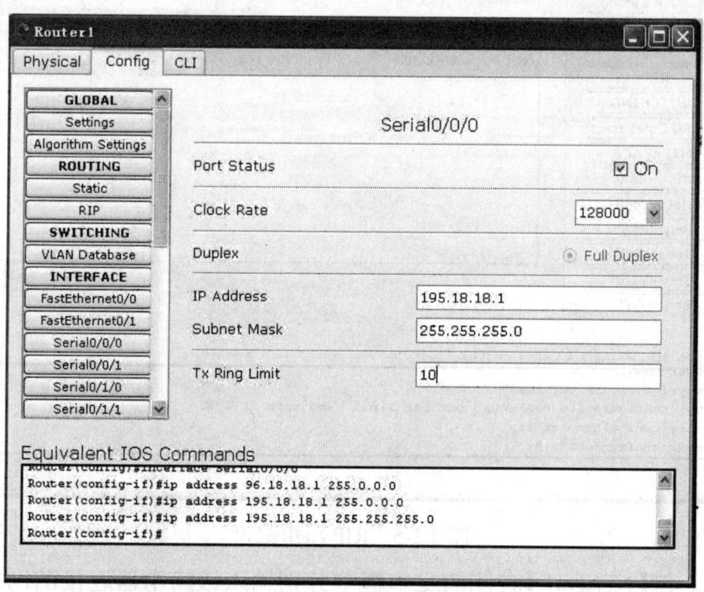

图 2.3-3 Serial0/0/0 端口配置效果

(4) 用同样的方法配置 Fa0/0 及 Fa0/1 端口。Fa0/0 端口的配置效果如图 2.3-4 所示。

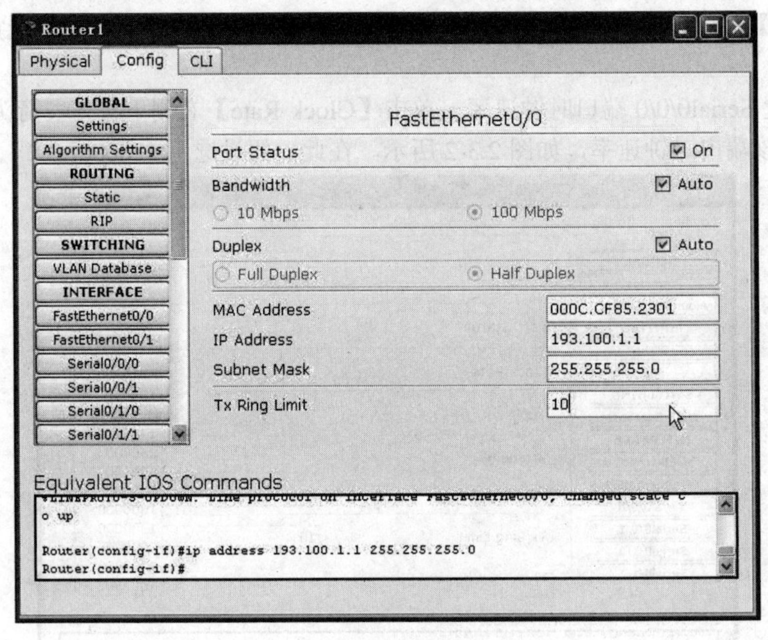

图 2.3-4　Fa0/0 端口的配置效果

(5) 配置 RIP(Routing Information Protocol，路由信息协议)路由。在图 2.3-4 左侧单击【RIP】，打开 RIP 路由配置的界面，如图 2.3-5 所示。

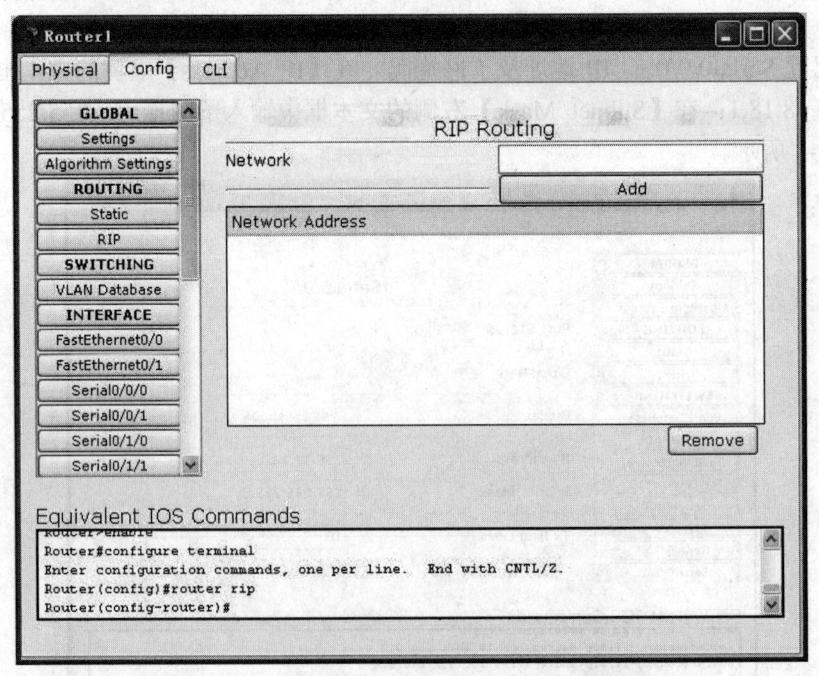

图 2.3-5　RIP 路由配置

在图 2.3-5 右侧【Network】右侧的文本框中分别输入该路由器连接的网络：195.18.18.0、193.100.1.0、193.100.2.0，单击【Add】添加到【Network Address】列表中，如图 2.3-6 所示。

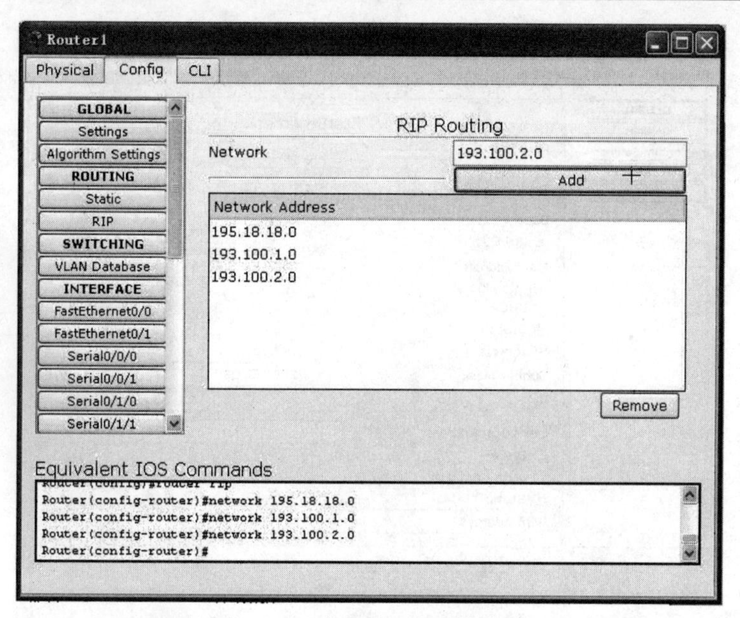

图 2.3-6　路由器 RIP 配置效果

路由器配置完毕，关闭配置对话框。

2) 配置 PC 机

下面以配置 PCG 网管机为例介绍配置 PC 机的方法，其他类同。

在设计区单击 PCG 计算机，打开计算机配置对话框，选择【Config】选项卡，将【Display Name】修改为 PCG；在【Gateway/DNS】栏中选择【Static】单选项，将【Gateway】设置为 193.100.1.1，DNS Server 暂不设置，设置效果如图 2.3-7 所示。

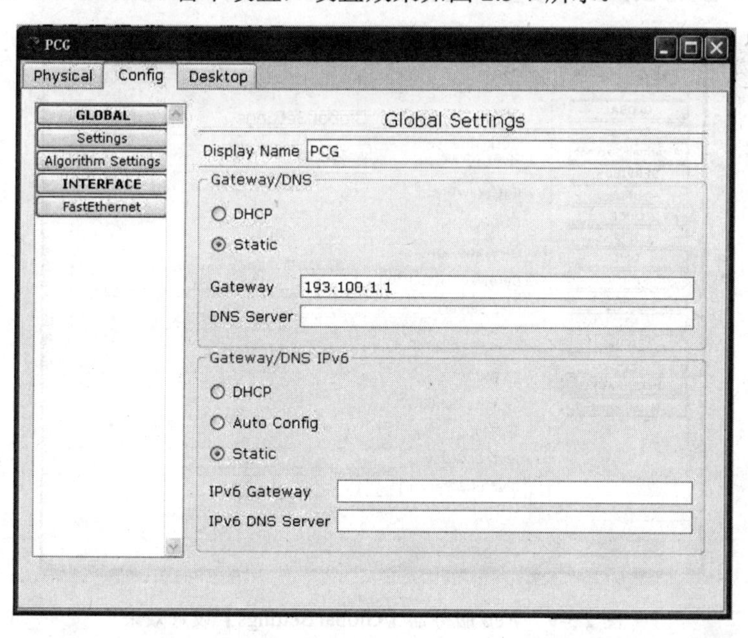

图 2.3-7　网管机【Global Settings】设置效果

在图 2.3-7 中单击左侧的【FastEthernet】，配置该端口，配置效果如图 2.3-8 所示。

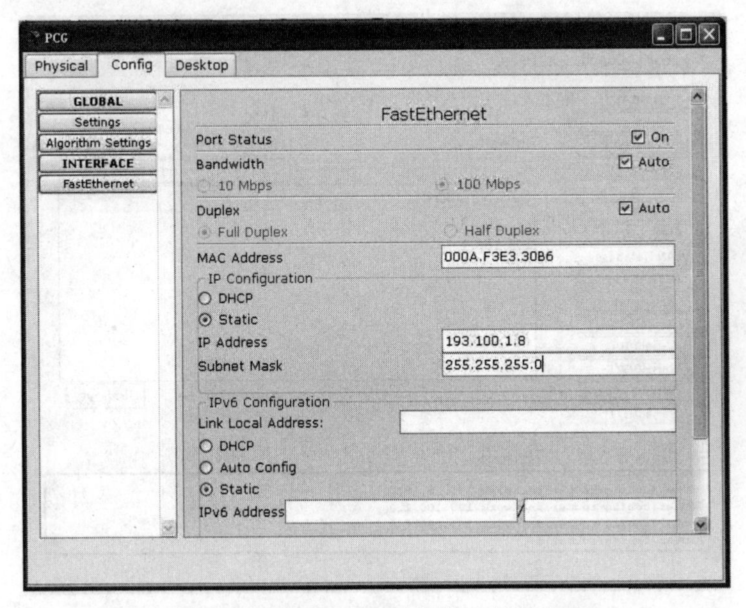

图 2.3-8　【FastEthernet】端口配置效果

配置完毕，关闭配置对话框。用同样的方法配置 PC11、PC12 等其他 PC 机。

3) 配置服务器

下面以配置 Web 服务器为例介绍配置服务器的方法，其他类同。

(1) 配置网关。在设计区单击 Web 服务器，选择【Config】选项卡，将【Display Name】修改为 Web 服务器；在【Gateway/DNS】栏中选择【Static】单选项，将【Gateway】设置为 193.100.2.1，DNS Server 不设置，设置效果如图 2.3-9 所示。

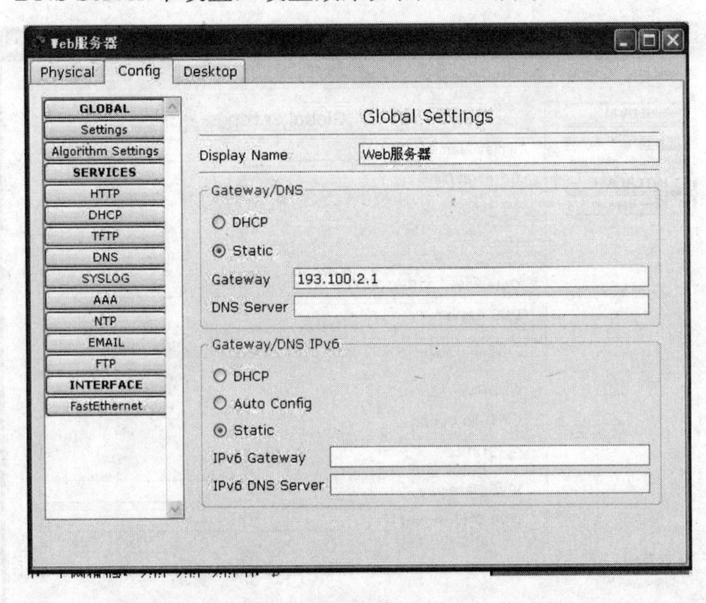

图 2.3-9　Web 服务器【Global Settings】设置效果

(2) 配置端口 IP 地址。在图 2.3-9 中单击左侧的【FastEthernet】，配置该端口，配置效果如图 2.3-10 所示。

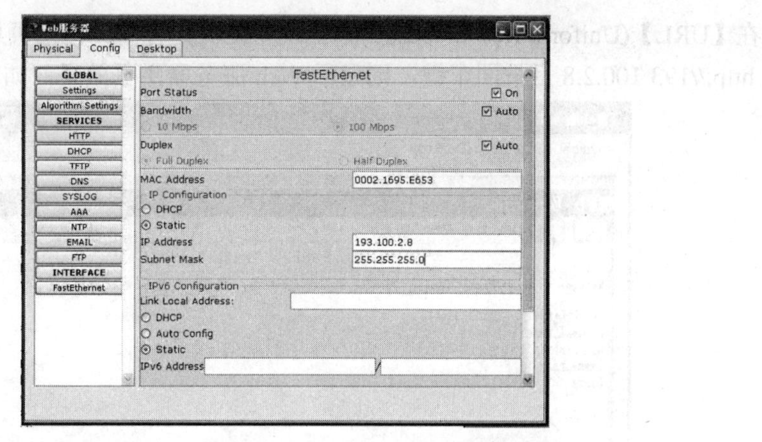

图 2.3-10　Web 服务器【FastEthernet】端口配置效果

(3) 配置 Web 服务器主页。在图 2.3-10 中单击左侧的【HTTP】(Hyper Text Transfer Protocol，超文本传输协议)，打开 Web 服务器对话框，如图 2.3-11 所示。可在该对话框中修改主页代码使主页显示不同的内容。

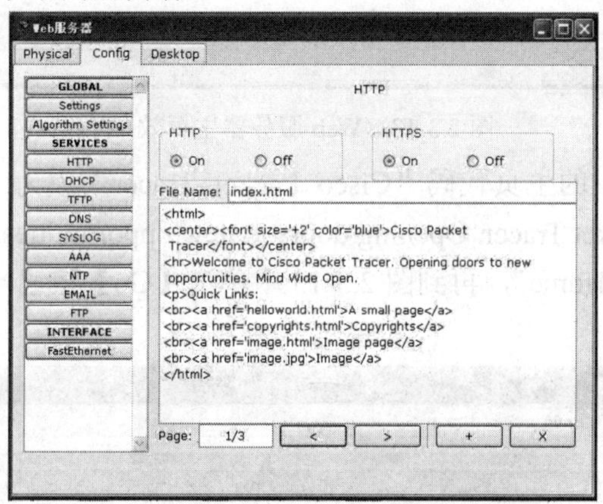

图 2.3-11　Web 服务器对话框

(4) 检测 Web 服务器效果。在图 2.3-11 中单击【Desktop】选项卡，单击【Web Browser】打开【Web Browser】浏览器页面，如图 2.3-12 所示。

图 2.3-12　【Web Browser】浏览器页面

在【URL】(Uniform Resource Locator，统一资源定位符，即网页地址)后面的文本框中输入 http://193.100.2.8 后按回车键，则显示 Web 服务器主页效果，如图 2.3-13 所示。

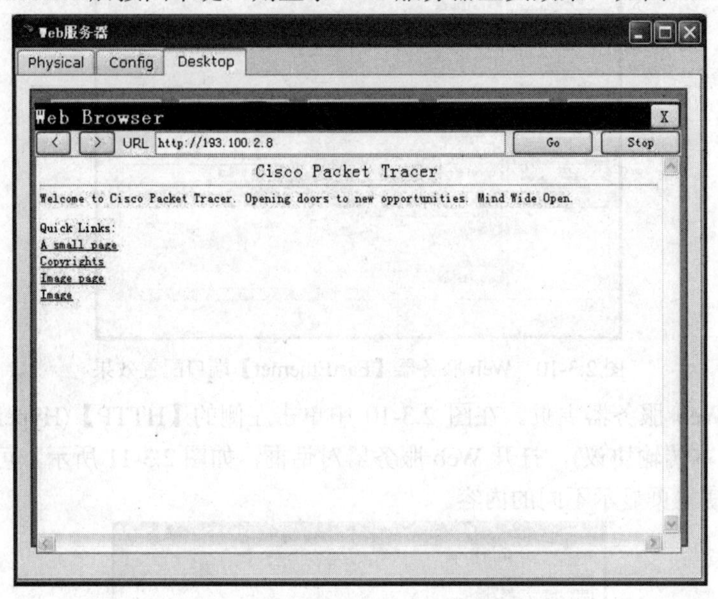

图 2.3-13　Web 服务器主页效果

如果将图 2.3-11 中的主页代码“Cisco Packet Tracer”改为“Web Server”，将代码“Welcome to Cisco Packet Tracer. Opening doors to new opportunities. Mind Wide Open.”改为“This is the Web server Home”，再到图 2.3-13 中单击【Go】按钮，则主页效果随之改变，效果如图 2.3-14 所示。

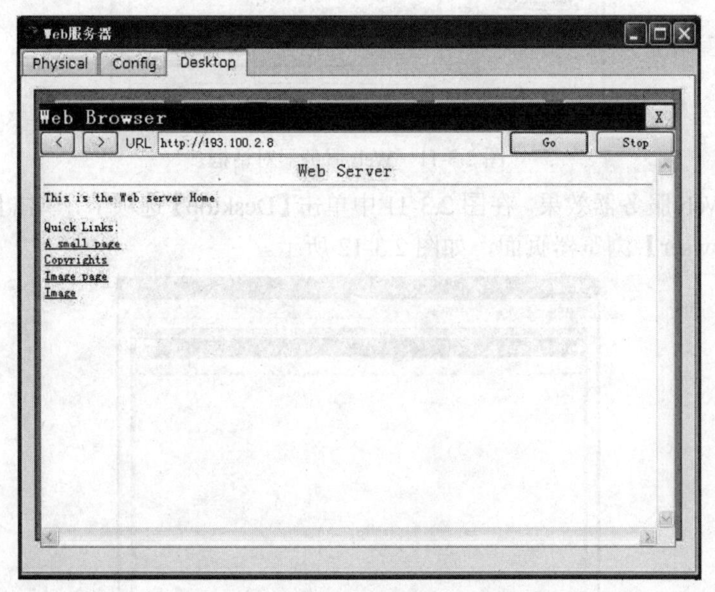

图 2.3-14　修改主页代码后的主页效果

(5) 在网管计算机上测试 Web 服务器。在设计区单击网管计算机 PCG，选择【Desktop】选项卡，单击【Web Browser】打开【Web Browser】浏览器页面。在【URL】后面的文本框中输入 http://193.100.2.8 后按回车键，如果网络配置正确，则主页显示效果同图 2.3-14 中的主页效果完全相同；否则，应检查路由器 R 的相关配置和 PCG 的相关配置是否有误，或设备连接线是否有误等。

4) 配置无线路由器 WR

(1) 配置【Internet】端口。在设计区单击无线路由器 WR，选择【Config】选项卡，单击其左侧的【Internet】，配置无线路由器入口相关信息，如图 2.3-15 所示。

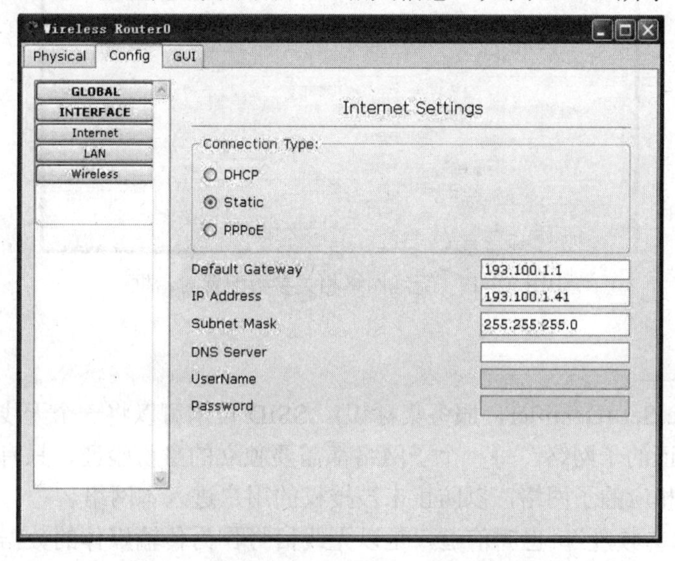

图 2.3-15　无线路由器【Internet】配置信息

(2) 配置【LAN】内网端口。在图 2.3-15 中单击左侧的【LAN】，配置无线路由器内网端口，默认 IP 地址为 192.168.0.1，子网掩码为 255.255.255.0，如图 2.3-16 所示。

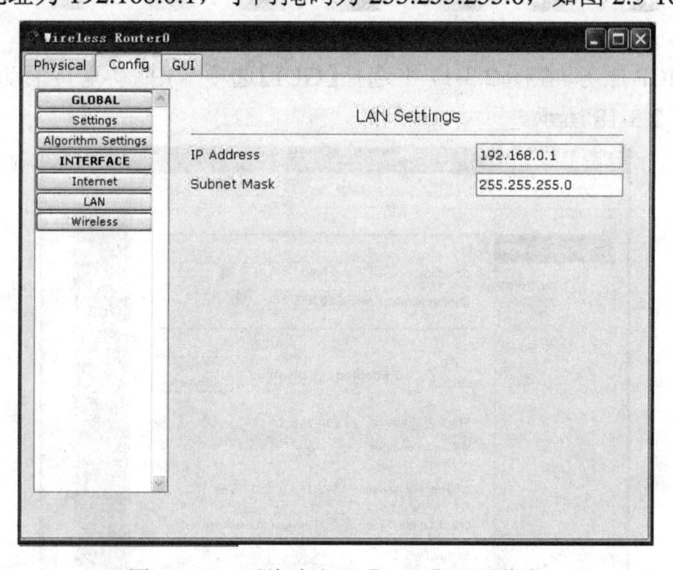

图 2.3-16　无线路由器【LAN】配置信息

(3) 配置【Wireless】无线网参数。在图 2.3-16 中单击【Wireless】，打开无线网络相关参数配置的对话框，如图 2.3-17 所示。

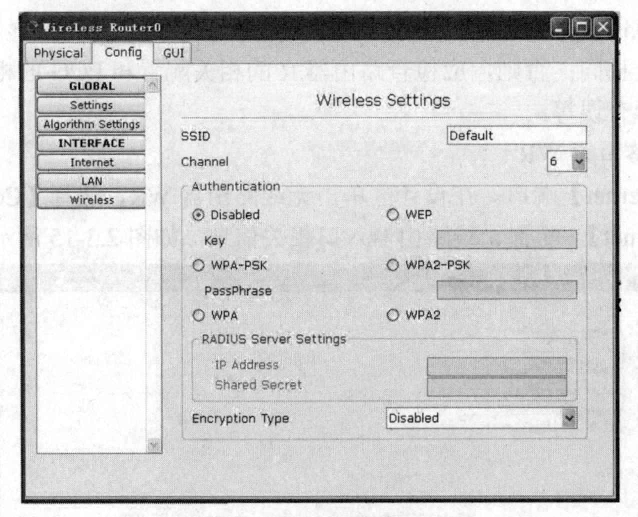

图 2.3-17　无线网络相关参数配置对话框

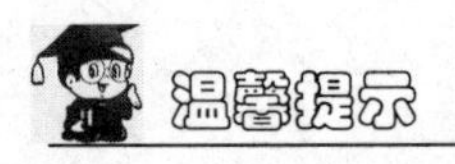

SSID(Service Set IDentifier，服务集标识)。SSID 技术可以将一个无线局域网分为几个需要不同身份验证的子网络，每一个子网络都需要独立的身份验证，只有通过身份验证的用户才可以进入相应的子网络，以防止未被授权的用户进入本网络。

Channel，即“频段”，也叫信道，是以无线信号作为传输媒体的数据信号传送通道。IEEE 802.11b 或 IEEE 802.11g 工作在 2.4～2.4835 GHz 频段(中国标准)，这些频段被分为 11 或 13 个信道。

在图 2.3-17 中，可设置 SSID(任意字符)以标识不同网络，也可修改 Channel 值，在此都保持默认不变。

(4) 启用 DHCP 服务。在图 2.3-17 中选择【GUI】选项卡，拖动垂直滚动条找到【Network Setup】项，如图 2.3-18 所示。

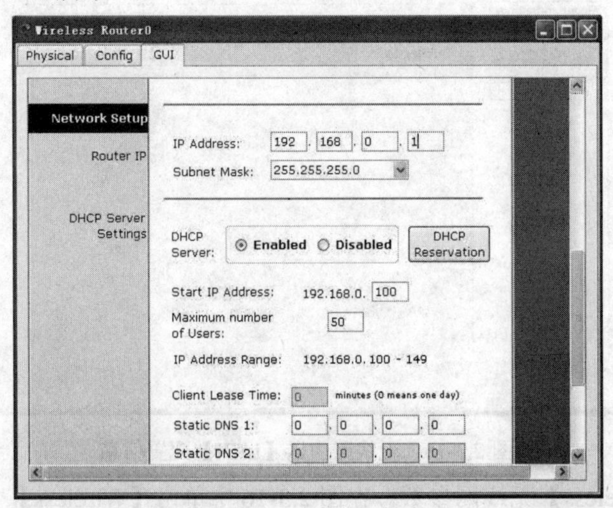

图 2.3-18　无线路由器 GUI 选项卡的【Network Setup】项

在此，可设置、修改内网网关地址(默认为192.168.0.1)，可启用DHCP服务或不启用(默认为启用，即Enabled)。如果启用DHCP，则可设置内网获取起始地址(图中为192.168.0.100)及最大数量(图中为50)。

5) 配置无线网内部计算机

下面以RPC1为例介绍配置无线网内部计算机的方法，其他类同。在设计区单击WPC1，打开PC1配置对话框，选择【Physical】选项卡，如图2.3-19所示。

(1) 更换接口。图2.3-19所示笔记本电脑默认接口不是无线，根据设计要求需更换为无线接口。更换的方法是：先单击关闭电源，再将拖放到待选设备区，此时设备上原来为的地方现在是空的，然后将设备待选区的无线接口拖放到笔记本接口处，效果如图2.3-20所示。最后单击开启电源。

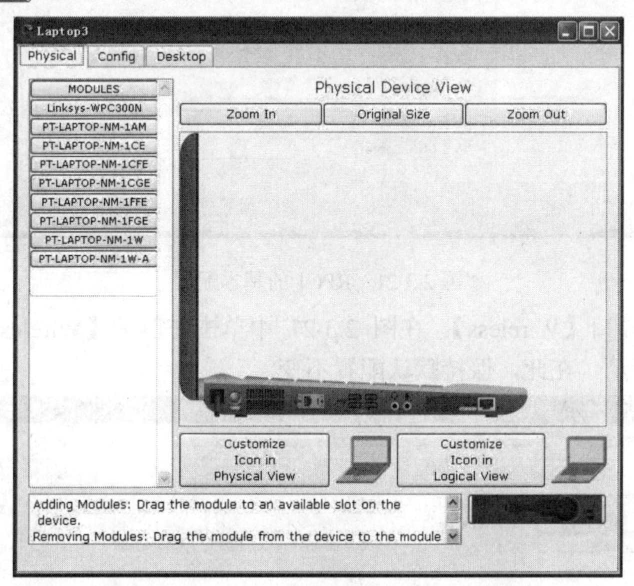

图2.3-19 RPC1的【Physical】选项卡

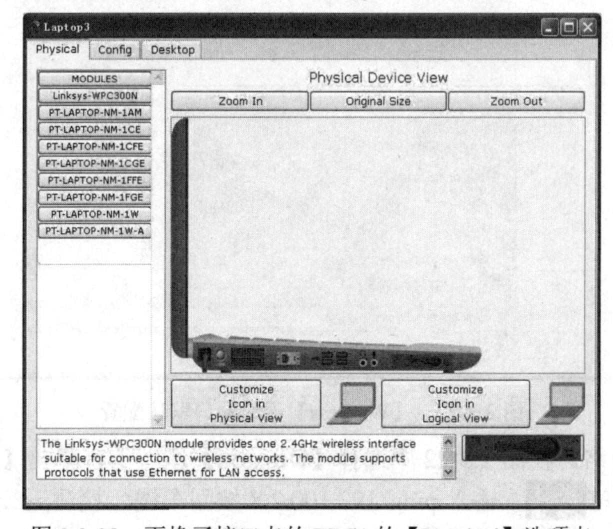

图2.3-20 更换了接口卡的RPC1的【Physical】选项卡

(2) 基本配置。在图 2.3-20 中选择【Config】选项卡，将【Display Name】修改为 RPC1，将【Gateway/DNS】修改为 DHCP，效果如图 2.3-21 所示。

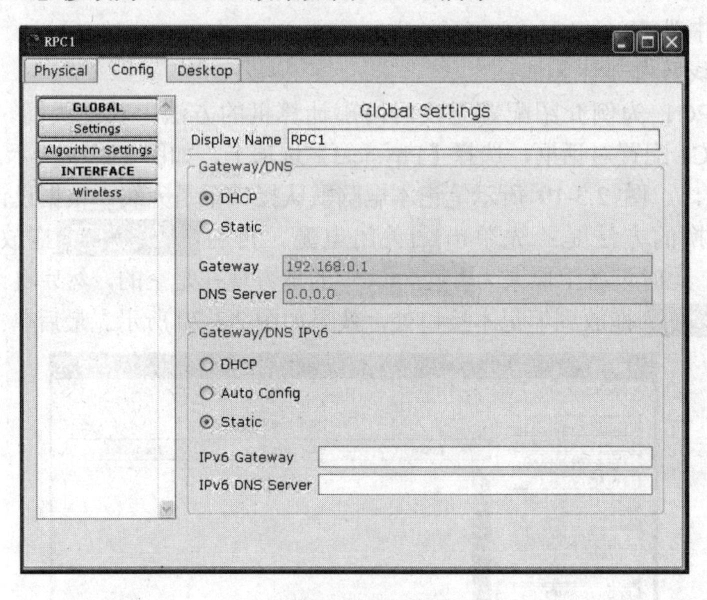

图 2.3-21　RPC1 的基本配置

(3) 配置无线端口【Wireless】。在图 2.3-21 中单击左侧的【Wireless】，无线端口默认配置如图 2.3-22 所示。在此，保持默认配置不变。

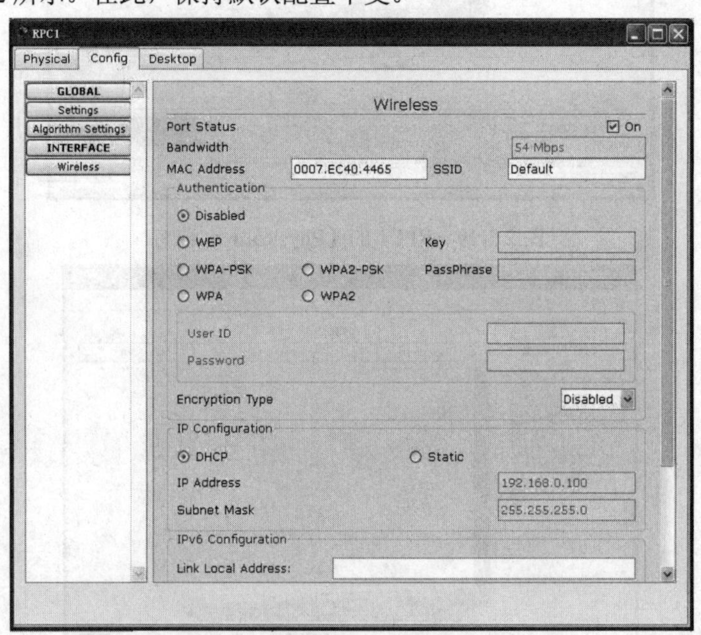

图 2.3-22　【Wireless】无线端口默认配置

(4) 测试无线网络。在图 2.3-22 中选择【Desktop】选项卡，单击【Command Prompt】进入 DOS 命令提示符 PC>，输入 ping 193.100.2.8 按回车键，检测无线网与网管计算机的联通情况。如果所有配置都没有问题，则显示如图 2.3-23 所示。

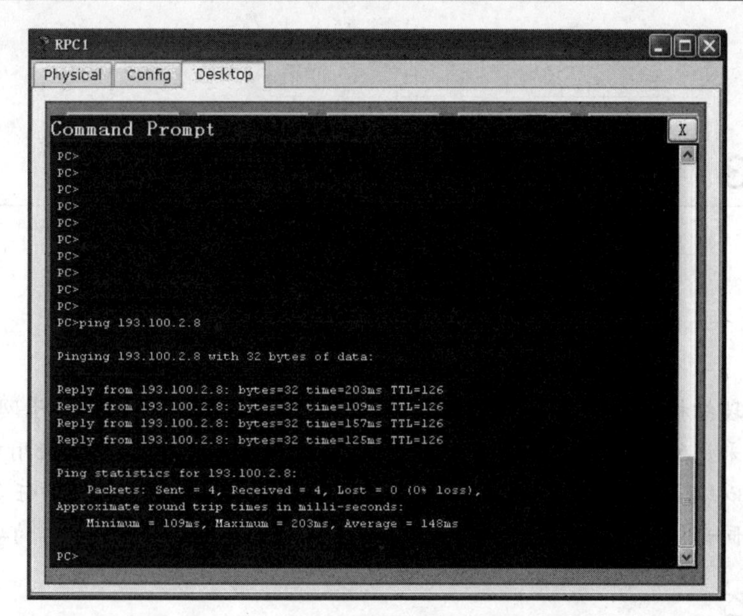

图 2.3-23　在 RPC1 检测与网管计算机的联通性

在图 2.3-23 中关闭【Command Prompt】窗口，单击【Web Browser】，在地址栏输入 http://193.100.2.8 并按回车键，如果所有配置都没有问题，则显示 Web 服务器为如图 2.3-13 所示的主页内容。

在完成以上配置退出设计系统时，注意保存好此文件(文件名仍为小型企业网络设计.pkt)，后续任务将在此基础上完成。

3．检测网络

检测网络，主要是检测网络是否符合设计要求。由于本例网络较简单，所以，只需用 ping 命令检测网络的联通性，也可在不同的站点检测 Web 服务。如发现问题，则根据问题现象查找原因并加以解决。

课外实践 2

1．按 A-A、B-B 制作双绞线。

2．在思科模拟器下设计一个家庭网络，要求规划 IP 地址，提供内部 Web 服务。

项目 3

规划 IP 地址及子网划分

在网络物理结构设计好以后，就需要按设计要求规划 IP 地址、划分子网。在任务 2.3 中，全部内网采用的是一个网段，即网络号为 193.100.1.0。但是在实际应用中，常需按部门划分子网，以缩小广播范围，减小网络流量，抑制广播风暴。本项目对任务 2.3 的设计作改进，使不同部门处于不同的子网中，部门间不可直接通信，增强网络的安全。

项目目标

(1) 了解子网的概念、子网的作用、子网的划分方法、VLSM 的概念。

(2) 会规划和配置子网。

知识要点

(1) 子网。子网就是把主机地址中的一部分主机位借用为网络位。

(2) 子网的作用。划分子网可节省 IP 地址资源，减少同一子网的机器数量，从而减少通信量，缩小广播域范围，抑制广播风暴，增强网络的安全性。

(3) VLSM(Variable Length Subnet Mask，可变长子网掩码)。VLSM 是使用无类别域间路由(CIDR)和路由汇总来控制路由表的大小的一种有效的方式。

(4) CIDR(Classless Inter-Domain Routing，无类型域间选路)。CIDR 将路由集中起来，使一个 IP 地址代表主要骨干提供商服务的几千个 IP 地址，从而减轻 Internet路由器的负担。

(5) CIDR 与 VLSM 的区别。CIDR 是把几个标准网络合成一个大的网络；VLSM 是把一个标准网络分成几个小型网络(子网)。CIDR 是将子网掩码往左边移动；VLSM 是将子网掩码往右边移动。

技能要点

(1) 划分子网时子网掩码的计算方法。① 将子网数目转化为二进制数来表示；② 取得该二进制数的位数(设为 N)；③ 取得该 IP 地址的类子网掩码，将其主机地址部分的前 N 位置 1 即得出该 IP 地址划分子网的子网掩码。

(2) 已知子网的最大主机数，求子网掩码。以 C 类地址、子网主机数<126 为例，求子网掩码的步骤如下：① 求与主机数大的最接近的 2 的幂数 X；② 求出 Y=256−X，则子网掩码为 255.255.255.Y。

实现项目的方法及步骤

1. 对内网IP地址进行改进设计

在任务2.3中，内网全部使用一个网段(网络号为193.100.1.0)，这样，各部门之间可以直接通信，这不利于网络安全，也容易产生广播风暴。因此，需对内网IP地址进行改进设计。在此，我们通过划分子网的方法将生产部、财务部、公司办、公司工作区划分到不同的子网，此时，服务器组及网管计算机的网络连接方式需要调整，否则不能与各子网通信。调整后的网络拓扑如图3-1所示。

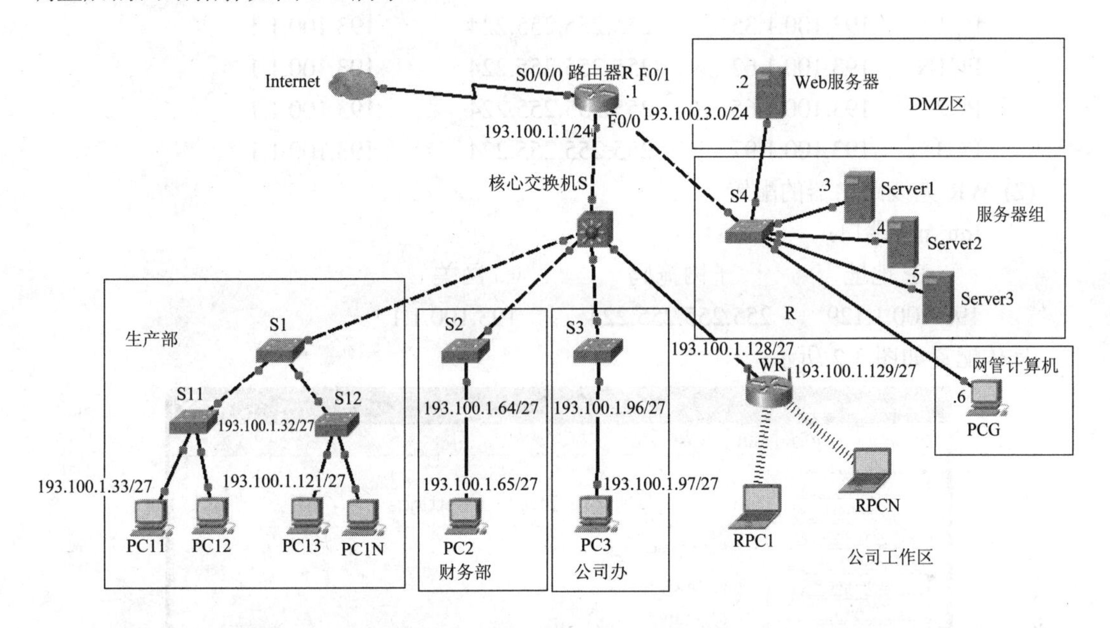

图3-1 调整后的网络拓扑

由于有四个子网，$(4)_{10}=(100)_2$，十进制数4转化为二进制后的位数是3，所以主机号前3位用于子网号。子网号与主机号分布如下：

子网号	主机号			主机号十进制表示
000	00001	～	11110	1～30
001	00001	～	11110	33～62
010	00001	～	11110	65～94
011	00001	～	11110	97～126
100	00001	～	11110	129～158
101	00001	～	11110	161～190
110	00001	～	11110	193～222
111	00001	～	11110	225～254

从中任选四个子网即可。在图3-1中，子网选用情况是：

生产部：193.100.1.32/27；

财务部：193.100.1.64/27；

公司办：193.100.1.96/27；

公司工作区路由器：193.100.1.128/27；

各信息点的网关还是 193.100.1.1 不变。

2．修改各信息点的配置

(1) 下面需根据以上改进配置各信息点。各信息点配置如下：

主机	IP 地址	子网掩码	网关
PC11	193.100.1.33	255.255.255.224	193.100.1.1
PC12	193.100.1.34	255.255.255.224	193.100.1.1
PC13	193.100.1.35	255.255.255.224	193.100.1.1
PC1N	193.100.1.62	255.255.255.224	193.100.1.1
PC2	193.100.1.65	255.255.255.224	193.100.1.1
PC3	193.100.1.97	255.255.255.224	193.100.1.1

(2) WR 无线路由器的配置。

Internet 端口：

IP 地址	子网掩码	网关
193.100.1.129	255.255.255.224	193.100.1.1

具体配置如图 3-2 所示。

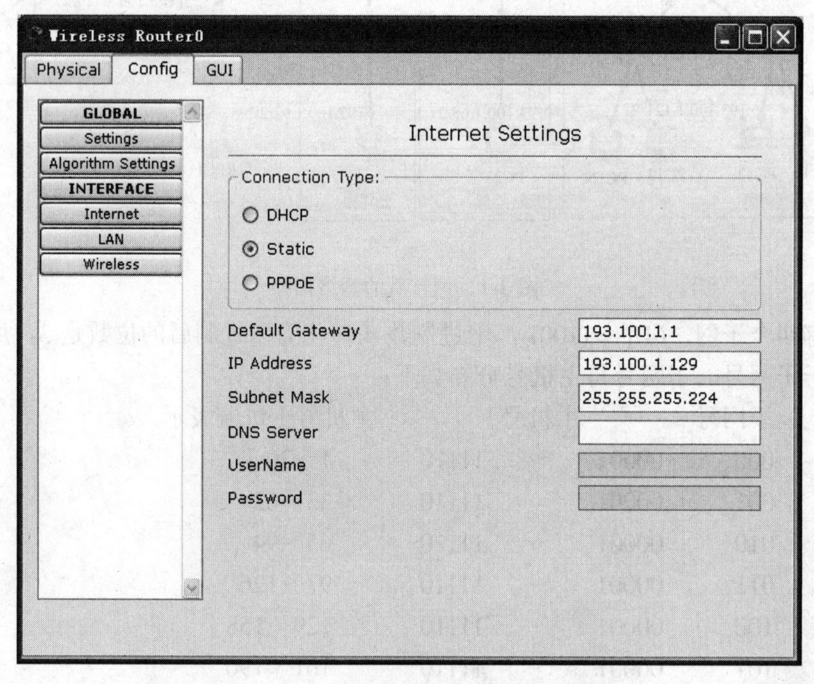

图 3-2　WR 无线路由器 Internet 端口配置

LAN：

IP 地址	子网掩码
192.88.0.1	255.255.255.0

具体配置如图 3-3 所示。

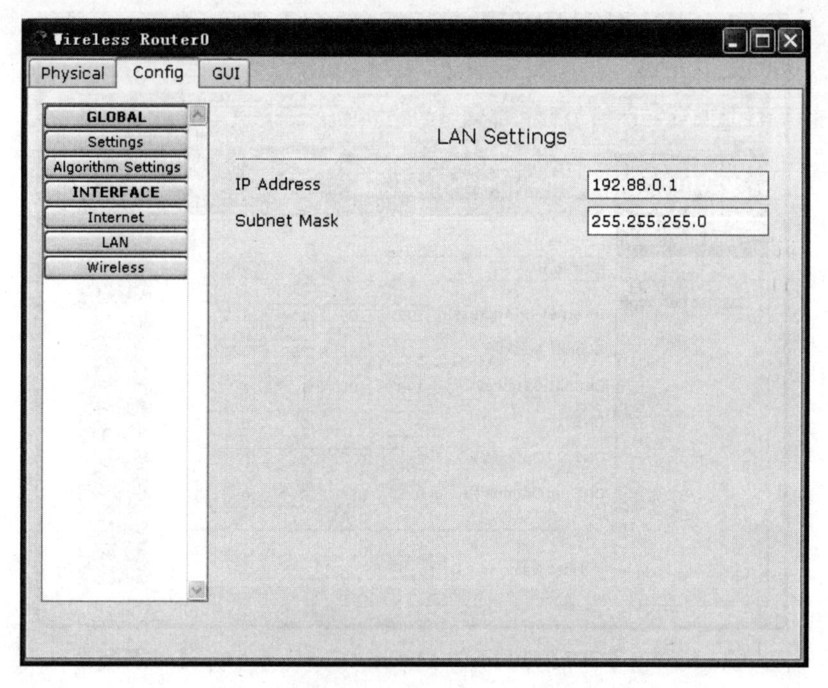

图 3-3　WR 无线路由器 LAN 的配置

Wireless:

SSID 可为任何字母或数字，如 WR；Authentication 可启用一种密码类型(如 WEP)并设置密码(10 个字符，如 1234567890)，如图 3-4 所示。

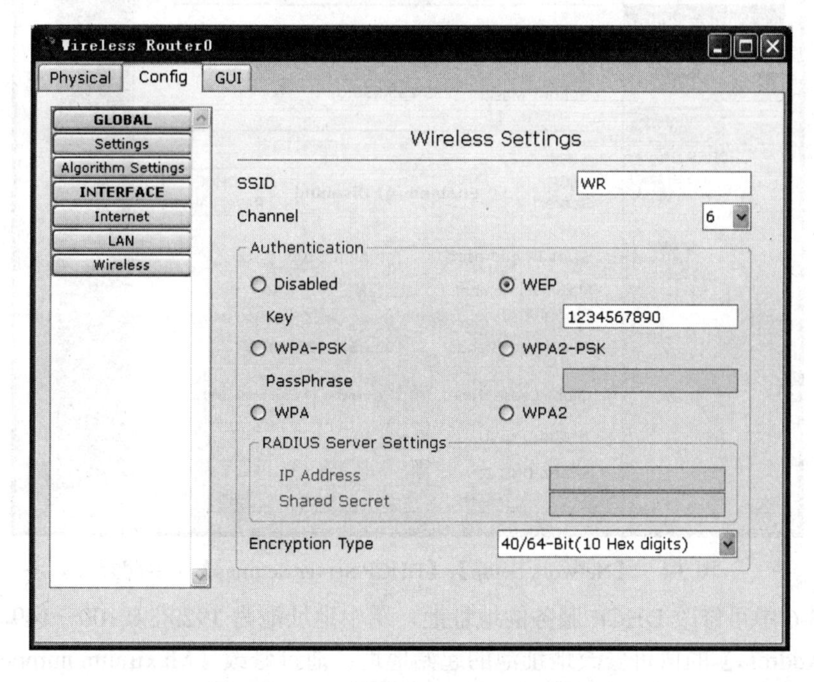

图 3-4　WR 无线路由器 Wireless 的配置

在图 3-4 中选择【GUI】选项卡，【Internet Connection type】主要配置如图 3-5 所示。

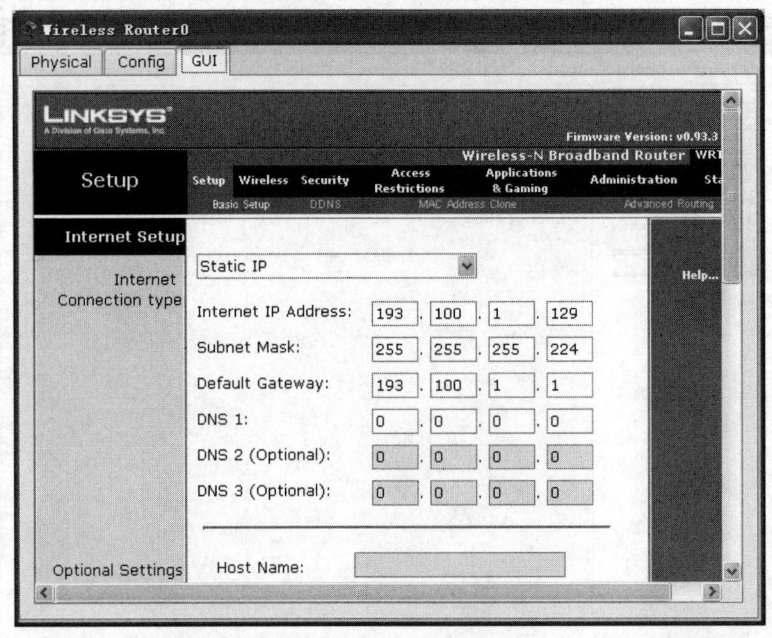

图 3-5　WR【GUI】选项卡的【Internet Connection type】主要配置

【GUI】选项卡中【Network Setup】及【DHCP Server Settings】主要配置如图 3-6 所示。

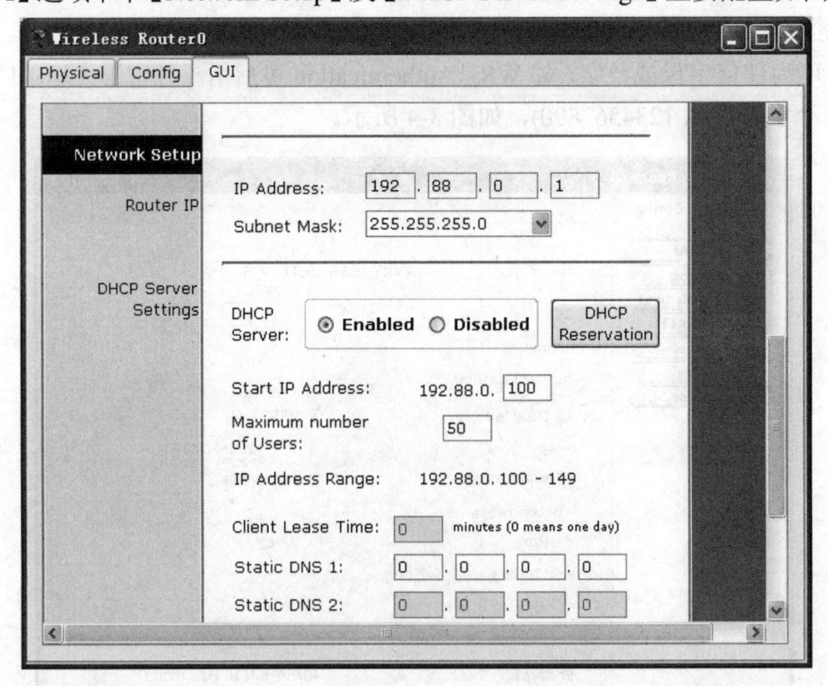

图 3-6　【Network Setup】、【DHCP Server Settings】主要配置

在图 3-6 中可修改 DHCP 服务的地址池，图中地址池为 192.88.0.100—149。通过修改【Start IP Address】的值可修改地址池的起始地址；通过修改【Maximum number of Users】的值可修改最大用户数。单击【GUI】选项卡底部的【Save Settings】按钮，可保存修改。

(3) 无线网信息点的配置。RPC1 的【Wireless】配置如图 3-7 所示。

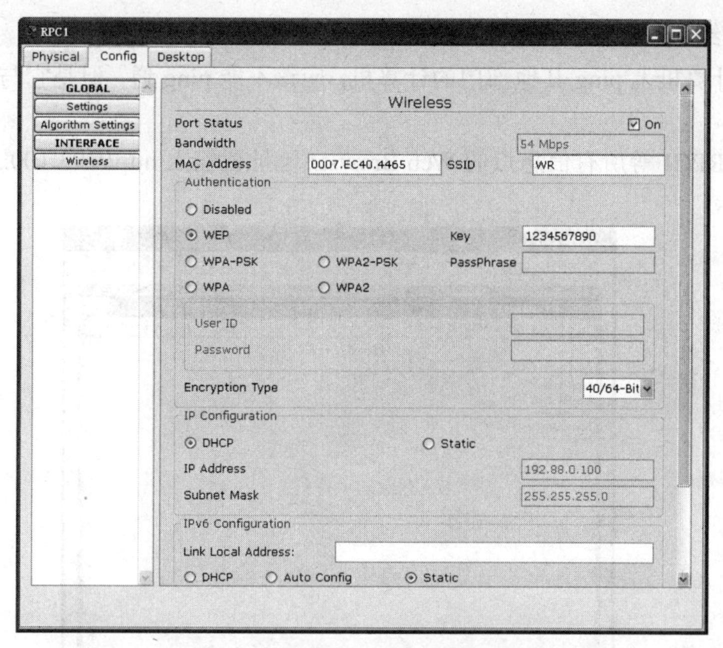

图 3-7 RPC1 的【Wireless】配置

图 3-7 中，【SSID】需与无线路由器 WR 的 SSID 相同，【Authentication】的配置也需与无线路由器 WR 的相同。由于无线路由器 WR 启用了 DHCP 服务，所以，信息点 RPC1 的【IP Configuration】可选【DHCP】选项。

在图 3-7 中左侧选中【Settings】,【Config】选项卡如图 3-8 所示。

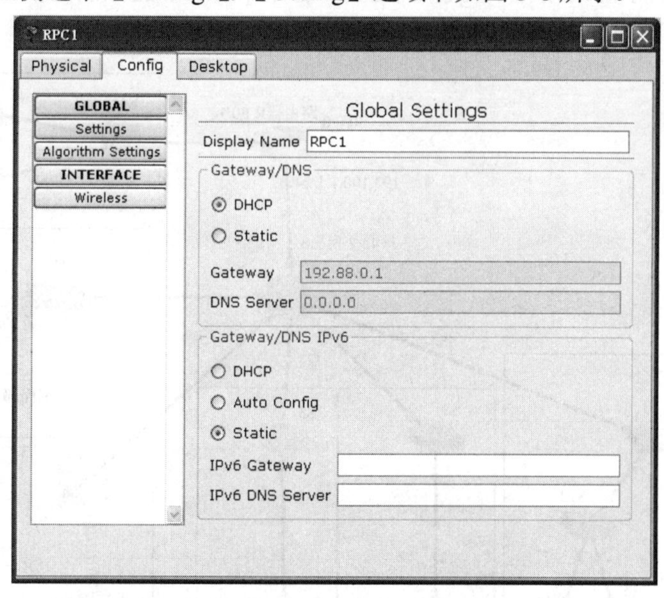

图 3-8 【Config】选项卡的【Settings】项

在图 3-8 中，【Gateway/DNS】栏选【DHCP】，系统将自动获取网关【Gateway】。由于 WR 无线路由器没有配置 DNS 服务，所以此处【DNS Server】未能获取到 IP 地址。

用同样的方法配置其他无线信息点。

3．检测网络的联通性

在某部门计算机上 ping 其他部门的计算机，应该不能 ping 通，但是它与服务器组及网管能相互通信。

在 PC11、RPC1 等所有信息点的 Web Browser 地址栏输入 http//193.100.3.2，其首页效果如图 3-9 所示。

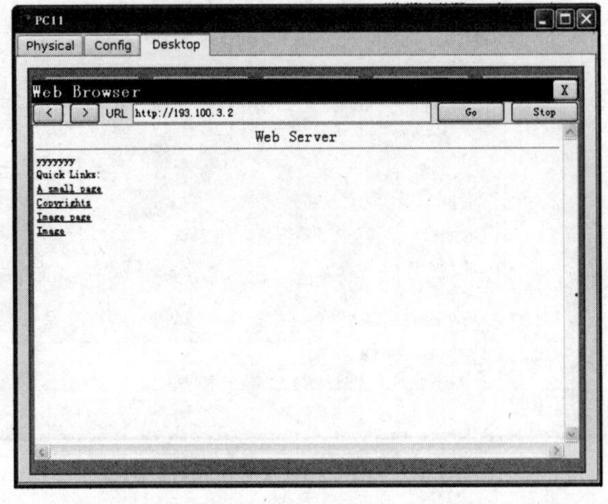

图 3-9　在 PC11 等信息点浏览 Web 服务器首页的效果

课外实践 3

根据图 3-10 所示网络拓扑，规划 IP 地址，使各部门间不能直接通信，但都能访问 Web 服务器，并在思科模拟器中配置各设备。配置完成后，检测网络的联通性。

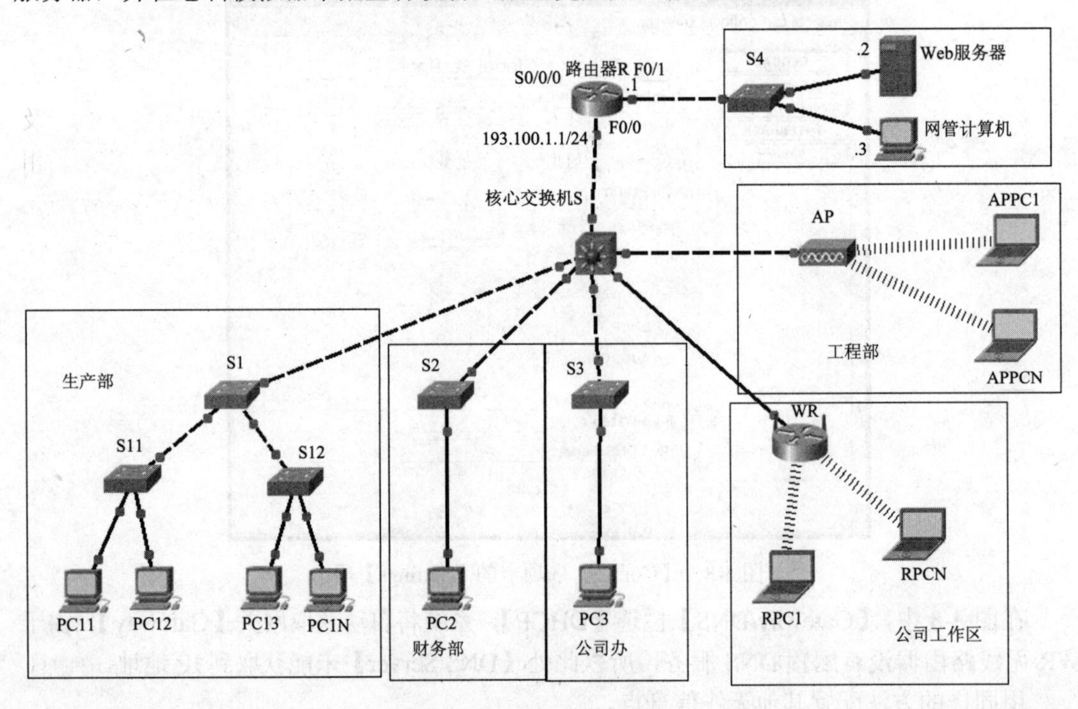

图 3-10　网络拓扑图

项目4

网络施工

在网络规划设计基本完成后，就需要根据设计具体安装、连接、调试网络设备，组建网络。对于较大规模的网络，还要考虑进行综合布线。对于网络综合布线，将有专门的课程学习。本项目侧重训练学生网络的逻辑连接及网络设备的基本配置技能。由于一般学校实训条件的限制，我们首先在虚拟环境训练组建网络，并调试网络设备、架设相关网络服务。

项目目标

(1) 了解虚拟网络环境；了解文件系统的相关知识；了解局域网工作模式。

(2) 会用虚拟环境；会安装网络操作系统；会在虚拟环境架设简单网络。

任务4.1 VMware Workstation 安装及服务器端、客户机端操作系统安装

由于实际组建网络时，需要多台计算机及相关设备，这对于学习计算机网络的组建及架设相关网络服务来说，代价是高昂的。因此，在虚拟环境下学习相关技术技能，再到相关企业实习是大多数学院计算机网络技术教学的首选方法。本任务以 VMware Workstation 6.5 为例，介绍虚拟机的安装与使用方法，并在虚拟机中安装 Windows 2003 及 Windows XP 操作系统，为后续任务提供训练环境。

知识要点

(1) VMware Workstation。VMware Workstation 是一款功能强大的虚拟计算机软件，提供用户可在单一的桌面上同时运行不同的操作系统，并进行开发、测试、部署新的应用程序的最佳解决方案。

(2) 文件系统。文件系统就是在硬盘上存储信息的格式。在所有计算机系统中都存在一个相应的文件系统，它规定了计算机对文件和文件夹进行操作处理的各种标准和机制。用户对所有文件和文件夹的操作都是通过文件系统来完成的。不同版本的计算机操作系统，对文件系统的要求也不相同。因此，在对计算机安装操作系统之前，都应先确定使用哪种文件系统。

(3) FAT 文件系统。FAT(File Allocation Table，文件分配表)文件系统最初用于小型磁盘和简单文件结构的文件系统。FAT 文件系统的组织方法是利用放置在卷的起始位置的文件分配表。FAT 文件系统的管理能力在 4 GB 以下。

(4) FAT32 文件系统。FAT32 文件系统是在 FAT 的基础上改进而来的，比 FAT 文件系统具有更先进的文件管理特性，它对磁盘空间的管理能力可达 32 GB，在技术上通过使用更小的簇来有效地管理磁盘空间。

(5) NTFS 文件系统。NTFS(New Technology File System，新技术文件系统)是一个基于安全性的文件系统，是 Windows NT 所采用的独特的文件系统结构，它是建立在保护文件和目录数据基础上，同时照顾节省存储资源、减少磁盘占用量的一种先进的文件系统。NTFS 最大可支持 2 TB 的磁盘分区，而且随着磁盘容量的增大，NTFS 的性能不会像 FAT 那样随之降低。

(6) 局域网的工作模式。局域网的工作模式是指在局域网中各个节点之间的关系。按照工作模式可以大致将局域网分为专用服务器结构模式、客户机/服务器模式和对等模式三种。专用服务器结构模式又称为“工作站/文件服务器”结构。专用服务器结构由若干台微机工作站与一台或多台文件服务器通过通信线路连接起来组成工作站存取服务器文件，共享存储设备。客户机/服务器(Client/Server)模式简称 C/S 模式。C/S 模式中，用户请求的任务由服务器端程序与客户端应用程序共同完成，不同的任务要安装不同的客户端软件。浏览器/服务器(Browser/Server，B/S)模式是一种特殊形式的 C/S 模式，在这种模式中客户端使用一种特殊的专用软件——浏览器。这种模式下由于对客户端的要求很少，不需要另外安装附加软件，在通用性和易维护性上具有突出的优点。对等模式(Peer-to-Peer)网络与 C/S 模式不同的是，在对等式网络结构中，每一个节点之间的地位对等，没有专用的服务器，在需要的情况下每一个节点既可以起客户机的作用也可以起服务器的作用。

技能要点

(1) 将FAT或FAT32分区转换为NTFS分区。将现有的FAT或FAT32分区转换为NTFS分区，可使用 convert.exe 命令。该命令的通用格式为

```
CONVERT volume /FS:NTFS
```

其中，volume 代表分区名。

(2) 局域网中站点之间要直接通信，应将各站点设置在同一工作组中。

实现任务的方法及步骤

下面介绍 VMware Workstation 安装及使用初步。VMware Workstation 版本较多，相关版本的安装及使用请参照软件使用说明书，本书以 VMware Workstation 6.5 为例简要介绍安装步骤及使用要点。

1．安装 VMware Workstation 6.5

(1) 启动安装程序，进入安装向导，如图 4.1-1 所示。

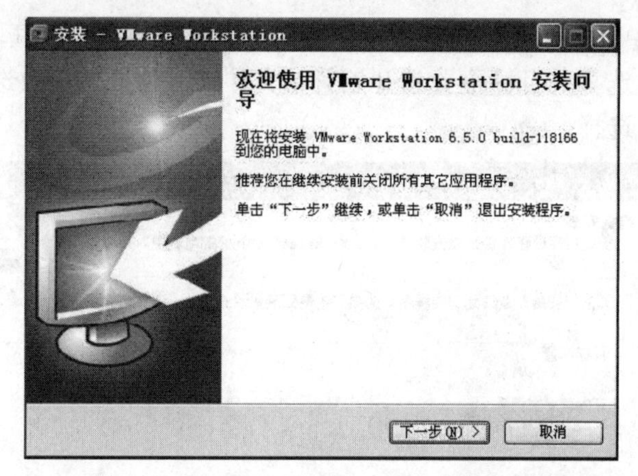

图 4.1-1　VMware Workstation 6.5 安装向导

(2) 在图 4.1-1 中单击【下一步】按钮，进入【选择目标位置】对话框，可在其文本框中输入安装文件路径或单击【浏览】按钮选择系统安装的磁盘及文件夹，如图 4.1-2 所示。

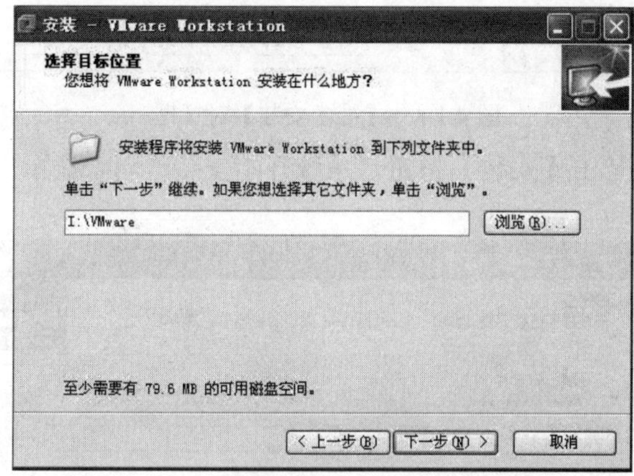

图 4.1-2　【选择目标位置】对话框

(3) 在图 4.1-2 中单击【下一步】按钮，进入【选择开始菜单文件夹】对话框，如图 4.1-3 所示。在其文本框中可输入开始菜单中存放程序的快捷方式文件夹，在此使用系统默认的【VMware 虚拟机】。

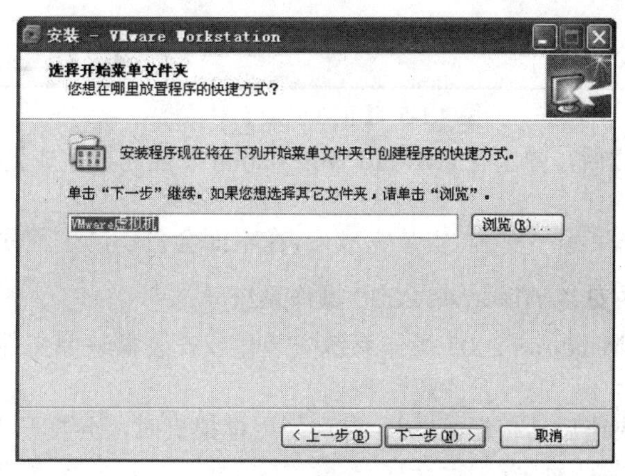

图 4.1-3　【选择开始菜单文件夹】对话框

(4) 在图 4.1-3 中单击【下一步】按钮，进入【准备安装】对话框，如图 4.1-4 所示。在该对话框显示出已选择的目标位置和开始菜单文件夹，如果想修改选择，可单击【上一步】按钮，返回重新选择。

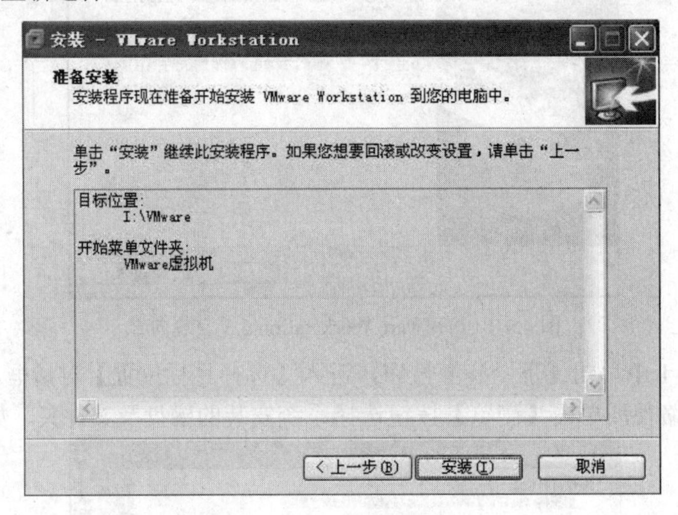

图 4.1-4　【准备安装】对话框

(5) 在图 4.1-4 中单击【安装】按钮，系统开始安装，同时显示安装进度，如图 4.1-5 所示。

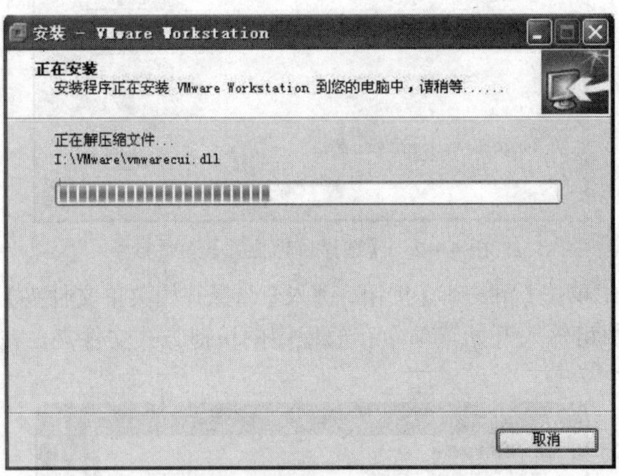

图 4.1-5　【正在安装】对话框

程序自动安装完成后，弹出【VMware Workstation 安装向导完成】对话框，在该对话框中单击【完成】按钮，结束程序安装。安装完成后，在桌面会自动产生程序快速启动按钮。

2．新建虚拟机并安装 Windows 2003 操作系统

安装前请准备好 Windows 2003 操作系统安装盘或安装盘映像文件及虚拟机安装目录。

(1) 在桌面双击快速启动按钮，首次使用虚拟机时，会打开 VMware Workstation【许可协议】对话框，如图 4.1-6 所示。

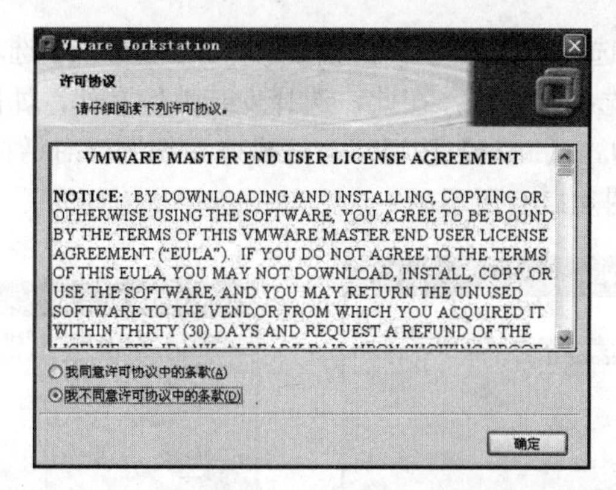

图 4.1-6　VMware Workstation【许可协议】对话框

(2) 在图 4.1-6 中选择【我同意许可协议中的条款】，然后单击【确定】按钮，即可启动 VMware Workstation，同时系统弹出【每日提示】，如图 4.1-7 所示。

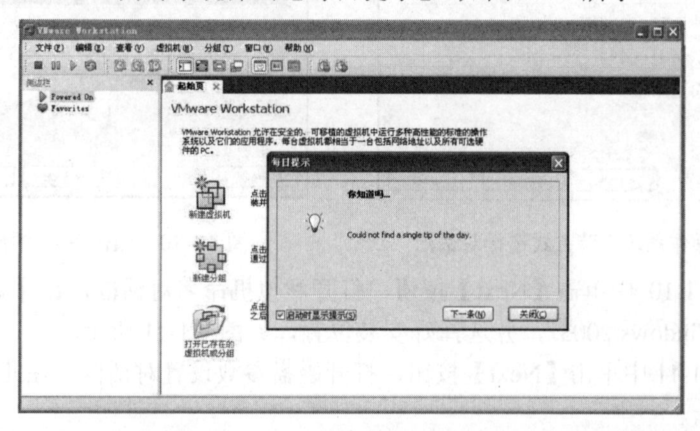

图 4.1-7　VMware Workstation 界面及【每日提示】对话框

在【每日提示】对话框中单击【启动时显示提示】，去掉其前面的选择√号，单击【关闭】按钮关闭【每日提示】对话框，再次启动虚拟机时将不再显示此提示。

(3) 在【VMware Workstation】主界面依次单击【文件】|【新建】|【虚拟机】，打开新建虚拟机的对话框，如图 4.1-8 所示。

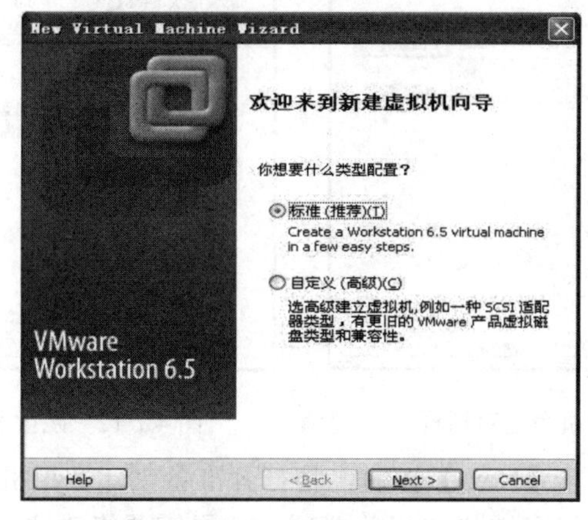

图 4.1-8　新建虚拟机的对话框

(4) 在图 4.1-8 中可选择类型配置，在此采用默认的【标准】选项，单击【Next】按钮，打开操作系统安装方式选择对话框，在此，选择安装映像文件，如图 4.1-9 所示。

(5) 在图 4.1-9 中单击【Next】按钮，打开操作系统选择对话框，在此选择【其它】，版本选择【Other】，如图 4.1-10 所示。

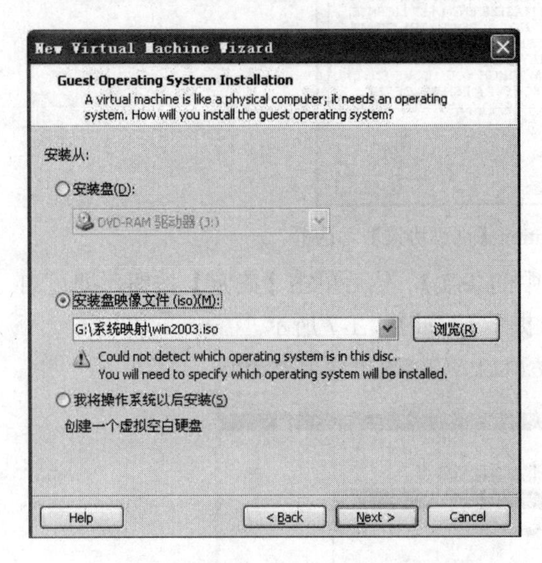

图 4.1-9　操作系统安装方式选择对话框

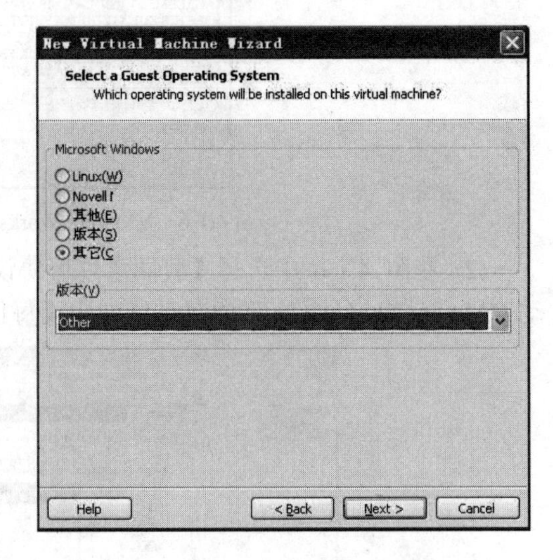

图 4.1-10　操作系统选择对话框

(6) 在图 4.1-10 中单击【Next】按钮，打开虚拟机命名对话框，在【虚拟机名称】文本框中输入“Windows 2003”，并选择好安装位置，如图 4.1-11 所示。

(7) 在图 4.1-11 中单击【Next】按钮，打开磁盘参数设置对话框，在此采用默认设置，如图 4.1-12 所示。

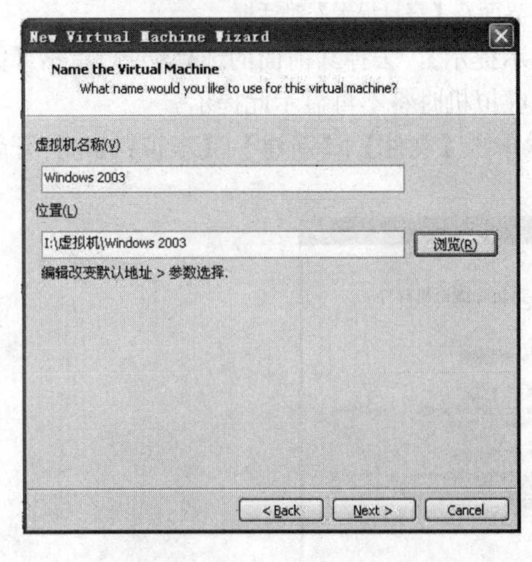

图 4.1-11　虚拟机命名对话框

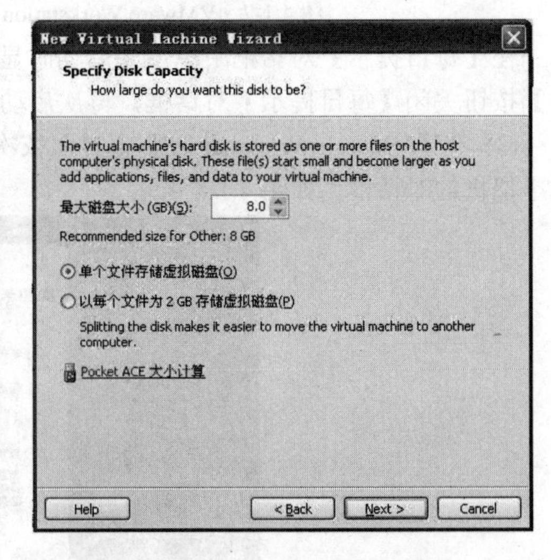

图 4.1-12　磁盘参数设置对话框

(8) 在图 4.1-12 中单击【Next】按钮，将打开准备创建虚拟机对话框，如图 4.1-13 所示。在该对话框中，列出了已选择的相关选项，如果需要修改这些选项，可单击【Back】按钮，返回重新选择。

图 4.1-13 准备创建虚拟机对话框

(9) 在图 4.1-13 中单击【Finish】按钮，结束安装向导，启动虚拟机并进入在虚拟机中安装 Windows 2003 操作系统的过程，如图 4.1-14 所示。

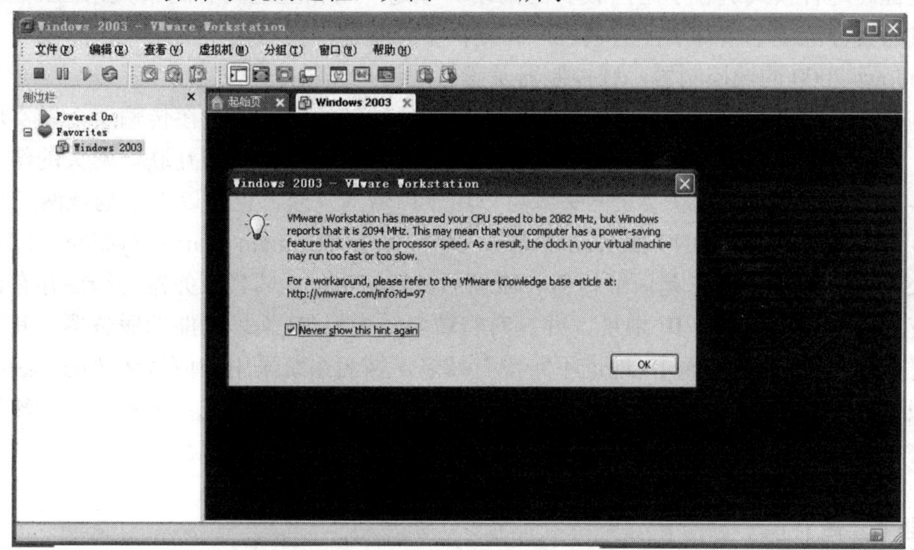

图 4.1-14 安装 Windows 2003 操作提示

在图 4.1-14 的虚拟机提示框中单击选中【Never show this hint again】，然后单击【OK】按钮关闭该对话框，将来再次启动该虚拟机时，不再显示此提示框。

接下来即可安装 Windows 2003 操作系统。请根据软件商提供的安装说明进行安装，与在真实硬盘上一样安装即可，在此不再详述。

将此虚拟机做好备份，后续任务将利用 Windows 2003 操作系统作为服务器端操作系统架设常用的网络服务。客户端操作系统可采用 Windows 7 或 Windows XP 操作系统。本书采用 Windows XP 操作系统，在后续任务中将会用到，请读者参照本任务完成虚拟机创建并安装 Windows XP 操作系统，将虚拟机命名为 Windows XP。

任务 4.2 在 VMware Workstation 环境架设两机互联网络

将两台计算机连接在一起，进行相互通信，实现磁盘共享，这是最简单的计算机网络，也是较大网络的基础。本任务将在虚拟机中完成两机(其中一台安装 Windows 2003 操作系统，另一台安装 Windows XP 操作系统)互联并实现相互通信以及磁盘共享。

知识要点

(1) 计算机判断两个 IP 地址在同一网络的方法。计算机判断两个 IP 地址是否在同一网络中，方法是将这两个 IP 地址与各自的子网掩码做逻辑“与”运算，看结果是否相同，相同则说明在同一网络中。

(2) 工作组。在 Windows 网络中，有两种基本的组网模型：工作组模型和域模型。工作组是计算机的逻辑组合。在同一工作组中的计算机可相互通信，并可将某些设备(如打印机、某个硬盘分区或某个文件夹)提供给组成员共享，由组成员管理自己的账号并保证数据的安全性。这种模式适合于用户较少的网络。域是一组相互之间有逻辑关系(工作关系)的计算机的集合。一个域有唯一的域名，并提供登录验证。在域模型网络中，至少有一台运行 Windows 2000 的域控制器，域控制器负责管理用户和组账号。

(3) 网关。网关(Gateway)又称网间连接器、协议转换器。网关在传输层上以实现网络互联，是最复杂的网络互联设备，仅用于两个高层协议不同的网络互联。网关的结构也和路由器类似，不同的是互联层。网关既可以用于广域网互联，也可以用于局域网互联。

(4) DNS 服务器。DNS 服务器是计算机域名系统 (Domain Name System 或 Domain Name Service) 的缩写，它是由解析器和域名服务器组成的。域名服务器是指保存有该网络中所有主机的域名和对应 IP 地址，并具有将域名转换为 IP 地址功能的服务器。其中域名必须对应一个 IP 地址，而 IP 地址不一定有域名。域名系统采用类似目录树的等级结构。域名服务器为客户机/服务器模式中的服务器方，它主要有两种形式：主服务器和转发服务器。将域名映射为 IP 地址的过程就称为“域名解析”。

技能要点

(1) IPX/SPX/NetBIOS 协议。NWLink IPX/SPX/NetBIOS 是一种常用的兼容传输协议，是 Windows XP 的内置协议。IPX/SPX 协议一般可以应用于大型网络(如 Novell)和局域网游戏环境(如反恐精英、星际争霸)中。NetBIOS 是 1983 年 IBM 开发的一套网络标准，微软在此基础上继续开发。微软的客户机/服务器网络系统都是基于 NetBIOS 的。Microsoft 网络在 Windows NT 操作系统中利用 NetBIOS 完成大量的内部联网。因此，在局域网通信中，最好添加该协议。

(2) 设置了磁盘共享后，应关闭防火墙。

(3) 两机联网，网络号必须相同，主机号必须不同。

实现任务的方法及步骤

1. 连接两台虚拟机

在实际联网中，两台计算机连接在一起形成网络通常可采用两种方法。一种方法是用交叉双绞线直接连接在两台计算机的网卡上；另一种方法是用直通双绞线分别将两台计算机连接到交换机上。两种方法的拓扑图分别如图4.2-1和图4.2-2所示。而在虚拟机中连接两台计算机，是通过设置【Network Adapter】来实现的。具体设置过程如下：

(1) 首先启动VMware Workstation并分别加电启动虚拟机Windows 2003及Windows XP。启动后VMware Workstation的界面如图4.2-3所示。

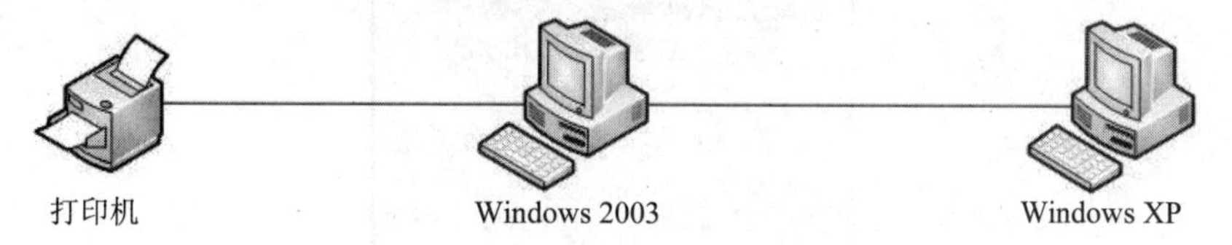

图4.2-1　两机通过交叉双绞线连接

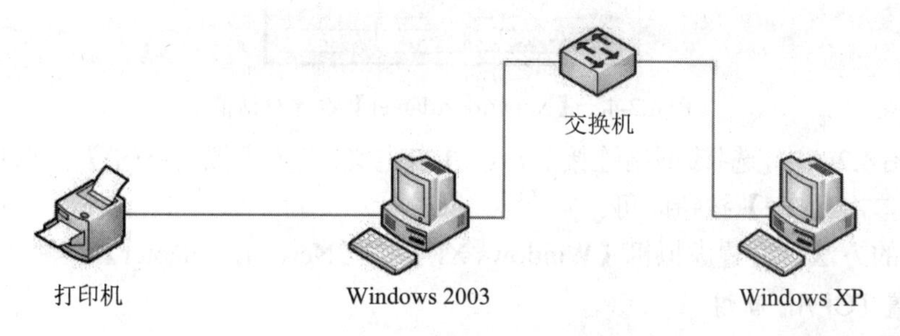

图4.2-2　两机用直通双绞线通过交换机连接

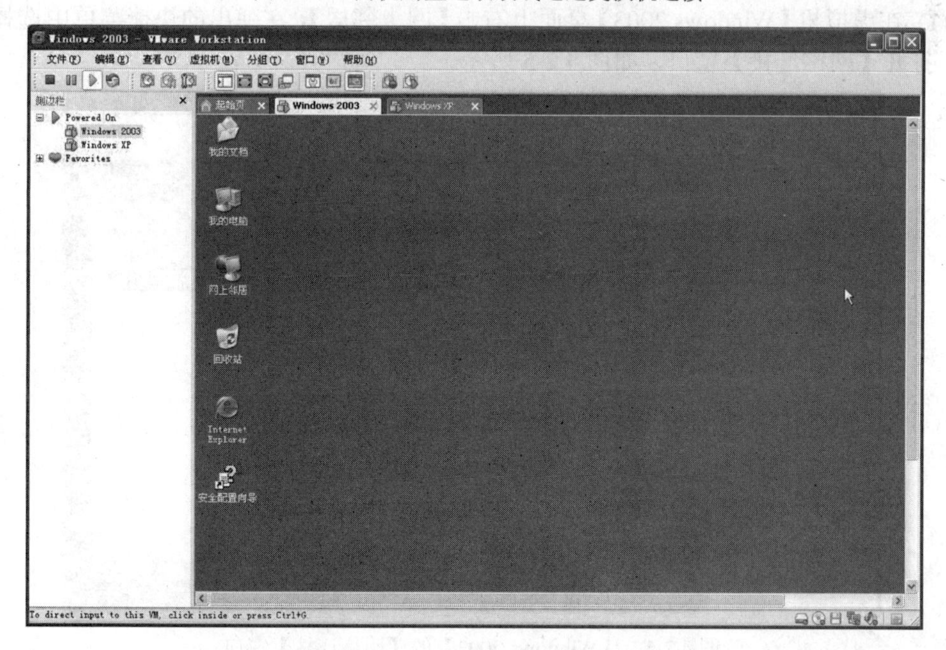

图4.2-3　VMware Workstation的界面

(2) 在图 4.2-3 中选择虚拟机【Windows 2003】，单击右下角图标，系统将弹出菜单。在弹出的菜单中单击【设置】，打开【Network Adapter】设置对话框，如图 4.2-4 所示。

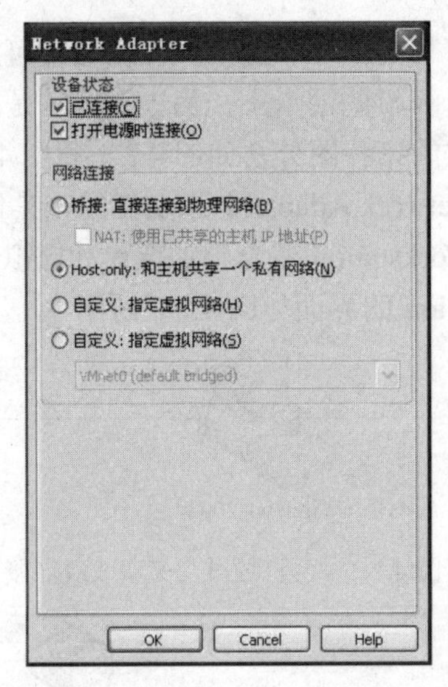

图 4.2-4 【Network Adapter】设置对话框

(3) 在图 4.2-4 中，选择【网络连接】方式为【自定义：指定虚拟网络(S)】，并选择【VMnet0】网卡，然后单击【OK】按钮即可。

用同样的方法可设置虚拟机【Windows XP】的【Network Adapter】属性。

2. 设置 TCP/IP 属性

1) 设置【Windows 2003】虚拟机的 TCP/IP 属性

(1) 在虚拟机【Windows 2003】桌面上右击【网上邻居】，在弹出的快捷菜单中选择【属性】，打开【网络连接】窗口，如图 4.2-5 所示。

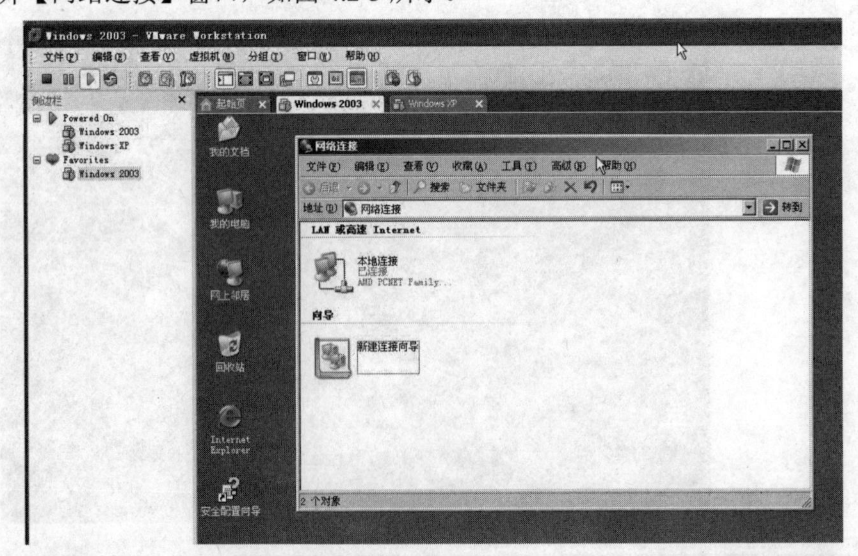

图 4.2-5 【Windows 2003】的【网络连接】窗口

(2) 在图 4.2-5 中的【网络连接】窗口，右击【本地连接】，在弹出的快捷菜单中选择【属性】，打开【本地连接 属性】对话框，如图 4.2-6 所示。默认选择【常规】选项卡。

(3) 添加所需协议。在图 4.2-6 中，单击【安装】按钮，打开【选择网络组件类型】对话框，如图 4.2-7 所示。

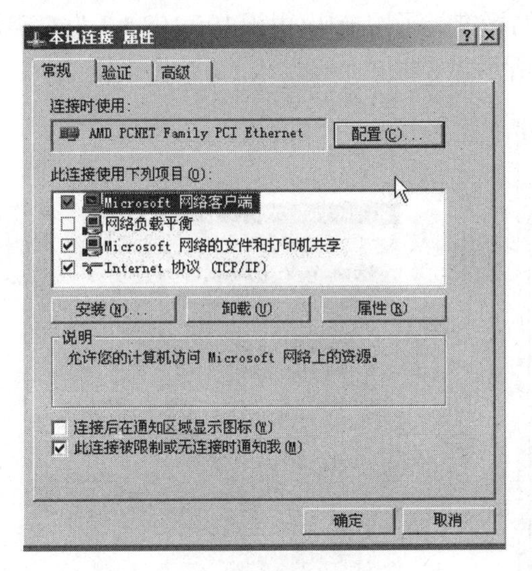

图 4.2-6　【本地连接 属性】对话框

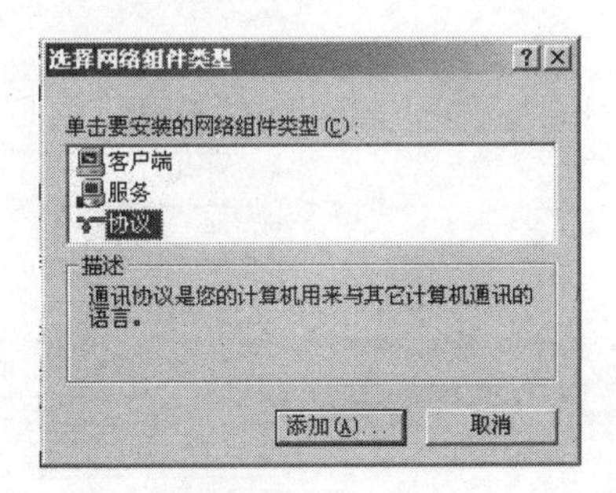

图 4.2-7　【选择网络组件类型】对话框

在图 4.2-7 的【单击要安装的网络组件类型】列表框中选择【协议】，再单击【添加】按钮，打开【选择网络协议】对话框，如图 4.2-8 所示。

在图 4.2-8 中【网络协议】列表框中选择【NWLink IPX/SPX/NetBIOS Compatible Transport Protocol】后，单击【确定】按钮，系统将添加该协议，添加完毕会自动返回到图 4.2-6 所示对话框。但此时该对话框中的【此连接使用下列项目】列表中比原来多了一项【NWLink IPX/SPX/NetBIOS Compatible Transport Protocol】，如图 4.2-9 所示。

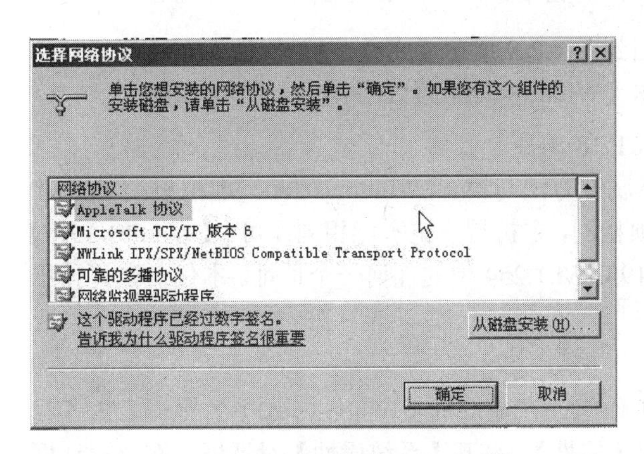

图 4.2-8　【选择网络协议】对话框

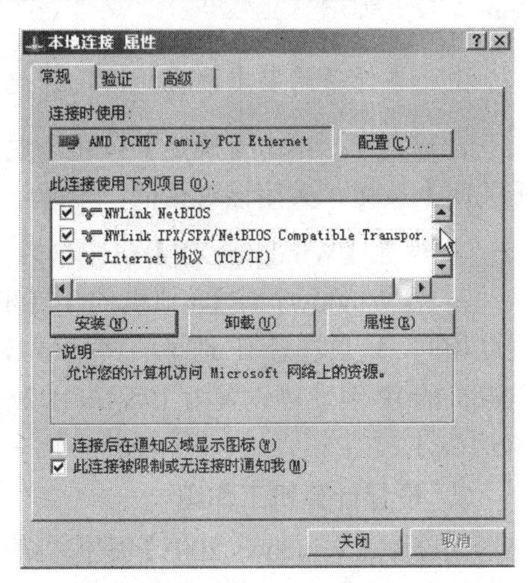

图 4.2-9　添加【NWLink IPX/SPX/NetBIOS Compatible Transport Protocol】后的【本地连接 属性】对话框

(4) 在图 4.2-9 的【此连接使用下列项目】列表框中选择【Internet 协议(TCP/IP)】，然后单击【属性】按钮，将打开【Internet 协议(TCP/IP)属性】对话框，如图 4.2-10 所示。

(5) 在图 4.2-10 的【常规】选项卡中选择【使用下面的 IP 地址】，在【IP 地址】后的文本框中输入为其设计的地址(如 195.168.1.1)，在【子网掩码】后的文本框中单击鼠标，系统自动填入与前面输入的IP地址相对应的标准类子网掩码(由于195.168.1.1为C类地址，所以自动填入 255.255.255.0)，如图 4.2-11 所示。

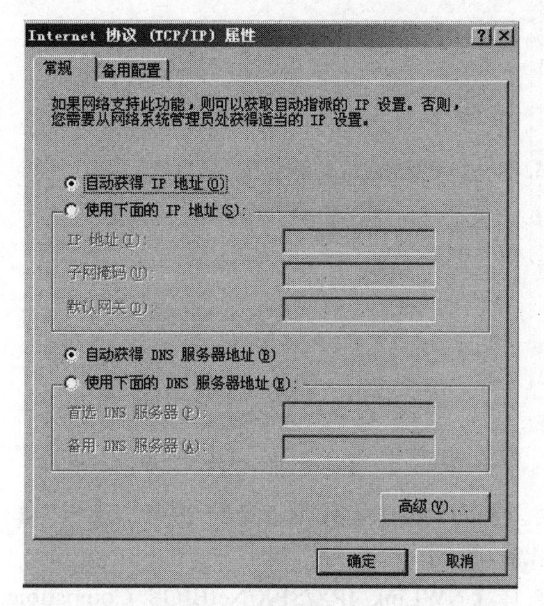

图 4.2-10 【Internet 协议(TCP/IP) 属性】对话框

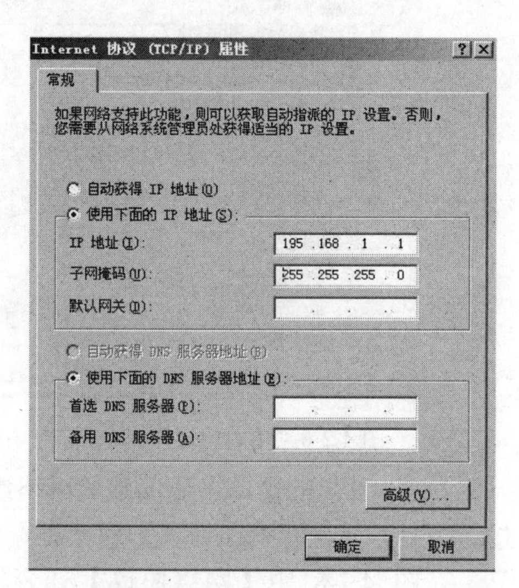

图 4.2-11 填入内容后的【Internet 协议(TCP/IP) 属性】对话框

由于本任务只要求两机通信，因此不需设置【默认网关】及【DNS 服务器】。

设置完毕，单击【确定】按钮，返回到图 4.2-9 所示【本地连接 属性】对话框，单击【关闭】按钮，关闭该对话框。至此，本【Windows 2003】TCP/IP 属性设置完成。

2) 设置【Windows XP】虚拟机的 TCP/IP 属性

设置【Windows XP】虚拟机的 TCP/IP 属性方法与设置【Windows 2003】虚拟机的 TCP/IP 属性相同，只是注意 IP 地址的网络号必须相同，主机号一定不能相同即可。【Windows XP】虚拟机的 IP 地址可设置为 195.168.1.2～195.168.1.254 中的任何一个地址。本任务选择使用 195.168.1.2。

3. 设置计算机工作组

先设置【Windows 2003】虚拟机的工作组。在虚拟机【Windows 2003】桌面右击【我的电脑】图标，在弹出的快捷菜单中选择【属性】，打开【系统属性】对话框，在该对话框中选择【计算机名】选项卡，如图 4.2-12 所示。

在图 4.2-12 中单击【更改】按钮，打开【计算机名称更改】对话框。在【计算机名】下方的文本框中可输入该计算机的名称(如 Windows 2003)；在【工作组】下方的文本框中有默认工作组名称(WORKGROUP)，也可输入新的工作组名称(如 NET1)，如图 4.2-13 所示。

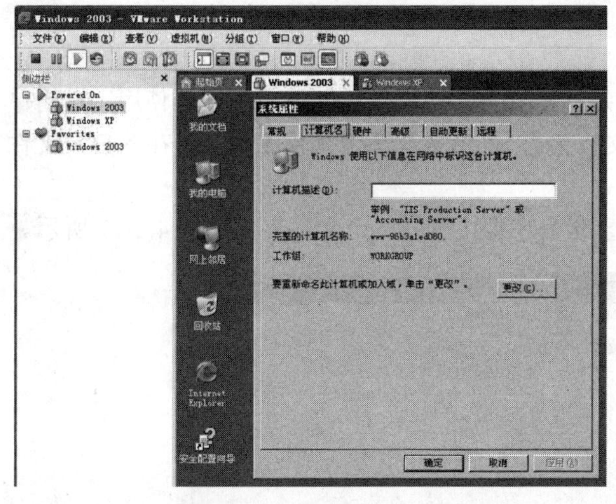
图 4.2-12 【系统属性】对话框的【计算机名】选项卡

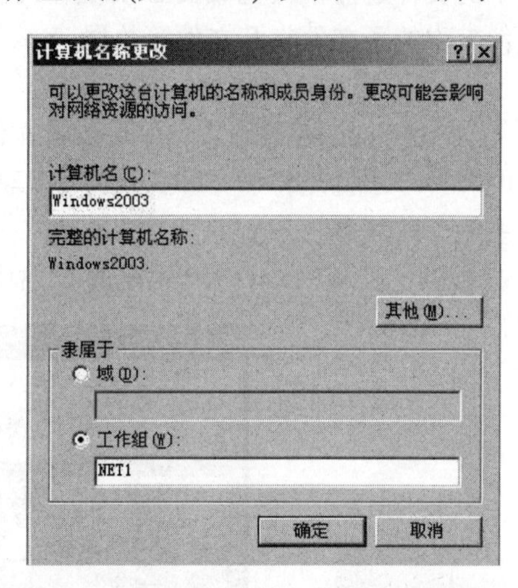

图 4.2-13 【计算机名称更改】对话框

在图 4.2-13 中单击【确定】按钮，等待一段时间后，系统弹出【计算机名更改】提示框，如图 4.2-14 所示。

在图 4.2-14 中单击【确定】按钮，系统弹出【要使更改生效，必须重新启动计算机。】的提示框，如图 4.2-15 所示。

图 4.2-14 【计算机名更改】提示框

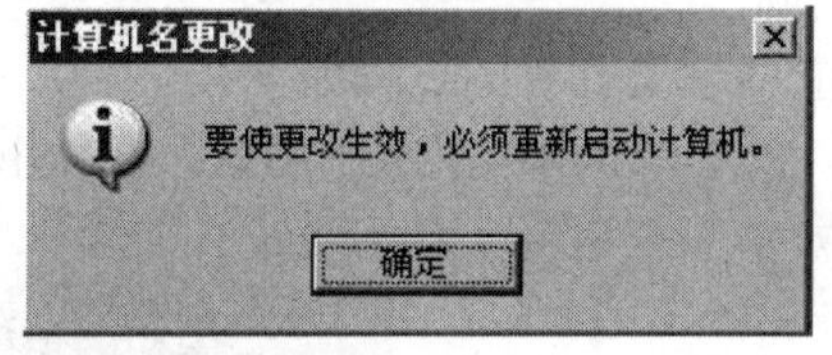

图 4.2-15 系统提示框

在图 4.2-15 中单击【确定】按钮，返回到图 4.2-12 所示对话框，单击该对话框中的【确定】按钮，系统弹出是否立即重新启动计算机的选择对话框，如图 4.2-16 所示。如果选择【是】，计算机立即重新启动；如果选择【否】，则不会重启计算机，但是，以上所做更改目前还没有生效，即工作组和计算机名称没有发生变化。

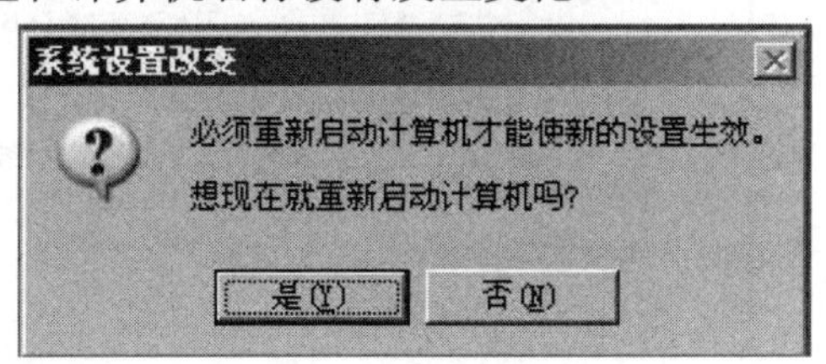

图 4.2-16 启动计算机的选择对话框

在此，我们选择单击【是】按钮，重新启动计算机，使设置生效。

虚拟机【Windows XP】的工作组设置与虚拟机【Windows 2003】的设置方法相同，只是计算机名设置为 Windows XP，工作组名称也为 NET1。

4．设置磁盘共享

共享文件或文件夹是网络的重要功能之一，相同工作组中的成员在使用其他成员电脑中的文件之前，其他成员必须设置共享包含这些文件的文件夹，指定用户才可以访问该文件夹中的子文件夹及文件等数据。

1) 设置共享文件夹

在 Windows 网络中，如果要将文件夹及其中的文件提供给网络上的用户使用，最简单的一种办法就是将该文件夹设为【共享文件夹】，而在安全设置上较完善的是在 NTFS 文件系统下的共享。

假设在 Windows XP 系统的 C 盘中已准备好要共享的一个文件夹，如图 4.2-17 所示。

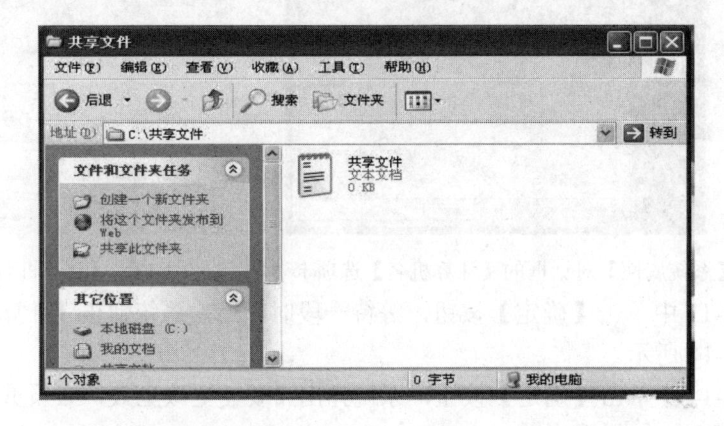

图 4.2-17　准备共享的【共享文件】文件夹及文件夹中的文件

设置共享文件夹的过程如下：

(1) 在【共享文件】夹上右击，在弹出的菜单中选择【共享和安全】，打开【共享文件属性】对话框，如图 4.2-18 所示。

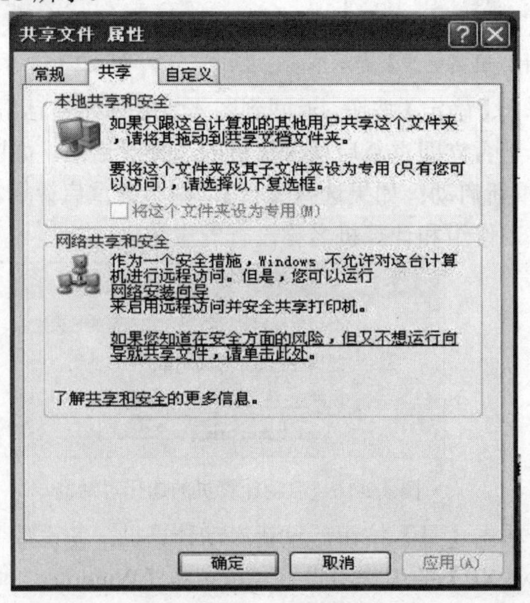

图 4.2-18　【共享文件 属性】对话框

(2) 在图 4.2-18 所示对话框中选择【如果您知道在安全方面的风险，但又不想运行向导就共享文件，请单击此处。】，系统将弹出【启用文件共享】对话框，如图 4.2-19 所示。

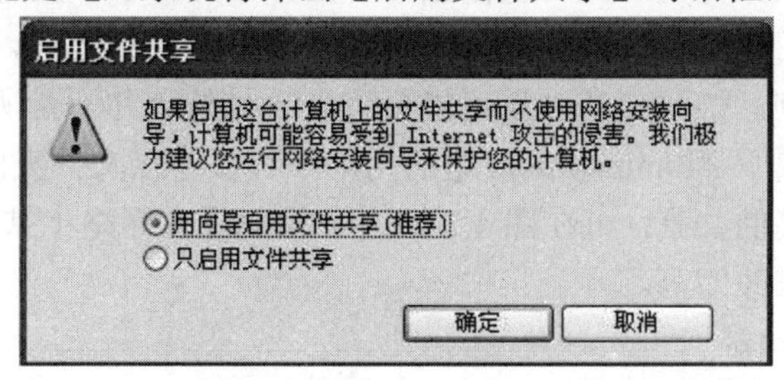

图 4.2-19　【启用文件共享】对话框

(3) 选择【只启用文件共享】单选项，然后单击【确定】按钮，【共享文件 属性】对话框发生了改变，如图 4.2-20 所示。

(4) 单击【在网络上共享这个文件夹】，在【共享名】文本框中系统默认名为共享文件夹的名称(可修改，也可不改)，如图 4.2-21 所示。

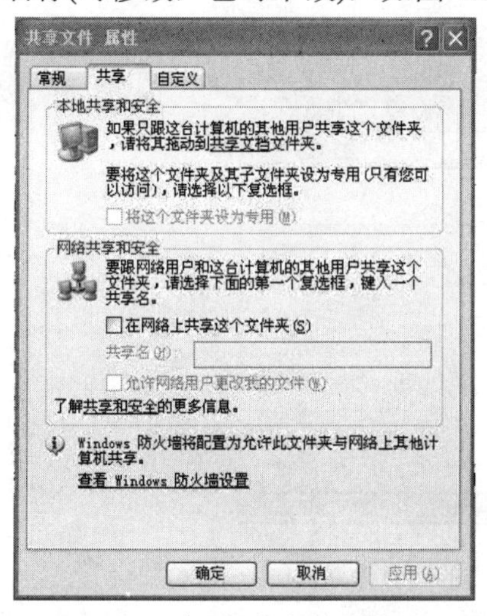

图 4.2-20　更改后的【共享文件 属性】对话框

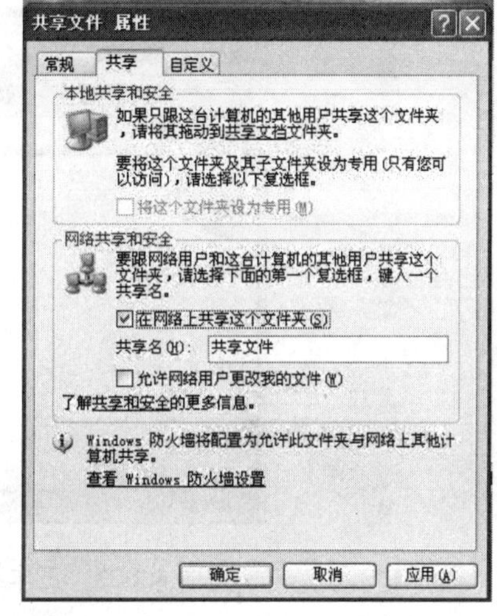

图 4.2-21　设置【共享文件 属性】对话框

(5) 设置完毕，单击【确定】按钮使设置生效。

设置生效后，共享文件夹上出现了共享标志图标，如图 4.2-22 所示。

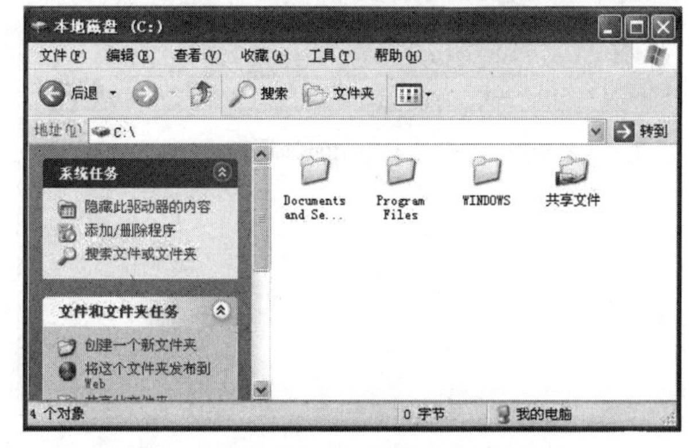

图 4.2-22　设置为共享的文件夹图标

2) 停止共享文件夹

当不想共享某个文件夹时，可以停止对该文件夹的共享。文件夹一旦停止了共享，网络用户就无法再访问该文件夹了。在将某个文件夹停止共享之前，要先确定已没有用户与该文件夹连接；否则，该用户的数据可能会丢失。另外，并不是所有的用户都可以停止文件夹的共享，只有属于 Administrators 组的用户才有权停止文件夹的共享。

要停止对文件夹的共享，可在图 4.2-21 中，取消【在网络上共享这个文件夹】选项后，单击【确定】确认修改即可。

3) 映射网络驱动器

把共享文件夹映射成驱动器，在使用时会非常方便，特别是对经常使用的共享文件夹，可按如下步骤为共享文件夹映射网络驱动器号：

(1) 在 Windows 2003 桌面上双击【网上邻居】图标，依次双击【整个网络】|【Microsoft Windows Network】|【Net1】图标，打开【Net1】窗口，如图 4.2-23 所示。图中可以看到工作组 NET1 中在线的两台计算机。

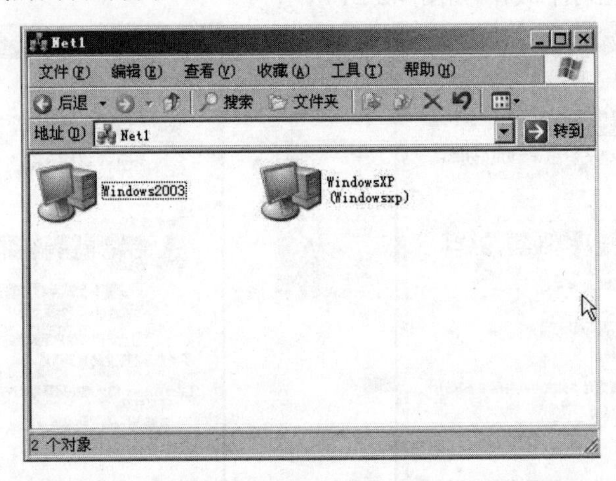

图 4.2-23　工作组 NET1 中在线的两台计算机

在图 4.2-23 中双击【Windows XP】图标，打开 Windows XP 共享资源窗口，如图 4.2-24 所示。

图 4.2-24　Windows XP 上的共享资源

(2) 在图 4.2-24 中选择【共享文件夹】(双击即可打开【共享文件夹】并查看、使用其共享资源)，右击该文件夹，在弹出的快捷菜单中选择【映射网络驱动器】命令，打开如图 4.2-25 所示的【映射网络驱动器】对话框。

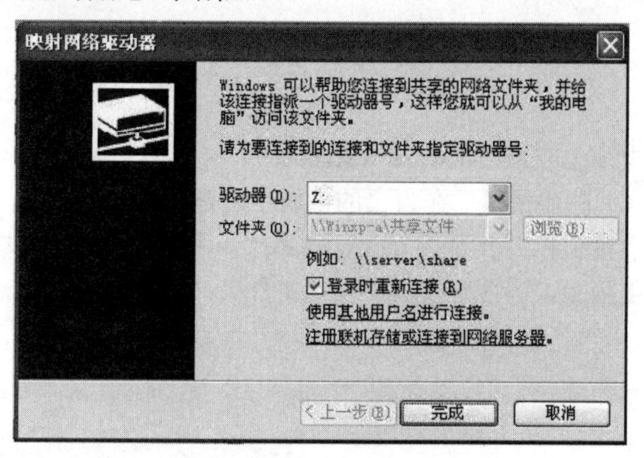

图 4.2-25　【映射网络驱动器】对话框

(3) 在图 4.2-25 的【驱动器】下拉列表框中，选择一个本机没有使用的磁盘盘符作为共享文件夹的映射驱动器符。如果希望下次登录时自动建立同共享文件夹的连接，就选择【登录时重新连接】复选框。

(4) 单击【完成】按钮，即可完成共享文件夹到本机的映射。

在 Windows 2003 桌面双击【我的电脑】或打开【资源管理器】，会发现本机的物理磁盘下面多了一个网络驱动器，通过该驱动器可以访问共享文件夹，就像访问本机的物理磁盘一样，如图 4.2-26 所示。

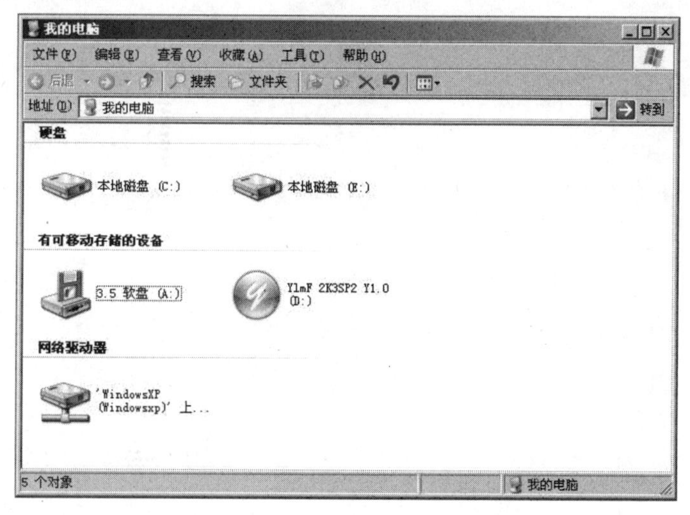

图 4.2-26　映射有网络驱动器的窗口

4) 断开网络驱动器映射

如果要断开映射的网络驱动器，可以按如下步骤操作：

(1) 在桌面上双击【我的电脑】，选择想要断开的驱动器右击，在弹出的快捷菜单中选择【断开】命令，打开【断开网络驱动器】对话框。

(2) 在【请选择您想断开的驱动器】列表中选择要断开映射的驱动器，单击【完成】按钮即可。

课 外 实 践 4

1．在自己的电脑上安装 VMware Workstation。

2．参照任务 4.1 的步骤 2，在自己的电脑上新建虚拟机并安装 Windows 2003 操作系统。此外，再新建一虚拟机并安装 Windows XP 操作系统，将虚拟机均命名为 Windows XP。

3．在自己的电脑上，参照任务 4.2 设置文件夹共享。

项目 5

架设网络服务(VMware Workstation 环境)

架设网络的目的是利用网络为生产经营服务，提高生产及工作效率。为了更好地利用网络，各种各样的网络服务不断推出。“网络服务” (Web Services)，是指一些在网络上运行的、面向服务的、基于分布式程序的软件模块。网络服务采用 HTTP(HyperText Transfer Protocol，超文本传输协议)和 XML(Extensible Markup Language，可扩展标记语言)等互联网通用标准，使人们可以在不同的地方通过不同的终端设备访问 Web 上的数据，如网上订票、查看订座情况等。网络服务在电子商务、电子政务、公司业务流程电子化等应用领域有广泛的应用。本项目主要完成常用的典型网络服务架设，如 Web、FTP、DHCP、DNS 及邮件服务架设等。

项目目标

(1) 了解 HTTP、FTP、DHCP、DNS 及 SMTP 等协议。

(2) 会架设常用的典型网络服务，如 Web、FTP、DHCP、DNS 及邮件服务等。

任务 5.1　架设 Web 服务

WWW(World Wide Web，全球网)是 Internet 的重要组件之一，简称“Web”。Windows Server 2003 的 IIS(Internet Information Server)6.0 是 Internet 和 Intranet(内部网)的信息服务平台，它提供了 Web、FTP 等主要服务。现在，上网对于每个人来说都不是难事，只要能认识常用的汉字，会按鼠标键，就能享受网络展示的信息海洋。网上的这些信息来自全球网络中各种各样的服务器，这些服务器提供了多种服务，成千上万个服务器连在一起就组成了这信息的海洋。当服务器连入 Internet 时，就为全球网提供信息服务；当服务器只连在内部网络时，就只为内部网络提供信息服务。本任务利用 Windows Server 2003 架设 Web 服务。

知识要点

(1) IIS6.0 的作用。IIS 6.0 可为 Internet 或 Intranet 提供 Web、FTP 等服务。但是 Internet 或 Intranet 提供 Web、FTP 等服务并非只能借助于 IIS 6.0。现在已有很多优秀的软件提供各种各样的服务，而且这些软件适合多种操作平台。

(2) Web 服务。Web 服务是目前使用最广的一种基本互联网应用，我们每天上网都要

用到这种服务。通过 Web 服务，只要用鼠标进行本地操作，就可以到达世界上的任何地方。由于 Web 服务使用的是超文本链接(HTML)，所以可以很方便地从一个信息页转换到另一个信息页。利用它不仅能查看文字，还可以欣赏图片、音乐、动画等。

技能要点

(1) 安装 IIS。如果在安装 Windows Server 2003 系统时没有安装 IIS 或在使用过程中 IIS 出现问题，就需安装 IIS。

(2) Web 站点目录。在默认安装情况下，Web 站点目录在 C:\inetpub\wwwroot，为方便管理，可将站点目录设置在 C 盘以外的其他盘的某个目录下。

实现任务的方法及步骤

1. 安装 IIS

(1) 启动 Windows Server 2003 后，先将 Windows Server 2003 安装盘映像文件装入虚拟机光驱，再依次单击【开始】|【设置】|【控制面板】，打开【控制面板】窗口。在该窗口双击【添加或删除程序】图标，将打开【添加或删除程序】对话框，如图 5.1-1 所示。

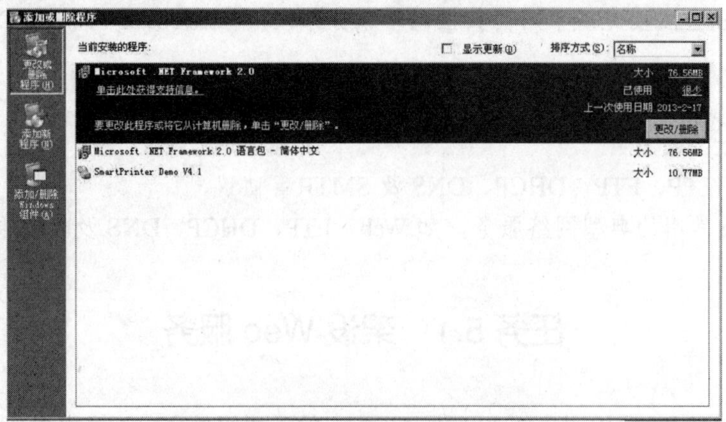

图 5.1-1　【添加或删除程序】对话框

(2) 在图 5.1-1 中单击【添加/删除 Windows 组件】，将打开【Windows 组件向导】对话框，在该对话框中拖动组件选项下的垂直滚动条，选择【应用程序服务器】，如图 5.1-2 所示。

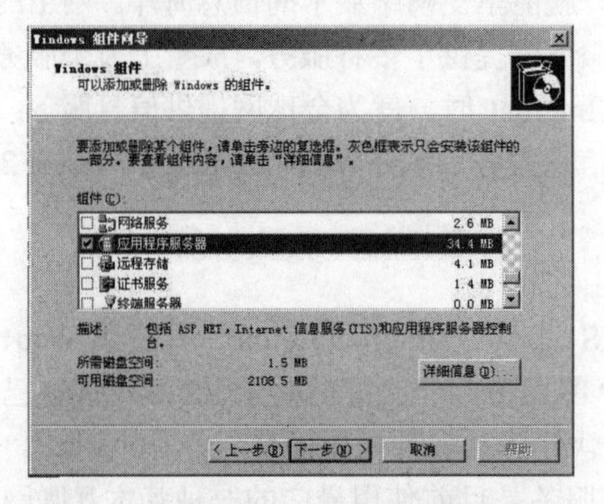

图 5.1-2　【Windows 组件向导】对话框

(3) 在图 5.1-2 中单击【详细信息】按钮，打开设置应用程序服务器的子组件的对话框，在该对话框中单击【Internet 信息服务(IIS)】，如图 5.1-3 所示。

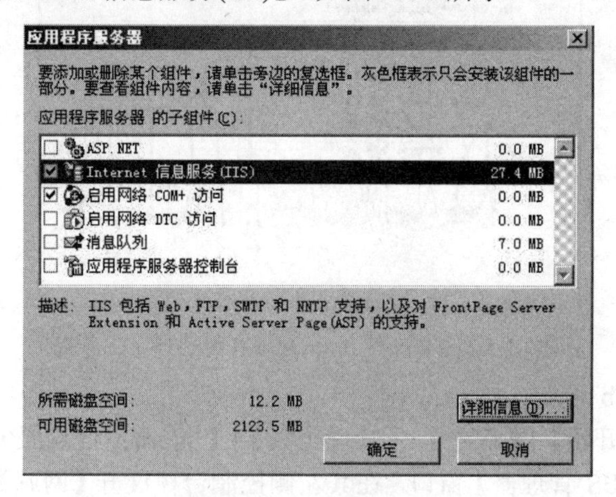

图 5.1-3　【应用程序服务器的子组件】对话框

(4) 在图 5.1-3 中单击【确定】按钮，返回到图 5.1-2 所示对话框，单击【下一步】按钮，系统进入自动安装，并显示安装进度，如图 5.1-4 所示。

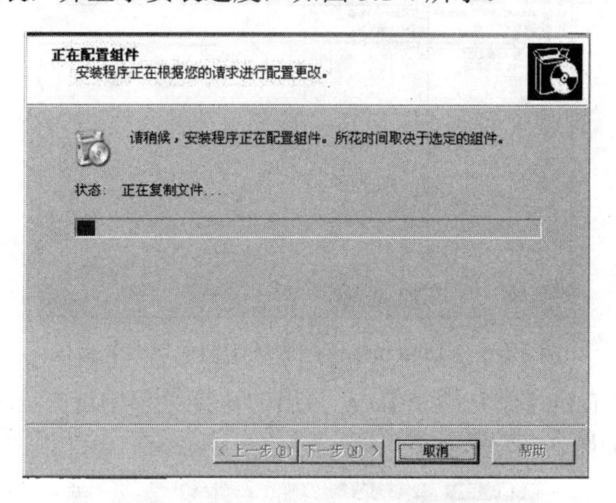

图 5.1-4　【正在配置组件】提示框

组件配置完成后，系统会弹出【完成"Windows 组件向导"】对话框，单击【完成】按钮，完成 IIS 组件安装。最后关闭所有窗口即可。

此时，再依次单击【开始】|【程序】|【管理工具】，其下一级菜单中会出现【Internet 信息服务(IIS)管理器】选项，有此选项就说明 IIS 已安装成功。接下来就可以配置相关服务了。

2. 架设默认 Web 站点

1) 准备默认 Web 站点内容

在虚拟机 Windows Server 2003 某个磁盘上新建一个文件夹，并在该文件夹准备一个网站测试页，比如：在 F 盘上新建一个文件夹 WEB1，主页文件 index.htm 在浏览器下的效果如图 5.1-5 所示。

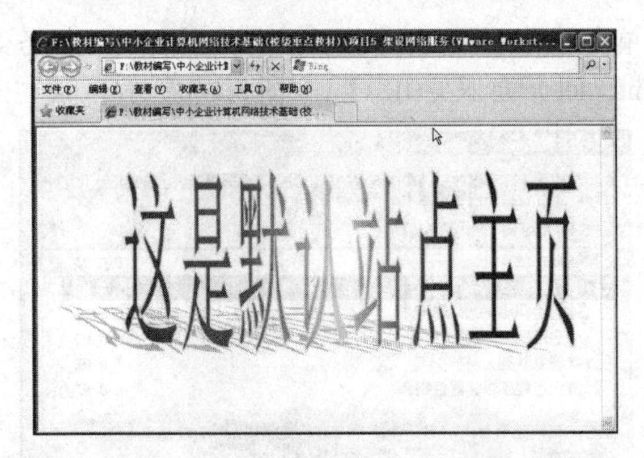

图 5.1-5　主页文件 index.htm 在浏览器下的效果

2) 配置默认 Web 站点

(1) 依次单击【开始】|【程序】|【管理工具】|【Internet 信息服务(IIS)管理器】，打开【Internet 信息服务(IIS)管理器】窗口，在其左侧控制台树展开【网站】，选择【默认网站】，如图 5.1-6 所示。

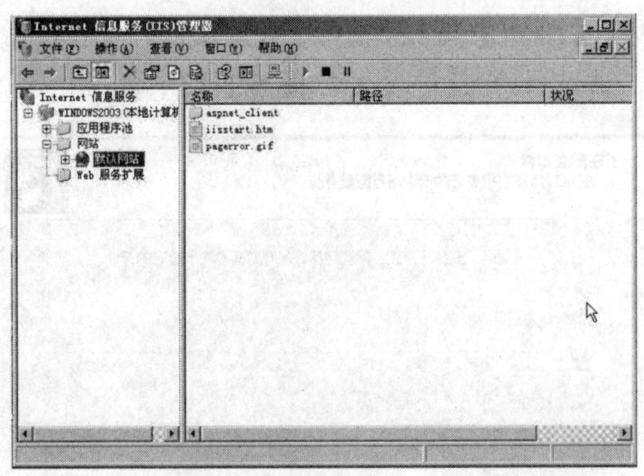

图 5.1-6　【Internet 信息服务(IIS)管理器】窗口

(2) 在图 5.1-6 中右击【默认网站】，在弹出的快捷菜单中选择【属性】，打开【默认网站 属性】对话框，如图 5.1-7 所示。

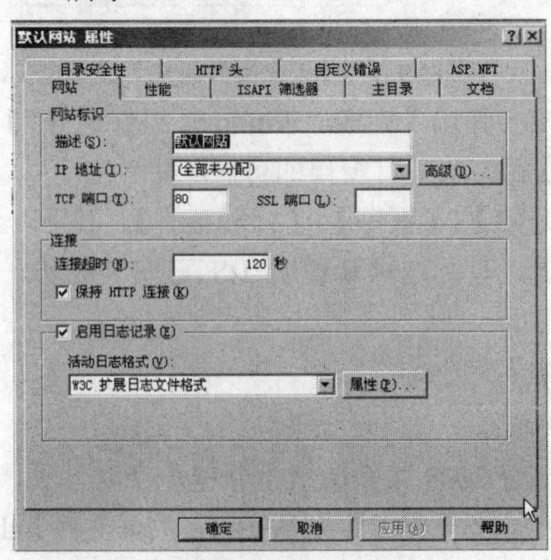

图 5.1-7　【默认网站 属性】对话框

(3) 在图 5.1-7 中选择【网站】选项卡，在【网站标识】栏【IP 地址】右侧的文本框中输入本机 IP 地址或单击其右侧下拉列表按钮，选择本机地址(195.168.1.1)，其他各选项可保持默认，如图 5.1-8 所示。

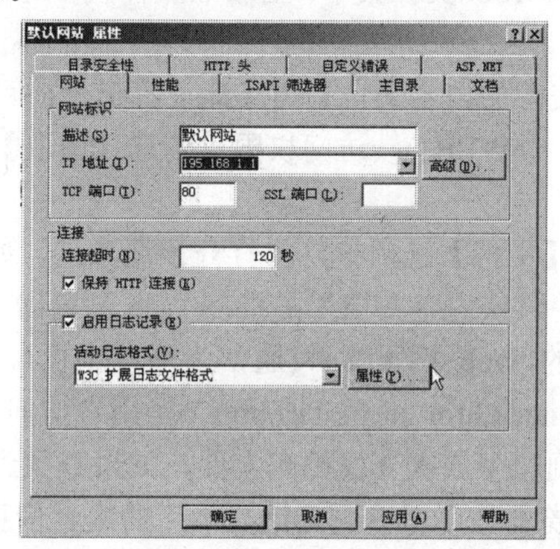

图 5.1-8　【默认网站 属性】的【网站】选项卡

【网站】选项卡中各项说明如下：

【描述】栏：可输入本 Web 站点的标识，以方便网络管理员区分不同的 Web 站点。其中的说明文字将作为该 Web 站点的名称显示在“Internet 信息服务”窗口的目录树中。

【IP 地址】栏：通过其右侧的下拉菜单，可打开 IP 地址列表，为该 Web 站点设置 IP 地址。

【TCP 端口】栏：可以将 TCP 端口设置为未被使用的任意 TCP 端口号。默认端口号为 80。如果不用默认端口号，则端口号应事先告诉客户，因为通过浏览器浏览网页时，应在 IP 地址后注明端口号，如http://195.168.1.1:8080(8080为端口号)，才能正确访问这台 Web 服务器。

【连接】栏：可以指定同时发生的连接数和设置服务器断开无活动用户的时间。

【启用日志记录】栏：选择该选项将启动 Web 站点的日志记录功能，该功能可记录用户活动的细节，通过查看“日志”可以监控网络用户的活动，及时发现网站的安全隐患。

(4) 在图 5.1-8 中选择【主目录】选项卡，如图 5.1-9 所示。

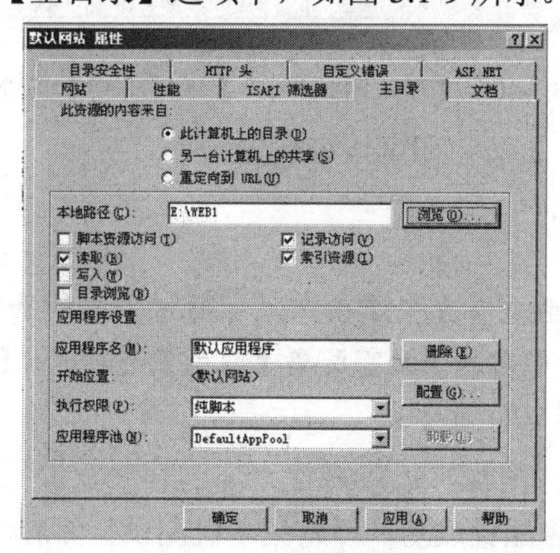

图 5.1-9　【默认网站 属性】的【主目录】选项卡

这里的主目录实际上是指保存 Web 网站的文件夹，当用户向 Web 站点发出请求时，Web 服务器自动从该文件夹取出相应的文件显示给用户。当站点内容较少时，可将站点文件保存在默认的\Inetpub\wwwroot 文件夹中；当站点文件较多时，通常将站点文件保存在其他较大空间的磁盘目录中。

在此，我们选择【此资源的内容来自】为【此计算机上的目录】;【本地路径】为前面准备好的文件夹 WEB1(即 E:\WEB1)；访问权限只勾选【读取】、【记录访问】和【索引资源】；其他选项保持默认。

(5) 在图 5.1-9 中选择【文档】选项卡，将打开该选项卡，如图 5.1-10 所示。

【文档】选项卡中的“默认内容文档”是指在 Web 浏览器中输入 Web 站点的 IP 地址或域名后，即可显示出来的 Web 网页文件(通常为网站主页)。IIS6.0 默认主页文档有：Default.htm、Default.asp、index.htm 和 iisstart.htm。当用户访问 Web 站点时，系统就按默认文档列表中文件名的排列顺序依次查找相应文件，如果查找到其中之一将显示该网页；如果找不到，便在 Web 浏览器显示“该页无法显示”的提示信息。

如果网站的主页由于文档名不是 Default.htm、Default.asp、index.htm 和 iisstart.htm，则应在图 5.1-10 中单击【添加】按钮来添加网站的主页文档。在默认文档列表中，可通过下边的【上移】、【下移】按钮改变默认文档的排列顺序。

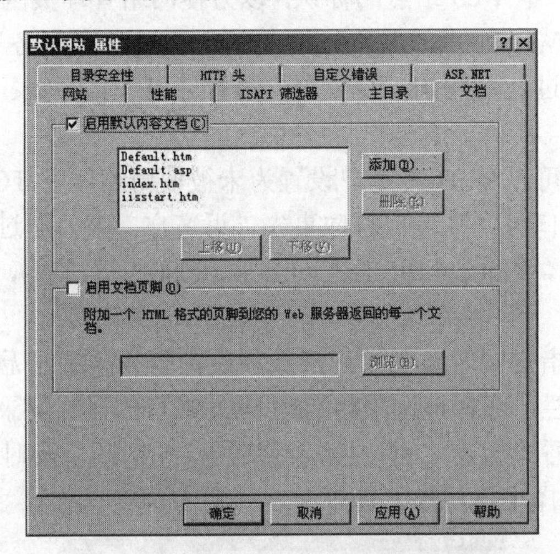

图 5.1-10　【默认网站 属性】的【文档】选项卡

配置完毕，单击【确定】按钮即可结束配置。

【默认网站 属性】对话框有九个选项卡，可通过不同的选项卡对 Web 服务器的相关属性进行配置。对于非专业服务器，只需配置【网站】选项卡、【主目录】选项卡和【文档】选项卡，其他选项卡保持默认配置即可。

3) 检测默认 Web 站点

检测默认 Web 站点是否配置成功，可先在本机测试，然后再到网络中的其他计算机上进行测试。测试的方法是在 IE 浏览器地址栏输入 Web 站点所在的 IP 地址，如本任务中可输入“http://195.168.1.1”。

在虚拟机 Windows XP 中启动 IE 浏览器，在地址栏输入 http://195.168.1.1 后按【Enter】键，若显示图 5.1-5 所示的主页效果，则说明网站配置成功；否则应查找原因，排除故障。

一个 IP 地址只能对应一个默认站点，当有多个站点要发布但又只有一个 IP 地址时，可采用创建虚拟 Web 站点的方法解决。

3. 架设虚拟 Web 站点

1) 准备虚拟 Web 站点内容

为了区分默认站点，虚拟 Web 站点主页内容应与默认 Web 站点内容有明显区别。所以，在【Windows Server 2003】某个磁盘上新建一个文件夹，并在该文件夹准备一个网站测试页，比如在 E 盘上建一个文件夹 WEB2，主页文件 index1.htm 在浏览器下的效果如图 5.1-11 所示。

图 5.1-11　主页文件 index1.htm 在浏览器下的效果

2) 配置虚拟 Web 站点

(1) 在图 5.1-6 中的左侧控制台树右击【默认站点】，在弹出的快捷菜单中依次选择【新建】|【虚拟目录】，将打开【虚拟目录创建向导】对话框，如图 5.1-12 所示。

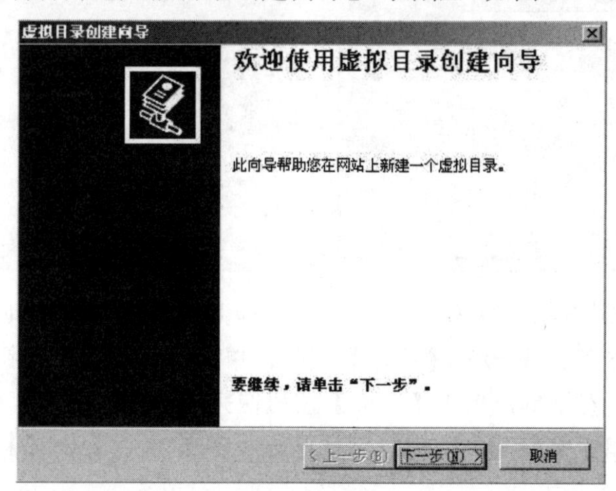

图 5.1-12　【虚拟目录创建向导】对话框

(2) 在图 5.1-12 中单击【下一步】按钮，进入【虚拟目录别名】对话框，在【别名】下的文本框中输入该虚拟 Web 站点的别名，如“web2”，如图 5.1-13 所示。

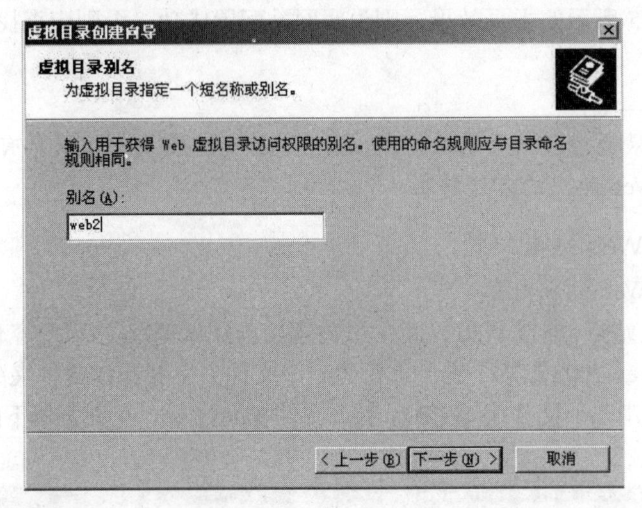

图 5.1-13　【虚拟目录创建向导】的【虚拟目录别名】对话框

虚拟目录的别名在浏览网站输入地址时要用到，所以最好用字母或数字，不要用汉字。

(3) 在图 5.1-13 中单击【下一步】按钮，打开【网站内容目录】对话框，在该对话框中可通过【浏览】按钮设置虚拟站点的内容目录路径，如图 5.1-14 所示。

(4) 在图 5.1-14 中，单击【下一步】按钮，打开【虚拟目录访问权限】设置对话框，如图 5.1-15 所示。

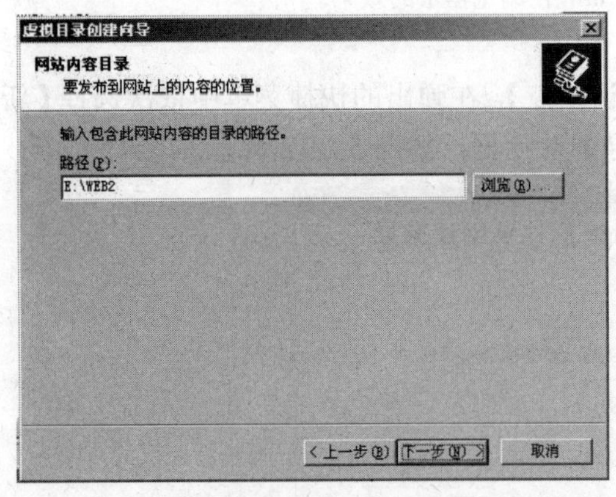

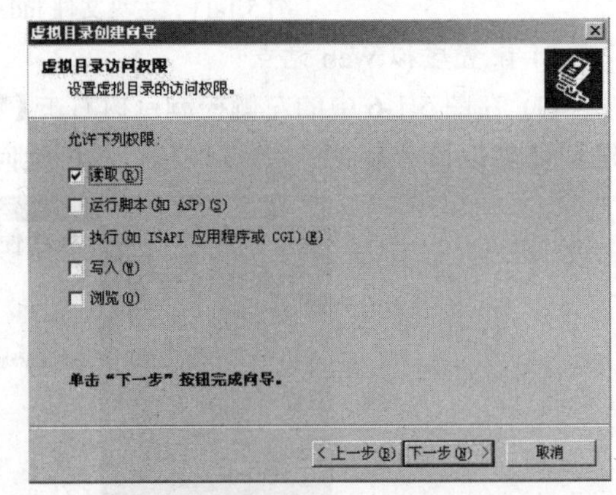

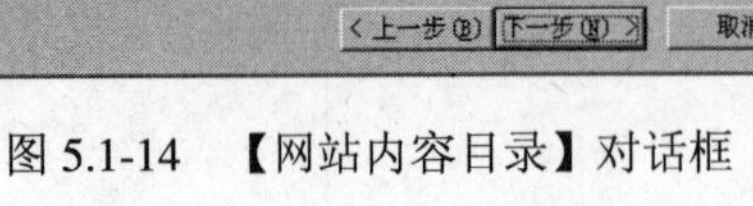

图 5.1-14　【网站内容目录】对话框　　　　图 5.1-15　【虚拟目录访问权限】设置对话框

(5) 在图 5.1-15 中，只设置【读取】权限，单击【下一步】按钮，将打开【已完成虚拟目录创建向导】对话框，单击【完成】按钮便完成创建。此时，在【Internet 信息服务(IIS)管理器】窗口左侧控制台树中，默认站点下多了一个【web2】站点，如图 5.1-16 所示。

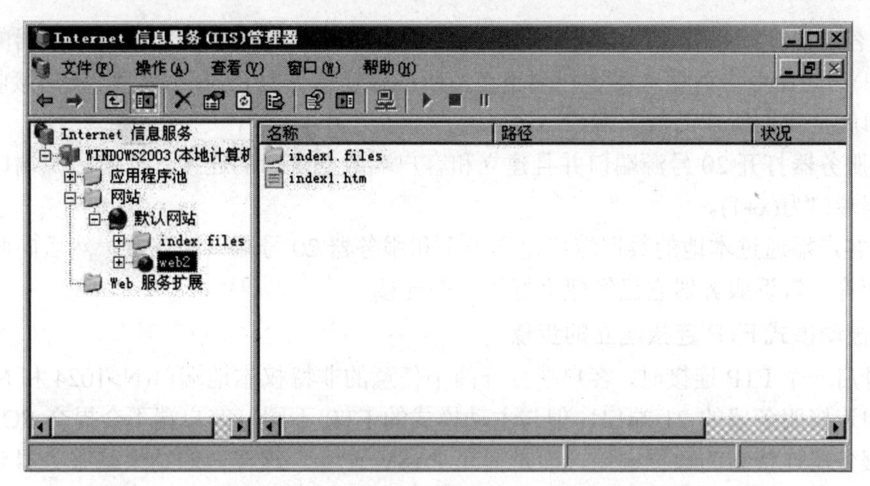

图 5.1-16　有【web2】站点的【Internet 信息服务(IIS)管理器】窗口

在图 5.1-16 中右击【web2】，在弹出的快捷菜单中选择【属性】，在打开的【web2 属性】对话框中可修改设置该站点的相关属性。

3) 检测虚拟 Web 站点

在虚拟机【Windows XP】中启动 IE 浏览器，在地址栏输入“http://195.168.1.1/web2”后按【Enter】按钮，若能显示图 5.1-11 所示的主页效果，则说明虚拟 Web 站点配置成功；否则应查找原因，排除故障。

任务 5.2　架设 FTP 服务

FTP(File Transfer Protocol，文件传输协议)是最古老的 Internet 协议之一。通过 FTP 用户可以方便地向服务器上传或下载文件，尽管通过 HTTP 协议也可以传送文件，但是在传输效率、可管理性等方面，FTP 更具有优势。由此可知，FTP 服务器是以在网络中传输文件为目的的。那么，用什么方法可以提供 FTP 服务呢？我们可以在 Windows Server 2003 中安装 FTP 服务，也可以用专用的 FTP 服务器软件(如 Serv-U)提供 FTP 服务。

知识要点

1. FTP 的使用模式

FTP 有两种使用模式：主动和被动。主动模式要求客户端和服务器端同时打开并且监听一个端口以建立连接。在这种情况下，客户端由于安装了防火墙会产生一些问题。被动模式只要求服务器端产生一个监听相应端口的进程，这样就可以绕过客户端安装了防火墙的问题。

2. 主动模式 FTP 连接建立的步骤

(1) 客户端打开一个随机的端口(端口号大于 1024，在这里，我们称它为 x)，同时一个 FTP 进程连接至服务器的 21 号命令端口。此时，源端口为随机端口 x，在客户端；远程端口为 21，在服务器端。

(2) 客户端开始监听端口(x+1)，同时向服务器发送一个端口命令(通过服务器的 21 号命令端口)，此命令告诉服务器客户端正在监听的端口号并且已准备好从此端口接收数据。这个端口就是我们所知的数据端口。

(3) 服务器打开 20 号源端口并且建立和客户端数据端口的连接。此时，源端口为 20，远程数据端口为(x+1)。

(4) 客户端通过本地的数据端口建立一个和服务器 20 号端口的连接，然后向服务器发送一个应答，告诉服务器它已经建立好了一个连接。

3．被动模式 FTP 连接建立的步骤

当开启一个 FTP 连接时，客户端打开两个任意的非特权本地端口(N>1024 和 N+1)。第一个端口连接服务器的 21 端口，但与主动模式的 FTP 不同，客户端不会提交 PORT 命令并允许服务器连接它的数据端口，而是提交 PASV 命令。这样做的结果是服务器会开启一个任意的非特权端口(P>1024)，并发送 PORT P 命令给客户端。然后客户端发起从本地端口 N+1 到服务器的端口 P 的连接用来传送数据。

技能要点

(1) FTP 配置关键。在配置 FTP 站点时，关键是 FTP 站点属性中【站点】选项卡及【主目录】选项卡的配置，其他选项卡可采用默认配置。

(2) FTP 站点目录。在默认安装情况下，FTP 站点目录在系统安装盘的\inetpub\FTP，为方便管理，可将站点目录设置在 C 盘以外的其他盘某个目录下。

实现任务的方法及步骤

1．安装 FTP

FTP 服务器是 IIS 的组件之一，如果在安装系统时没有安装该组件，可以参照任务 5.1 安装，并在图 5.1-3 中的子组件选项下通过拉动垂直滚动条找到【文件传输协议(FTP)服务器】，并选择该项即可。

(1) 启动 Windows Server 2003 后，先将 Windows Server 2003 安装盘映像文件装入虚拟机光驱，再依次单击【开始】|【设置】|【控制面板】，打开【控制面板】窗口，在该窗口中双击【添加或删除程序】图标，打开【添加或删除程序】对话框，如图 5.1-1 所示。

(2) 在图 5.1-1 中单击【添加/删除 Windows 组件】，打开【Windows 组件向导】对话框，在该对话框的【组件】选项中拖动垂直滚动条，选择【应用程序服务器】，如图 5.1-2 所示。

(3) 在图 5.1-2 中单击【详细信息】按钮，打开【应用程序服务器 的子组件】对话框，在该对话框中单击【Internet 信息服务(IIS)】，如图 5.1-3 所示。

(4) 在图 5.1-3 中单击【详细信息】按钮，打开【Internet 信息服务(IIS)的子组件】对话框，在该对话框中选择【文件传输协议(FTP)服务】，如图 5.2-1 所示。

(5) 在图 5.2-1 中单击【确定】按钮，返回到图 5.1-3 所示对话框，再单击【确定】按钮，返回到 5.1-2 所示对话框，单击【下一步】按钮，开始安装组件。安装完毕，系统会弹出【完成“Windows 组件向导”】对话框，单击【完成】按钮，完成 IIS 组件安装。最后关闭所有窗口即可。

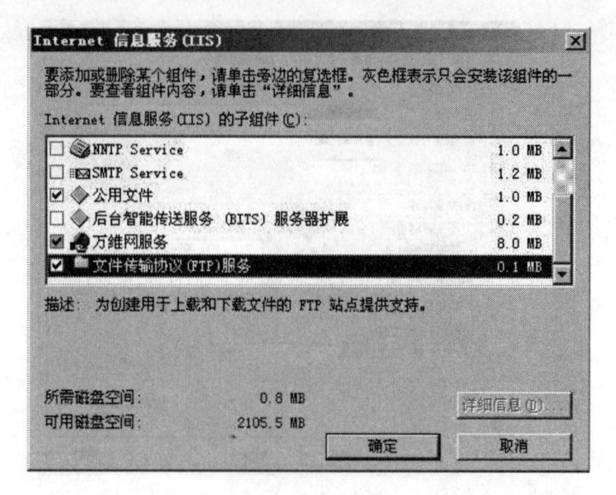

图 5.2-1　【Internet 信息服务(IIS)的子组件】对话框

2. 架设默认 FTP 站点

1) 准备默认 FTP 站点内容

在虚拟机 Windows Server 2003 某个磁盘上新建一个文件夹，并在该文件夹中至少新建一个测试用文件，比如在 E 盘中新建一个文件夹 FTP1，在文件夹内建一个任意类型的文件，文件名为“默认 FTP 站点内的文件”，如图 5.2-2 所示。

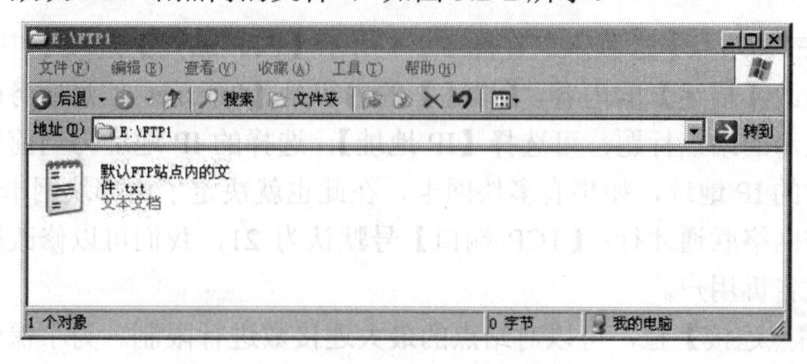

图 5.2-2　为 FTP 默认站点新建的文件夹

2) 配置默认 FTP 站点

(1) 依次单击【开始】|【程序】|【管理工具】|【Internet 信息服务(IIS)管理器】，打开【Internet 信息服务(IIS)管理器】窗口，在其左侧控制台树展开【FTP 站点】，选择【默认 FTP 站点】，如图 5.2-3 所示。

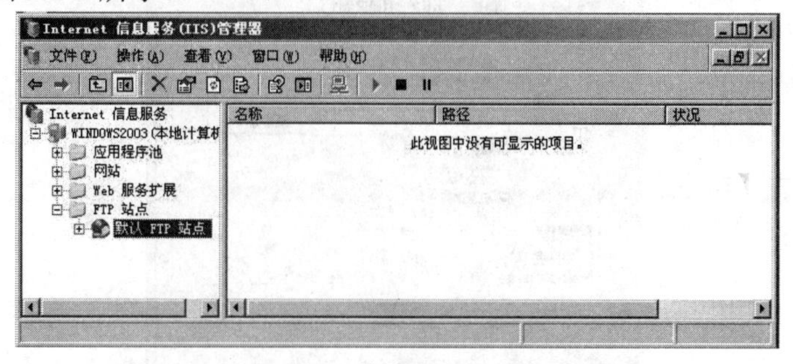

图 5.2-3　【Internet 信息服务(IIS)管理器】窗口

(2) 在图 5.2-3 中右击【默认 FTP 站点】，在弹出的快捷菜单中选择【属性】，打开【默认 FTP 站点 属性】对话框，如图 5.2-4 所示。

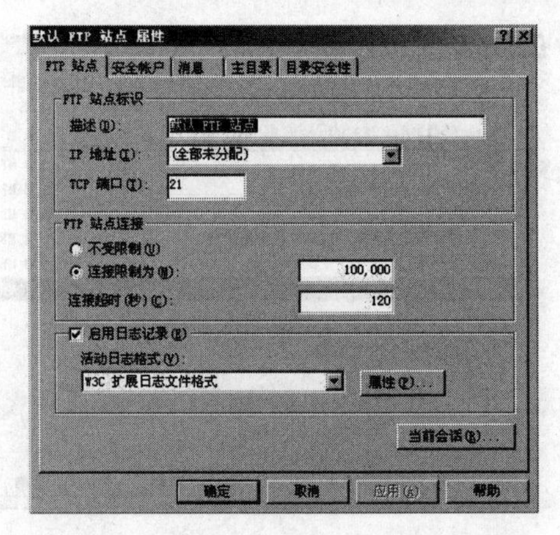

图 5.2-4　【默认 FTP 站点 属性】对话框

【默认 FTP 站点 属性】对话框有五个选项卡，可通过不同的选项卡对 FTP 服务器的相关属性进行配置。对于非专业服务器，只需配置【FTP 站点】选项卡和【主目录】选项卡，其他选项卡保持默认配置即可。

(3) 配置【FTP 站点】选项卡。在图 5.2-4 所示【FTP 站点】选项卡中，可通过【FTP 站点标识】栏修改【描述】的内容，【描述】的内容是【Internet 信息服务(IIS)管理器】窗口控制台树中显示的站点标题；可选择【IP 地址】，选择的 IP 地址为当前计算机上网卡对应的属性中设置的 IP 地址，如果有多块网卡，在此也就决定了由哪块网卡提供 FTP 服务，不过该网卡应与网络联通才行；【TCP 端口】号默认为 21，我们可以修改端口号，但修改后的端口号必须告诉用户。

在【FTP 站点连接】栏，可以对站点的最大连接数进行限制。为了保证网站的运行安全，通常会设置限制，默认的最大连接数为 100 000 个，在此可保持默认设置。

(4) 配置【主目录】选项卡。在此，我们选择【此资源的内容来源】为【此计算机上的目录】；【本地路径】为前面准备好的文件夹 FTP1；访问权限只勾选【读取】和【记录访问】；其他选项保持默认。

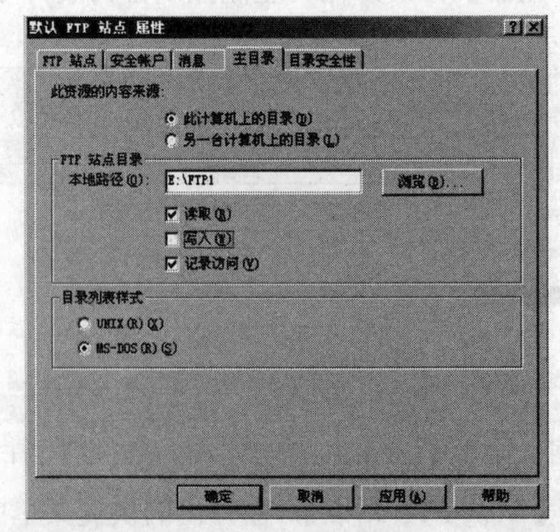

图 5.2-5　【默认 FTP 站点 属性】的【主目录】选项卡

(5) 配置【安全帐户】选项卡。在登录到某台FTP服务器时，如果FTP服务器不准许匿名连接，则要求提供用户名和口令以进行身份验证，只有通过身份验证后才能使用服务器所提供的有关服务；否则，将无法使用该服务器提供的服务。这就要求用户事先在该FTP服务器上申请用户名和口令。然而，许多公司、组织、大学及科研机构为了方便广大用户通过互联网获取它们向公众开放的各种信息，设置准许匿名连接。这样，用户就可以不需获取该FTP服务器的用户名和密码就可以访问该网站，并下载那些对公众开放的各种文件资料信息。是否允许匿名连接可以通过【安全帐户】选项卡来完成，如图5.2-6所示。

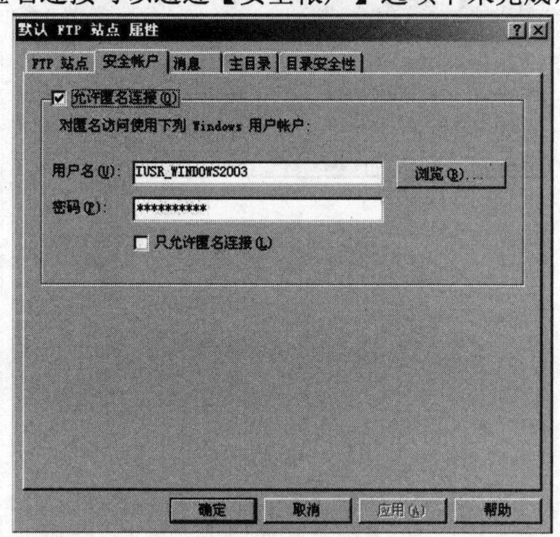

图5.2-6 【默认FTP站点 属性】的【安全帐户】选项卡

(6) 配置【消息】选项卡。有用户登录服务器时，如果用户名和密码正确，FTP服务器会返回一条欢迎登录的信息，而当用户退出FTP时，服务器也会发出一条退出的信息，这些信息可通过【消息】选项卡进行设置，如图5.2-7所示。

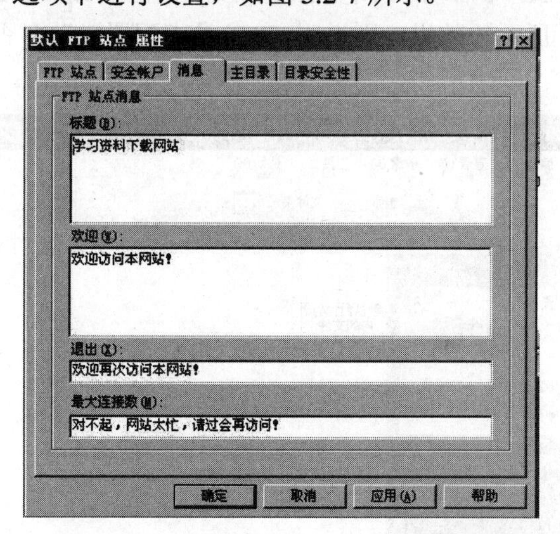

图5.2-7 【默认FTP站点 属性】的【消息】选项卡

在【欢迎】文本框中，除了欢迎用语外，还可以标识站点、告知用户使用本站点时应遵守的原则及规定等。在【退出】文本框中，通常为再见之类的语句。

【最大连接数】是指当一个用户要连接到FTP服务器时，如果该服务器目前的连接数已达到了“FTP站点”选项卡中设定的最大连接数，则通过【最大连接数】文本框中的文字对被拒绝连接的用户表示歉意。

(7) 配置【目录安全性】选项卡。通过该选项卡，我们可以设置默认情况下是“授权访问”还是“拒绝访问”，对每种情况，还可以添加“例外”情况，用此方法保证对站点访问的合法性，如图5.2-8所示。

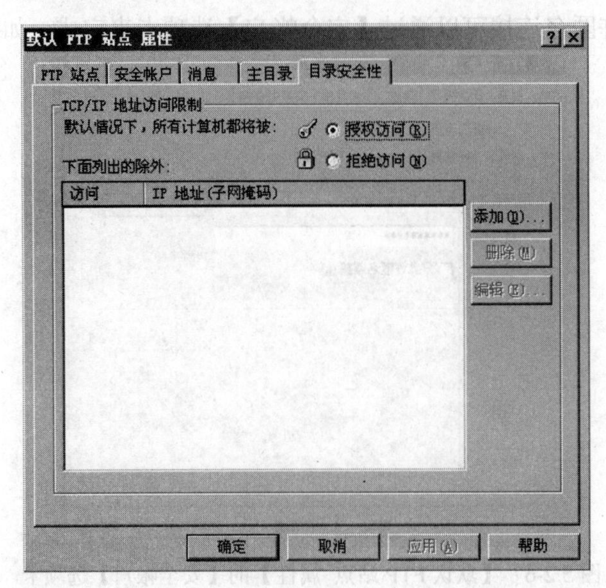

图5.2-8 【默认FTP站点 属性】的【目录安全性】选项卡

3) 检测默认FTP站点

在虚拟机Windows XP中启动IE浏览器，在地址栏输入“ftp://195.168.1.1”后按【Enter】键，若能显示图5.2-9所示的效果，则说明FTP站点配置成功；否则应查找原因，排除故障。

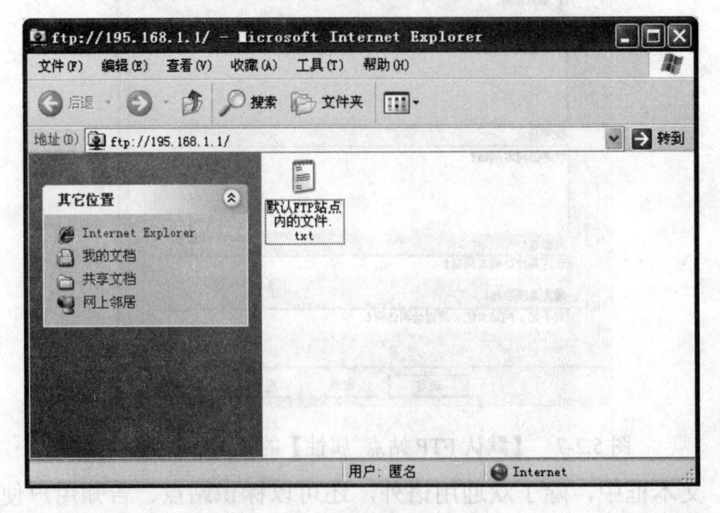

图5.2-9 默认FTP站点效果

3. 架设虚拟 FTP 站点

同 Web 站点类似，一个 IP 地址只能对应一个默认的 FTP 站点，当有多个站点要发布但又只有一个 IP 地址时，可采用创建虚拟 FTP 站点的方法解决。

1) 准备虚拟 FTP 站点内容

在虚拟机 Windows Server 2003 某个磁盘上新建一个文件夹，并在该文件夹中至少新建一个测试用文件，比如在 E 盘上新建一个文件夹 FTP2，在文件夹内新建一个任意类型的文件，文件名为“虚拟 FTP 站点内的文件”，如图 5.2-10 所示。

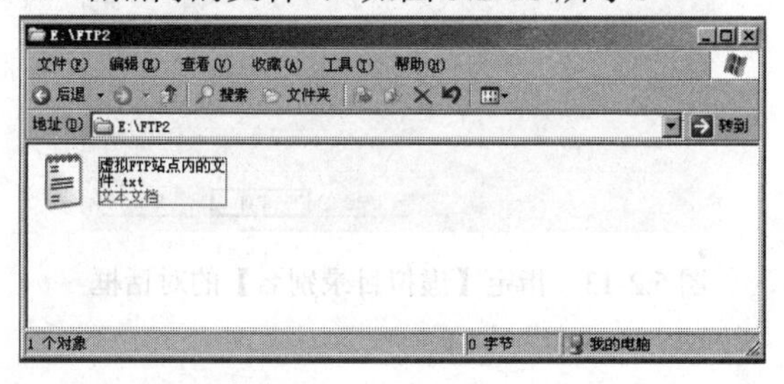

图 5.2-10　为虚拟 FTP 站点准备的文件夹

2) 配置虚拟 FTP 站点

(1) 依次单击【开始】|【程序】|【管理工具】|【Internet 信息服务(IIS)管理器】，打开【Internet 信息服务(IIS)管理器】窗口，在其左侧控制台树展开【FTP 站点】，选择【默认 FTP 站点】，如图 5.2-11 所示。

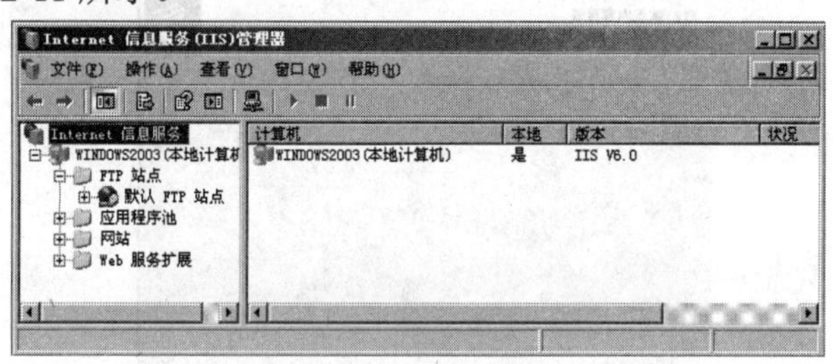

图 5.2-11　【Internet 信息服务(IIS)管理器】窗口

(2) 在图 5.2-11 中右击【默认 FTP 站点】，在弹出的快捷菜单中依次选择【新建】|【虚拟目录】，打开【虚拟目录创建向导】对话框，如图 5.2-12 所示。

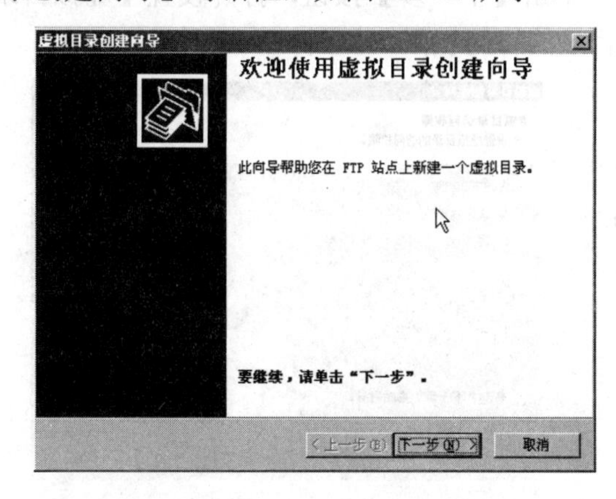

图 5.2-12　【虚拟目录创建向导】对话框

(3) 在图 5.2-12 中单击【下一步】按钮，打开指定【虚拟目录别名】的对话框，在【别名】下方的文本框中输入 FTP 站点的别名(如 xuniftp)，如图 5.2-13 所示。

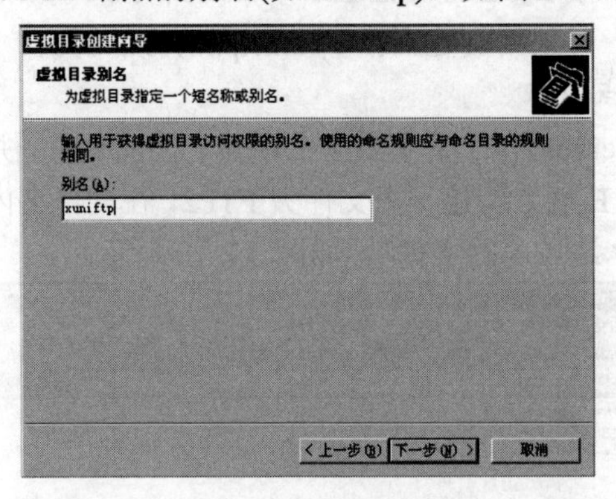

图 5.2-13 指定【虚拟目录别名】的对话框

别名由字母或数字组成，进入站点时要用到。

(4) 单击图 5.2-13 中的【下一步】按钮，打开指定【FTP 站点内容目录】的对话框，单击【浏览】按钮指定为虚拟 FTP 站点准备的目录，如图 5.2-14 所示。

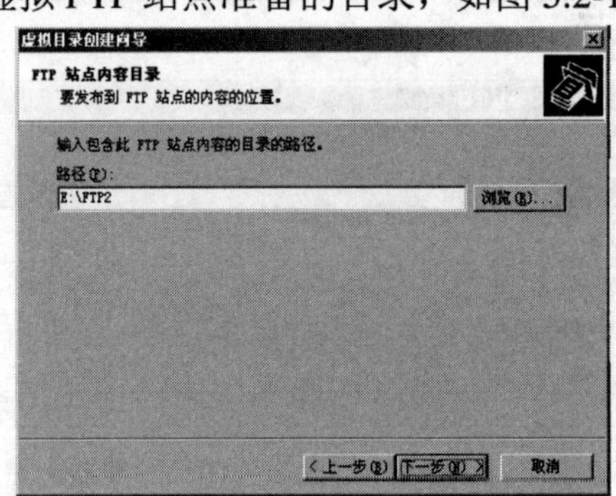

图 5.2-14 指定【FTP 站点内容目录】对话框

(5) 在图 5.2-14 中单击【下一步】按钮，打开设置【虚拟目录访问权限】的对话框，根据需要设置用户对目录的访问权限，如图 5.2-15 所示。

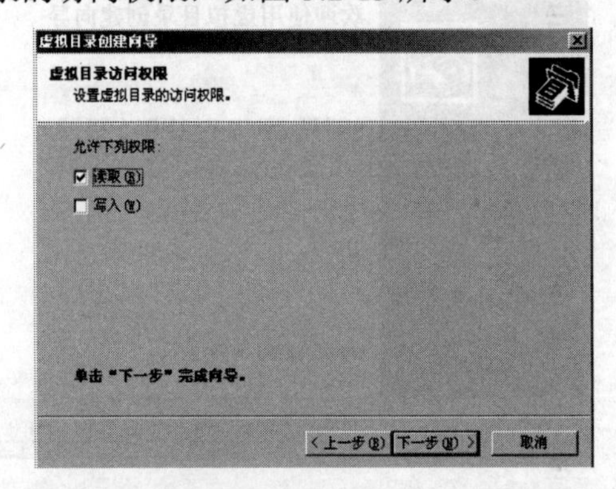

图 5.2-15 设置【虚拟目录访问权限】对话框

(6) 在图 5.2-15 中单击【下一步】按钮，打开【已完成虚拟目录创建向导】提示框，在该提示框内单击【完成】按钮，即可完成虚拟目录的创建。此时，在图 5.2-11 左侧的控制台树中的【默认 FTP 站点】下，增加了【xuniftp】一项。右击该项，在弹出的快捷菜单中选择【属性】，打开【xuniftp 属性】对话框，如图 5.2-16 所示。

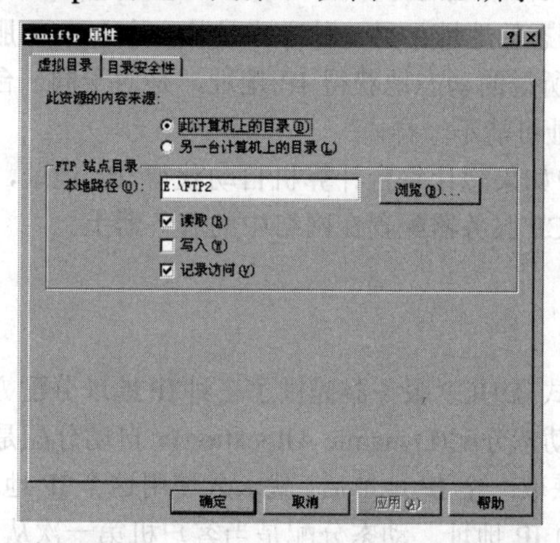

图 5.2-16　【xuniftp 属性】对话框

在图 5.2-16 中，通过【虚拟目录】选项卡可对虚拟目录路径、读取属性等进行修改；通过【目录安全性】选项卡可设置对目录访问的相关限制，以保证服务器安全运行。

3) 检测虚拟 FTP 站点

在虚拟机 Windows XP 中启动 IE 浏览器，在地址栏输入“ftp://195.168.1.1/xuniftp”后按【Enter】键，若能显示图 5.2-17 所示的效果，则说明虚拟 FTP 站点配置成功；否则应查找原因，排除故障。

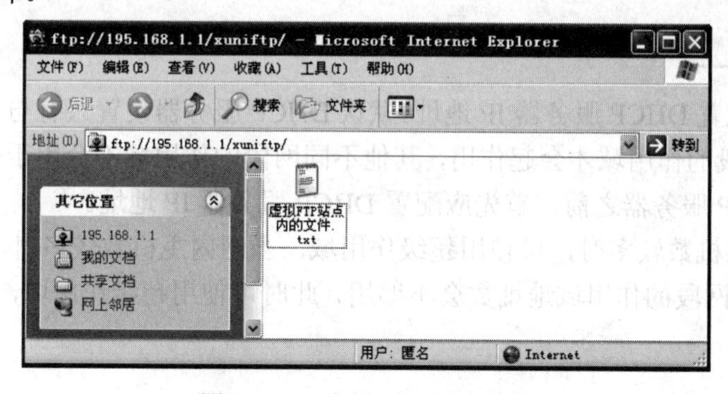

图 5.2-17　虚拟 FTP 站点效果

任务 5.3　架设 DHCP 服务

DHCP(Dynamic Host Configuration Protocol，动态主机配置协议)是一个简化主机 IP 配置管理的 TCP/IP 标准。它的主要任务是集中管理 IP 地址并自动为客户机配置 IP 地址相关参数(如子网掩码、默认网关、DNS 服务器地址等)。当客户机在配置有 DHCP 服务的网络中启动时，会自动与 DHCP 服务器建立联系，并要求 DHCP 服务器提供 IP 地址；DHCP 服务器收到客户机的请求后，根据管理员的设置，把一个 IP 地址及其相关的网络属性分配给该客户机。

一台装有 Windows 操作系统的计算机，可用两种方式设置 IP 地址，一种方式是用户手工设置一个固定的、静态的地址；另一种方式是从一个 DHCP 服务器上自动地、动态地获得一个 IP 地址。这里所说的动态地获得 IP 地址，是对于同一台客户机而言的，每一次连入网络所获得的 IP 址址可能不一样。

因此，在一个网络中如果想让每台计算机自动获得 IP 地址，就应在网络中配置一个 DHCP 服务器。通常 DHCP 服务器配置在网络中的服务器上。

知识要点

(1) DHCP 的分配方式。DHCP 服务器提供了三种 IP 地址分配方式：自动分配(Automatic Allocation)、手动分配和动态分配(Dynamic Allocation)。自动分配是当 DHCP 客户机第一次成功地从 DHCP 服务器获取一个 IP 地址后，就永久使用这个 IP 地址。手动分配是由 DHCP 服务器管理员专门指定的 IP 地址。动态分配是当客户机第一次从 DHCP 服务器获取到 IP 地址后，并非永久使用该地址，每次使用完后，DHCP 客户机就需要释放这个 IP，供其他客户机使用。

(2) DHCP 的租约过程。客户机从 DHCP 服务器获得 IP 地址的过程叫做 DHCP 的租约过程。租约过程分为四个步骤，分别为：客户机请求 IP(客户机发 DHCP Discover 广播包)、服务器响应(服务器发 DHCP Offer 广播包)、客户机选择 IP(客户机发 DHCP Request 广播包)、服务器确定租约(服务器发 DHCP ACK 广播包)。

技能要点

(1) 首先应配置 DHCP 服务器 IP 地址。默认 DHCP 服务器设置只有与 DHCP 服务器 IP 地址在同一个网段的作用域才会起作用，其他不同网段的作用域不会用于分配 IP 地址。所以，在配置 DHCP 服务器之前，首先应配置 DHCP 服务器 IP 地址。

(2) 当网内主机数较多时，可使用超级作用域。当网内主机数较多时，与 DHCP 服务器 IP 地址在同一网段的作用域地址数会不够用，此时可使用超级作用域，将部分主机分配其他网段的地址。

实现任务的方法及步骤

1．安装 DHCP 服务

安装了 Windows Server 2003 的计算机都可以成为一个网络中的 DHCP 服务器，只要在该计算机上安装 DHCP 服务即可。在第一次安装 Windows Server 2003 时，如果没有选择 DHCP 服务，可按下列步骤添加 DHCP 服务：

(1) 启动 Windows Server 2003 后，先将 Windows Server 2003 安装盘映像文件装入虚拟机光驱，再依次单击【开始】|【设置】|【控制面板】，打开【控制面板】窗口，在该窗口

双击【添加或删除程序】图标，打开【添加或删除程序】对话框，如图 5.1-1 所示。

(2) 在图 5.1-1 中单击【添加/删除 Windows 组件】，打开【Windows 组件向导】对话框，在该对话框中选择【网络服务】，如图 5.3-1 所示。

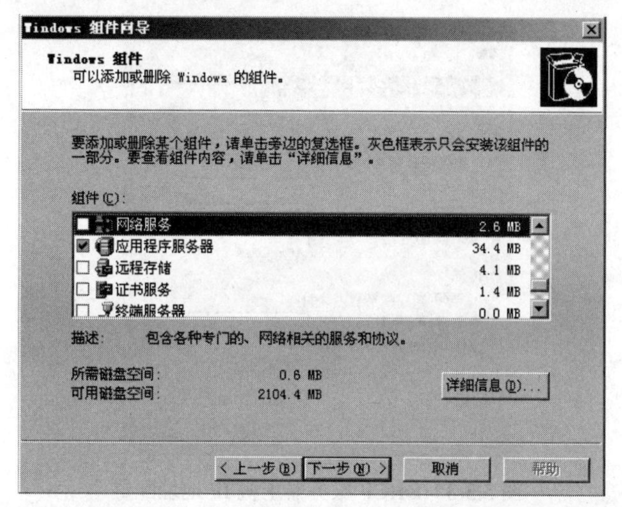

图 5.3-1　【Windows 组件】选择对话框

(3) 在图 5.3-1 中单击【详细信息】按钮，打开选择【网络服务 的子组件】的对话框，如图 5.3-2 所示。

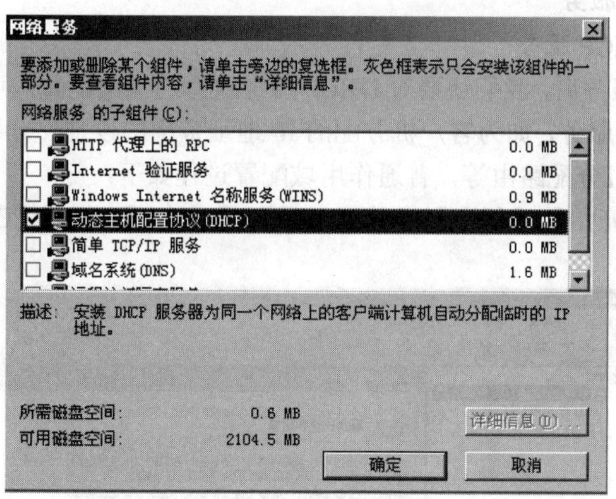

图 5.3-2　选择【网络服务的子组件】对话框

(4) 在图 5.3-2 中选中【动态主机配置协议(DHCP)】，再单击【确定】按钮，返回到图 5.3-1，单击【下一步】按钮，系统开始配置软件并显示配置进度。配置完成后，弹出【完成“Windows 组件向导”】提示框，在该提示框中单击【完成】按钮，结束 DHCP 服务的安装，最后依次关闭【添加或删除程序】窗口及【控制面板】窗口即可。

2. 配置 DHCP 服务器主机地址

右击桌面【网上邻居】图标，在弹出的快捷菜单中选择【属性】，打开【网络连接】窗口；在该窗口中选择与内网连接的网卡所对应的【本地连接】图标右击，在弹出的快捷菜单中选择【属性】，打开【本地连接 属性】对话框；在该对话框【常规】选项卡的【此连

接使用下列项目】列表框中选择【Internet 协议(TCP/IP)】后，单击【属性】按钮，打开【Internet 协议(TCP/IP)属性】对话框。在该对话框中选择【使用下面的 IP 地址】，并设置主机的 IP 地址及子网掩码，如图 5.3-3 所示。

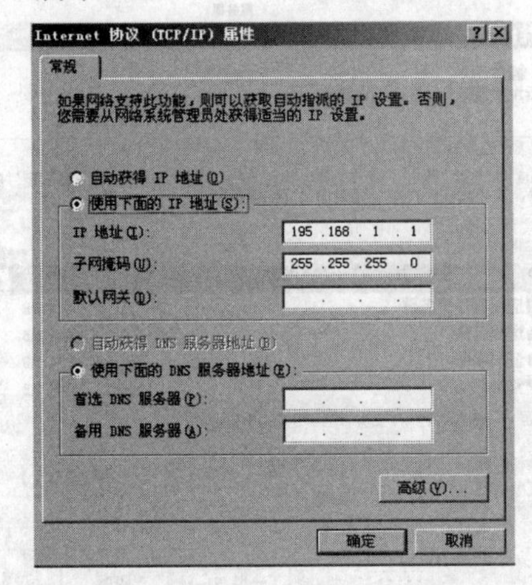

图 5.3-3　DHCP 服务器主机 IP 地址配置

在图 5.3-3 中单击【确定】按钮，返回到【本地连接 属性】对话框，再单击【确定】按钮，关闭【网络连接】窗口即可。

3. 配置 DHCP 服务

1) 配置默认 DHCP 服务

安装了 DHCP 服务后，我们还要对 DHCP 服务进行适当的配置才可使 DHCP 生效，并提供符合指定要求的服务，如为客户机分配的 IP 地址范围的设定、为某些客户机分配固定的 IP 地址、为客户机分配路由等。普通作用域配置过程如下：

(1) 依次单击【开始】|【程序】|【管理工具】|【DHCP】，打开【DHCP】控制台窗口，如图 5.3-4 所示。

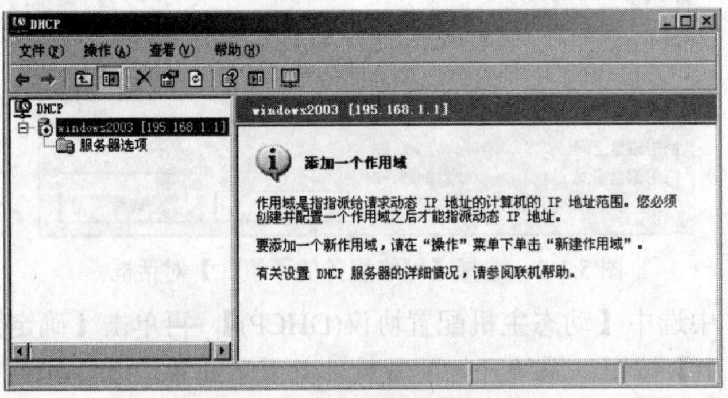

图 5.3-4　【DHCP】控制台窗口

DHCP 服务器须经管理员授权才能使用。如果在服务器名左侧图标中有一个红色的向下的箭头，如图 5.3-5 所示，表示该计算机没有得到授权，这时，可在菜单栏的“操作”中选择“授权”，或是单击刷新按钮刷新操作。

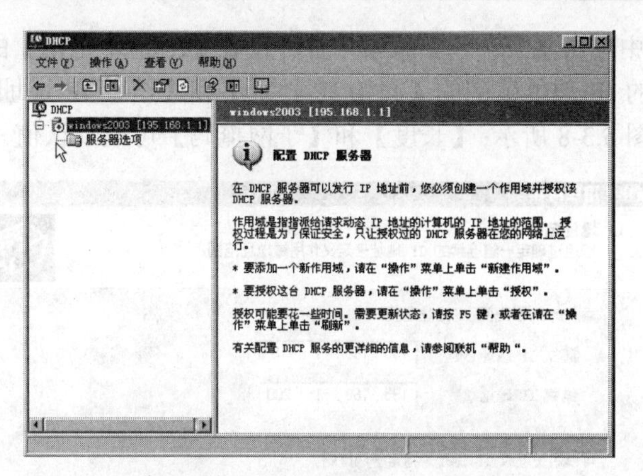

图 5.3-5　没得到授权的服务器图标

(2) 确认服务器名左侧的箭头是绿色后，右击服务器名，在弹出的快捷菜单中选择【新建作用域】命令，打开【新建作用域向导】对话框，如图 5.3-6 所示。

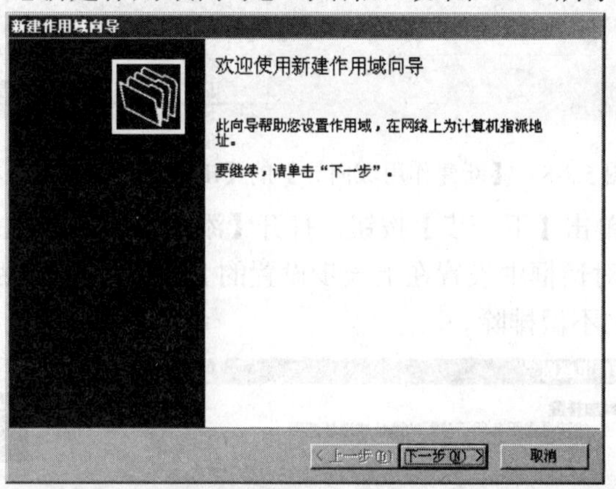

图 5.3-6　【新建作用域向导】对话框

(3) 单击【下一步】按钮，打开设置【作用域名】的对话框，在【名称】文本框中输入自取的作用域名称，此名称将帮助我们快速识别该作用域在网络上的作用，如图 5.3-7 所示。

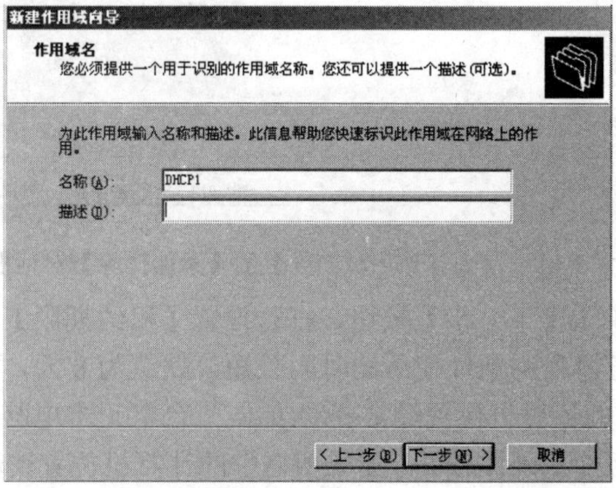

图 5.3-7　【新建作用域向导】的【作用域名】对话框

(4) 在图 5.3-7 中单击【下一步】按钮，打开设置【IP 地址范围】的对话框，分别设置准备分配给客户机的 IP 地址范围的【起始 IP 地址】和【结束 IP 地址】，并同时设置好相应的子网掩码，如图 5.3-8 所示；【长度】和【子网掩码】可取默认值。

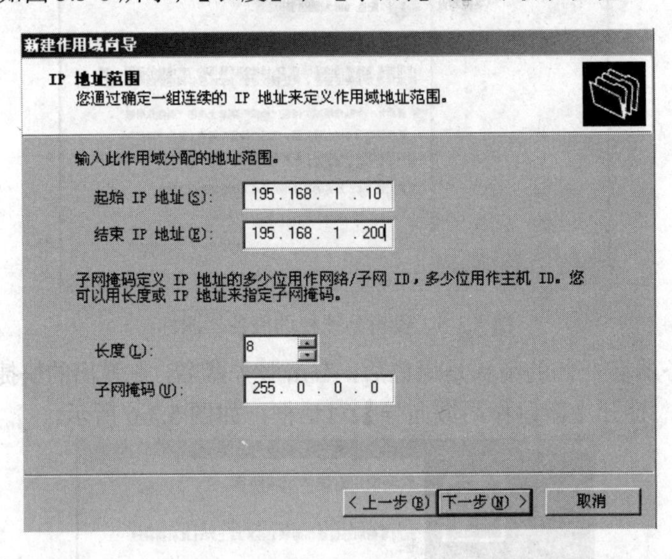

图 5.3-8　【新建作用域向导】的【IP 地址范围】对话框

(5) 在图 5.3-8 中单击【下一步】按钮，打开【添加排除】IP 地址范围的对话框，如图 5.3-9 所示。可以在该对话框中设置在上一步设置的 IP 地址范围中哪一小段 IP 地址不分配给客户机。在此，我们不做排除。

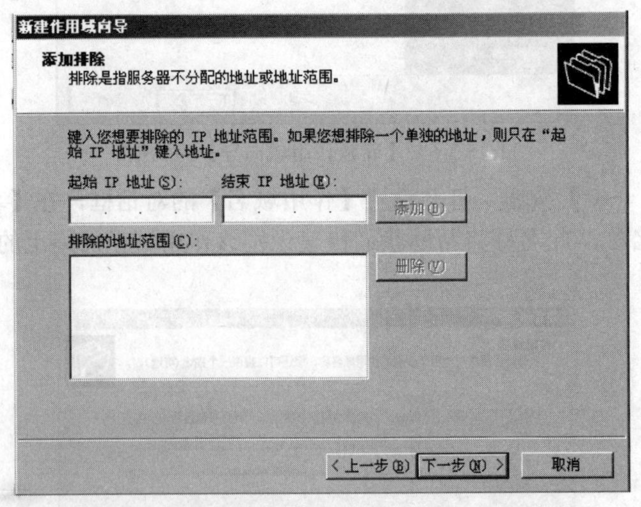

图 5.3-9　【新建作用域向导】的【添加排除】对话框

(6) 在图 5.3-9 中单击【下一步】按钮，打开设置【租约期限】的对话框，可在其中设置客户机从 DHCP 服务器租用地址使用的时间长短，默认为 8 天，如图 5.3-10 所示。在实际工作中，如果网络中的计算机位置经常变动(如同一台笔记本电脑的使用位置可能会经常变动)，则设置较短的租约期限比较好；如果网络中的计算机位置比较固定(如台式计算机)，则设置较长的租约期限比较好。

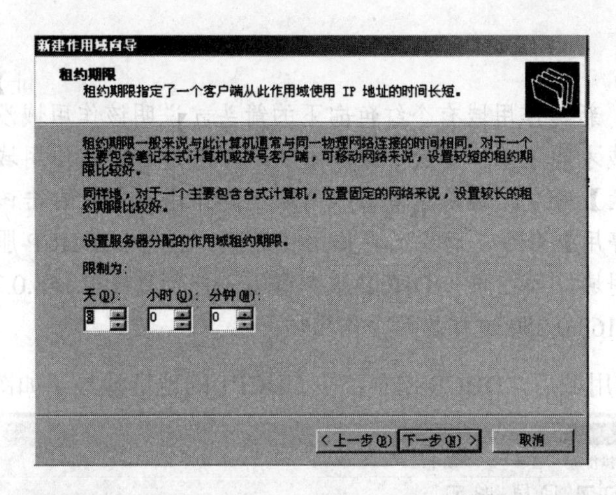

图 5.3-10　【新建作用域向导】的【租约期限】对话框

(7) 在图 5.3-10 中单击【下一步】按钮，打开【配置 DHCP 选项】的对话框，此配置可稍后再进行，我们在其中选【否，我想稍后配置这些选项】单选项，以后再来配置这些选项，如图 5.3-11 所示。

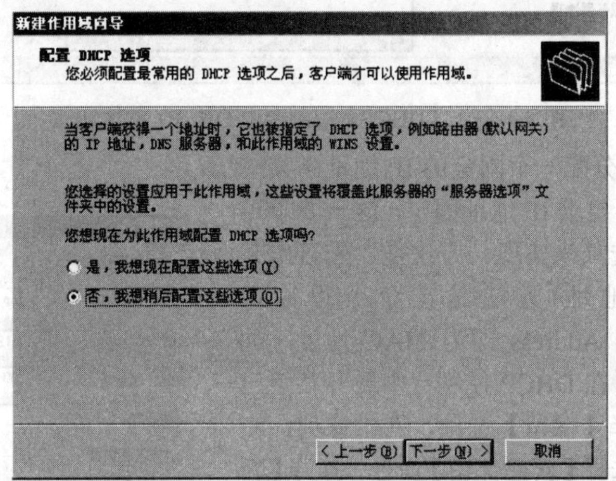

图 5.3-11　【新建作用域向导】的【配置 DHCP 选项】对话框

(8) 在图 5.3-11 中单击【下一步】按钮，打开【正在完成新建作用域向导】对话框，单击【完成】按钮，返回到【DHCP】控制台窗口，如图 5.3-12 所示。

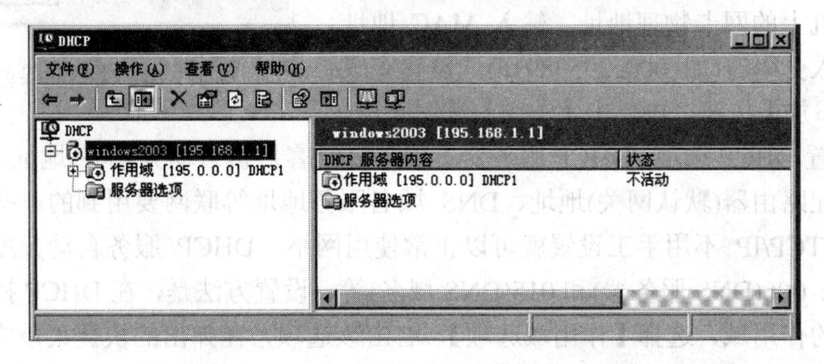

图 5.3-12　新建作用域后的【DHCP】控制台

温馨提示

在图 5.3-12 中，新建作用域有个红色向下的箭头，说明该作用域没有被激活。只有激活该作用域，作用域才能生效。要激活该作用域，方法是右击该作用域图标，在弹出的快捷菜单中选择【激活】命令。如果想使该作用域不起作用，也可右击该作用域，在弹出的快捷菜单中选择【停用】命令，而不必将作用域删除。在同一 DHCP 服务器下，无法创建两个网段相同的作用域，如在同一 DHCP 服务器下不能创建 192.168.0.2～192.168.0.190 和 192.168.0.200～192.168.0.250 这样的两个作用域。

激活 DHCP1 作用域后，DHCP 控制台中 DHCP1 的地址池显示如图 5.3-13 所示。

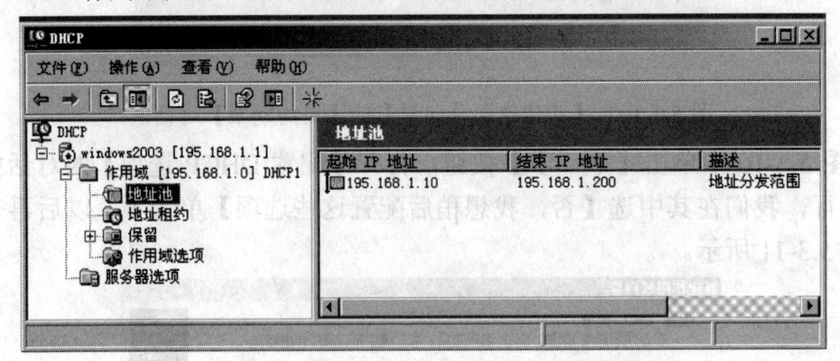

图 5.3-13 【DHCP】控制台中 DHCP1 的地址池

(9) 为某客户机分配一个固定的 IP 地址。某些客户机因工作需要，要求 IP 地址固定，这一要求可通过设置【保留】选项来实现。方法是，先查出某客户机的 MAC 地址(方法是在命令行输入 ipconfig/all, Physical Address 即为 MAC 地址，如 00-0c-29-53-89-1d)，在 DHCP 控制台中展开某个已激活的作用域，选择【保留】选项，右击该项，在弹出的快捷菜单中选择【新建保留】命令，打开【新建保留】对话框，如图 5.3-14 所示。

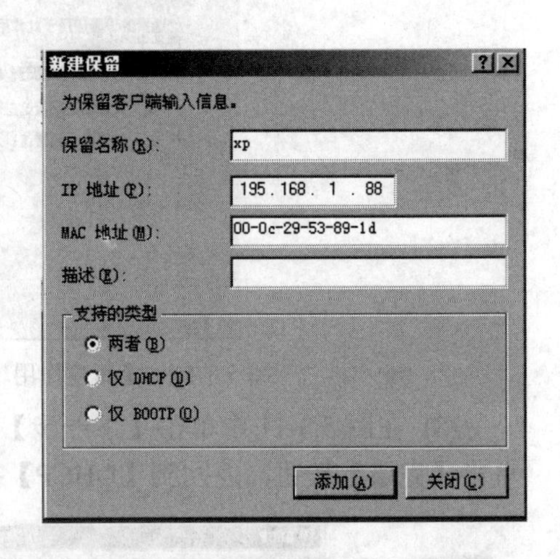

图 5.3-14 【新建保留】对话框

在图 5.3-14 的【IP 地址】文本框中设置好要固定分配给某客户机的 IP 地址；在【MAC】文本框中输入客户机上的网卡物理地址，输入 MAC 地址时，可不输入分隔符(如 000c2953891d)。设置完成后，单击【添加】按钮，再单击【关闭】按钮即可。

(10) 配置 DHCP 选项。DHCP 服务器不仅可以给客户机自动分配 IP 地址，还可以给客户机自动分配路由器(默认网关)地址、DNS 域名服务地址等联网要用到的一些选项，从而使客户机的 TCP/IP 不用手工设置就可以正常使用网络。DHCP 服务自动分配的选项有：003(路由器)、006(DNS 服务器)和 015(DNS 域名)等。设置方法是，在 DHCP 控制台中展开某个已激活的作用域，选择【作用域选项】，右击该选项，在弹出的快捷菜单中选择【配置选项】命令，打开【作用域 选项】对话框，如图 5.3-15 所示。

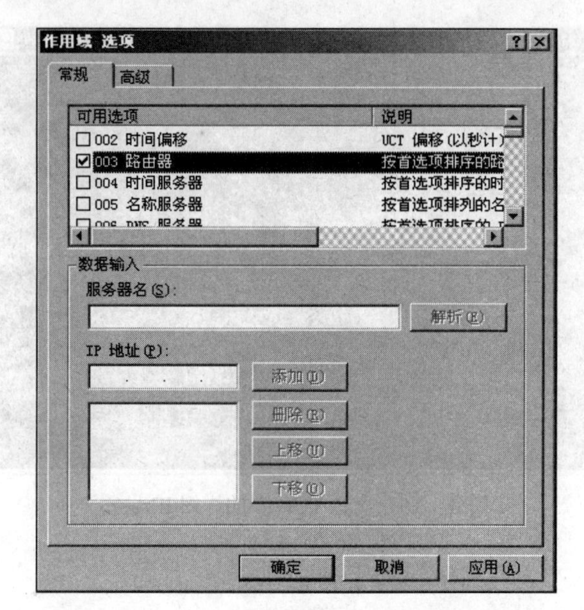

图 5.3-15　【作用域 选项】对话框

在图 5.3-15 的【常规】选项卡中，选中相关选项左侧的复选框，如 003(路由器)，然后在下面的【IP 地址】文本框中输入路由器的 IP 地址，单击【添加】按钮，该 IP 地址将作为客户机的默认路由。用同样的方法可添加 015(DNS 域名)等。设置完毕，单击【确定】按钮使设置生效。

在 DHCP 控制台中还有一个【服务器选项】，它也是用来配置 DHCP 选项的，配置方法与【作用域选项】的配置一样。【服务器选项】与【作用域选项】的区别是作用的范围不同。【作用域选项】的设置只对本作用域起作用，而【服务器选项】的设置对该服务器所有的作用域起作用。当在一个 DHCP 服务器上创建了多个作用域时，可对【服务器选项】进行设置，而不必逐个设置各个【作用域选项】。

2) DHCP 客户端的配置

DHCP 服务器设置好以后，客户机想使用 DHCP 服务器自动提供的 IP 设置，只需在本地连接属性的 TCP/IP 属性中将 IP 地址及 DNS 服务器地址全设置为自动获取。其方法是：在客户机桌面右击【网上邻居】，选择【属性】，打开【网络和拨号连接】窗口；在该窗口中右击【本地连接】，在弹出的快捷菜单中选择【属性】，打开【本地连接 属性】对话框；在【本地连接 属性】对话框中选择【Internet 协议(TCP/IP)】，再单击【属性】按钮，打开【Internet 协议(TCP/IP)属性】对话框；在该对话框中选择【自动获得 IP 地址】选项和【自动获得 DNS 服务器地址】选项，这样，客户机便成为 DHCP 的客户机，可以使用 DHCP 服务器自动提供的 IP 设置。

怎样才能知道客户机是不是在获取 DHCP 服务器分配的 IP 地址及 DNS 呢？通常可通过 ipconfig/all 命令查看详细的 IP 设置，如图 5.3-16 所示。

```
C:\WINDOWS\system32\cmd.exe
Windows IP Configuration

        Host Name . . . . . . . . . . . . : WindowsXP
        Primary Dns Suffix  . . . . . . . :
        Node Type . . . . . . . . . . . . : Unknown
        IP Routing Enabled. . . . . . . . : Yes
        WINS Proxy Enabled. . . . . . . . : No

Ethernet adapter 本地连接:

        Connection-specific DNS Suffix  . :
        Description . . . . . . . . . . . : VMware Accelerated AMD PCNet Adapter

        Physical Address. . . . . . . . . : 00-0C-29-53-89-1D
        Dhcp Enabled. . . . . . . . . . . : Yes
        Autoconfiguration Enabled . . . . : Yes
        IP Address. . . . . . . . . . . . : 195.168.1.88
        Subnet Mask . . . . . . . . . . . : 255.255.255.0
        Default Gateway . . . . . . . . . : 195.168.1.1
        DHCP Server . . . . . . . . . . . : 195.168.1.1
        DNS Servers . . . . . . . . . . . : 195.168.1.1
        Lease Obtained. . . . . . . . . . : 2013年5月1日星期三 22:53:31
        Lease Expires . . . . . . . . . . : 2013年5月9日星期四 22:53:31

C:\>
```

图 5.3-16　查看 TCP/IP 的详细 IP 设置

ipconfig/all 命令有时获得的可能不是现在 DHCP 服务器分配的 IP 地址数据，通常是用 ipconfig/release 命令先释放已获得的 IP 地址，再用 ipconfig/renew 命令重新获取 IP 地址，如果这时获得的 IP 地址是 DHCP 分配范围内的 IP 地址，则说明 DHCP 工作正常。

3) 配置超级作用域

在一个 DHCP 服务器中，只可以创建多个不同网段的作用域；但在没有用路由器隔离的同一个局域网中，在默认设置下，只有与 DHCP 服务器 IP 地址在同一个网段的作用域才会起作用，其他不同网段的作用域不会用于分配 IP 地址。为了说明这一点，我们选做一个如下的实验。

启动 DHCP 控制台，右击前面实验中创建的【保留】选项，选择【删除】命令，删除原来的【保留】选项。右击服务器名，在弹出的快捷菜单中选择【新建作用域】命令，再创建一个地址范围为 195.168.2.10～195.168.2.200、子网掩码为 255.255.255.0 的作用域，并将它激活。在该作用域中创建一个【保留】选项，固定地给某个客户机(如 Windows XP)分配一个 IP 地址(如 195.168.2.100)，如图 5.3-17 所示。

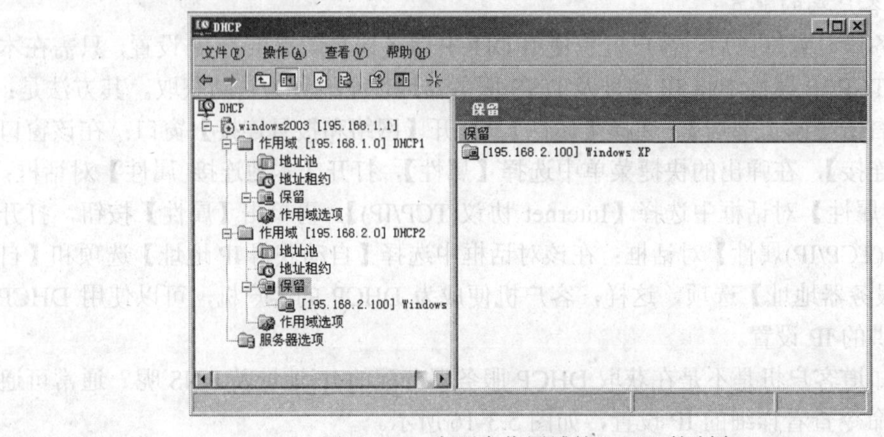

图 5.3-17　有两个作用域的 DHCP 控制台

在对应【保留】选项的客户机上，执行“ipconfig/release”命令释放原来获得的 IP 地址，再执行“ipconfig/renew”命令重新获取 IP 地址，最后执行“ipconfig/all”命令查看 IP 地址。可以发现，客户机所获得的 IP 地址还是与 DHCP 服务器在同一个网段(195.168.1.0/24)的地址，也就是说，后创建客户机的与 DHCP 服务器不在同一网段的作用域(DHCP2)没起作用。

怎样才能使得与 DHCP 服务器不在同一网段的作用域(DHCP2)起作用呢？方法就是采用超级作用域，将已建成的多个作用域放在一个超级作用域内。创建超级作用域的过程如下：

(1) 右击服务器名，在弹出的快捷菜单中选择【新建超级作用域】命令，打开【新建超级作用域向导】。在【新建超级作用域向导】欢迎对话框中单击【下一步】按钮，打开【超级作用域名】对话框，设置好超级作用域名(如 SUPPER)，如图 5.3-18 所示。

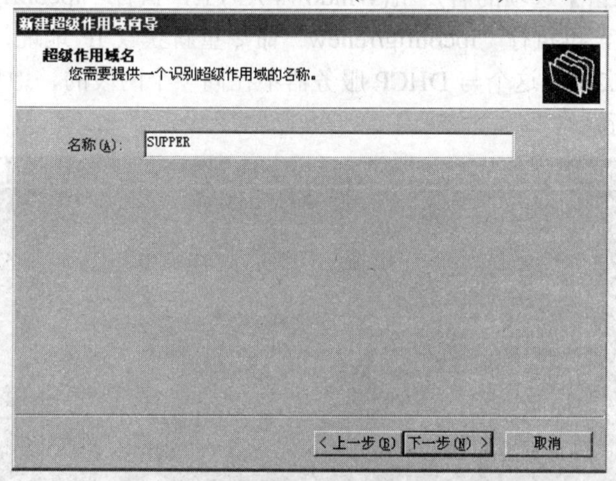

图 5.3-18 设置【超级作用域名】的对话框

(2) 在图 5.3-18 中单击【下一步】按钮，打开【选择作用域】的对话框，按住 Shift 键的同时用鼠标单击要加入到超级作用域的各个作用域，如图 5.3-19 所示。

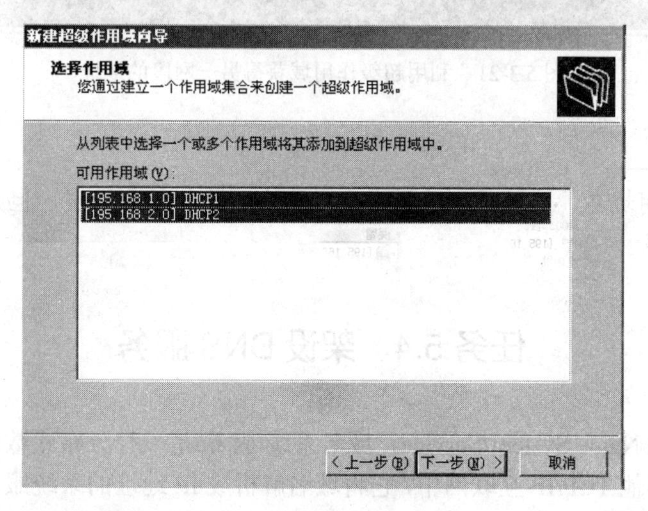

图 5.3-19 【选择作用域】的对话框

(3) 在图 5.3-19 中单击【下一步】按钮，打开【正在完成新建超级作用域向导】对话框，单击【完成】按钮，结束超级作用域的创建。这时的 DHCP 控制台如图 5.3-20 所示。

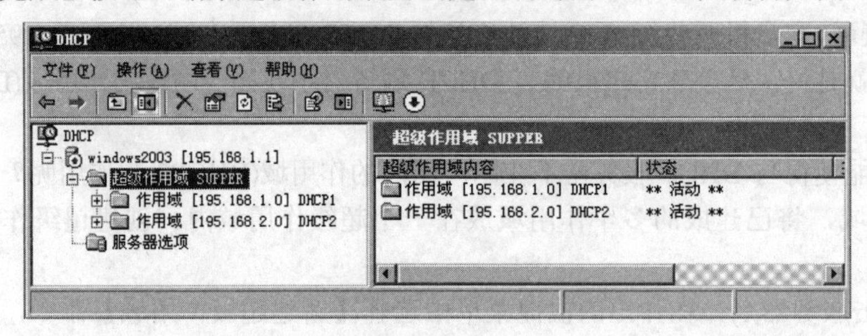

图 5.3-20　创建了超级作用域的 DHCP 控制台

(4) 在对应【保留】选项的客户机(Windows XP)上，执行“ipconfig/release”命令释放原来获得的 IP 地址，再执行“ipconfig/renew”命令重新获取 IP 地址，可以发现，客户机上获得的是 195.168.2.100 这个与 DHCP 服务器不在同一个网段的、地址池为 DHCP2 的地址，如图 5.3-21 所示。

图 5.3-21　利用超级作用域获得另一网段的地址

右击超级作用域名，选择【删除】命令，将会删除超级作用域，但是不会将其中的任何单个作用域删除。

任务 5.4　架设 DNS 服务

DNS(Domain Name System/Service，域名系统/服务)是一种分布式数据库系统，广泛地用于 Internet 和其他 TCP/IP 互联网中，它将域名解析成 IP 地址的系统服务。在基于 TCP/IP 协议的网络中，计算机均使用 IP 地址去访问其他的计算机，但 IP 地址是一串数字，没有联想性，很难记住，所以，人们开发了具有一定含义、用字母组成、易于记忆的域名来访问计算机。用户在键入其他计算机的域名后，由 DNS 将域名解析成 IP 地址，计算机再用 IP 地址去访问该计算机。

那么，如果局域网要与 Internet 通信，是不是在局域网中一定要安装 DNS 服务器呢？答案是不一定！局域网中的客户机完全可以利用互联网上已有的 DNS 服务器而不必自己创建一个服务器。但是，如果有了自己的 DNS 服务器，域名的解析速度肯定会比用互联网上的 DNS 服务器快得多。

知识要点

(1) DNS 的作用。DNS 的作用是将域名解析为 IP 地址。

(2) 多个域名可以对应一个 IP 地址。多个域名可以对应一个 IP 地址使得一个网站可以拥有多个域名。

技能要点

(1) 首先应配置 DNS 服务器 IP 地址。作为服务器，只有 IP 地址固定，客户机才能方便地使用 DNS 服务。所以，在配置 DNS 服务器之前，首先应配置 DNS 服务器 IP 地址。

(2) 通常只需建立正向搜索区域。“正向搜索区域”即域名到 IP 地址的转换，“反向搜索区域”即 IP 地址到域名的转换。互联网中的应用实际通常是要将域名转换为 IP，所以，DNS 服务通常只需配置正向搜索区域。

实现任务的方法及步骤

1. 安装 DNS 服务

安装了 Windows Server 2003 的计算机都可以成为一个网络中的 DNS 服务器，只要在该计算机上安装 DNS 服务即可。在第一次安装 Windows Server 2003 时如果没有选择 DNS 服务，可按下列步骤添加：

(1) 启动 Windows Server 2003 后，先将 Windows Server 2003 安装盘映像文件装入虚拟机光驱，再依次单击【开始】|【设置】|【控制面板】，打开【控制面板】窗口，在该窗口双击【添加或删除程序】图标，打开【添加或删除程序】对话框。

(2) 在打开的【添加或删除程序】对话框中单击【添加/删除 Windows 组件】，打开【Windows 组件向导】对话框，在该对话框中选择【网络服务】，单击【详细信息】按钮，打开选择【网络服务的子组件】的对话框。

(3) 在选择【网络服务的子组件】的对话框中选中【域名系统(DNS)】，再单击【确定】按钮返回，单击【下一步】按钮，则系统开始配置软件并显示配置进度。配置完成后，将弹出【完成“Windows 组件向导”】提示框，在该提示框中单击【完成】按钮，结束 DNS 服务的安装，依次关闭【添加或删除程序】窗口及【控制面板】窗口即可。

2. 配置 DNS 服务

(1) 依次单击【开始】|【程序】|【管理工具】|【DNS】，打开 DNS 控制台，单击 DNS 服务器(如 WINDOWS2003)前的“+”号，将列出【正向查找区域】(即域名到 IP 地址的转

换)和【反向查找区域】(即 IP 地址到域名的转换)，如图 5.4-1 所示。

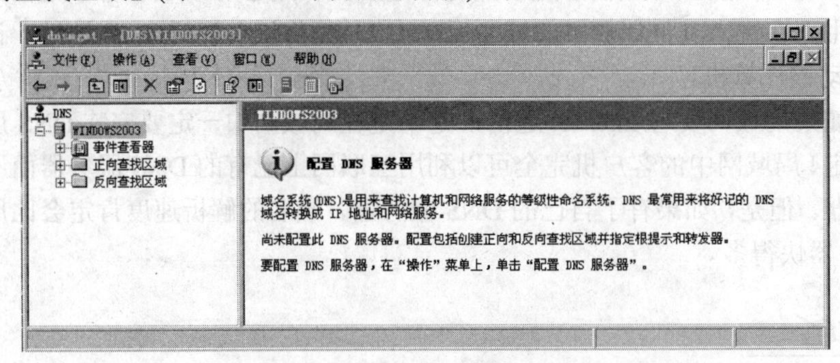

图 5.4-1　DNS 控制台

(2) 在图 5.4-1 中选中【正向查找区域】，右击，在弹出的快捷菜单中单击【新建区域】，打开【新建区域向导】。在【新建区域向导】对话框中单击【下一步】按钮，打开选择【区域类型】的对话框，如图 5.4-2 所示。

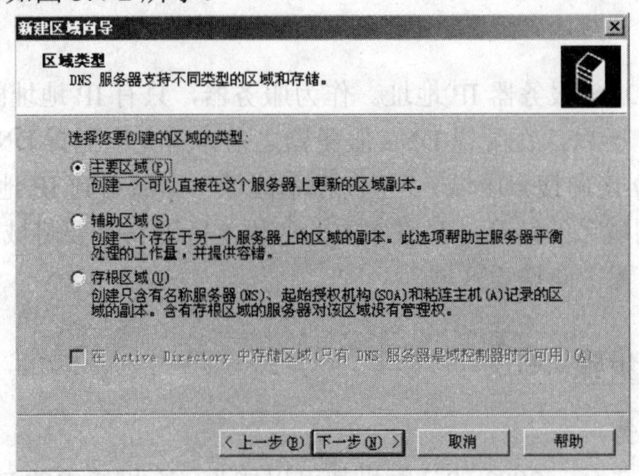

图 5.4-2　【新建区域向导】的【区域类型】对话框

(3) 在图 5.4-2 中选择【主要区域】，单击【下一步】按钮，打开设置【区域名称】的对话框，在【区域名称】文本框中输入域名(如 88.COM)，如图 5.4-3 所示。

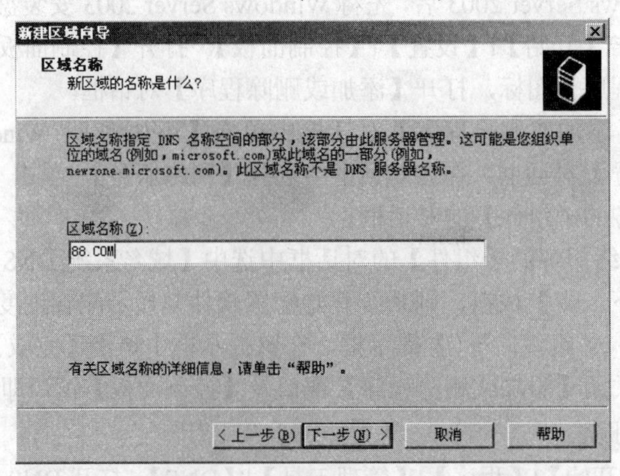

图 5.4-3　【新建区域向导】的【区域名称】对话框

(4) 在图 5.4-3 中单击【下一步】按钮，打开设置【区域文件】的对话框，此对话框中可采用默认设置，直接单击【下一步】按钮，打开设置【动态更新】的对话框，默认选项是【不允许动态更新】，在此，保持默认即可。单击【下一步】按钮，进入【正在完成新建区域向导】对话框，单击【完成】按钮完成区域的创建。

(5) 新建主机。当 DNS 区域创建好以后，选中所建的区域名(88.COM)，再右击该区域名，在弹出的快捷菜单中选择【新建主机】，打开【新建主机】对话框，如图 5.4-4 所示。

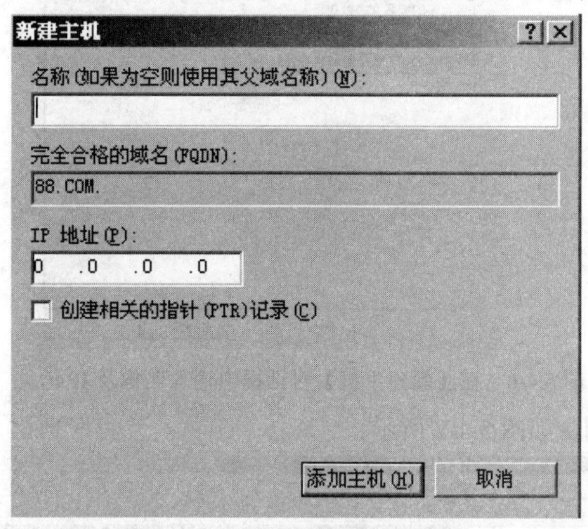

图 5.4-4　【新建主机】对话框

在图 5.4-4 的【名称】文本框中输入一个主机名，这个主机名可根据需要随意取，不一定是真正的计算机名，如在【名称】文本框中输入 WWW；在【IP 地址】文本框中输入对应的IP地址(如195.168.1.1，即当前机的IP地址，对于公司网站，输入从ISP处获得的Internet IP 地址)，如图 5.4-5 所示。单击【添加主机】按钮，在随后出现的对话框中单击【确定】按钮返回到 DNS 控制台。

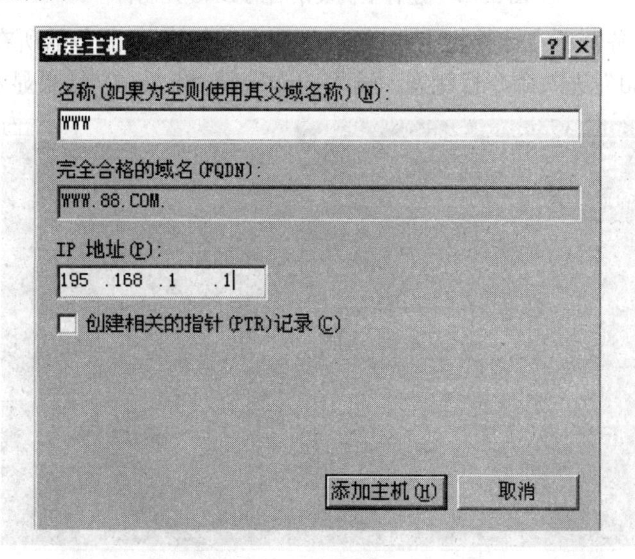

图 5.4-5　在【新建主机】对话框中输入名称及 IP 地址

(6) 新建别名。选中所建的区域名(88.COM)，再右击该区域名，在弹出的快捷菜单中选择【新建别名】，打开【新建资源记录】对话框，其中的【别名】文本框保持为空，在【目标主机的完全合格的域名】文本框中输入：www.88.com，如图 5.4-6 所示。

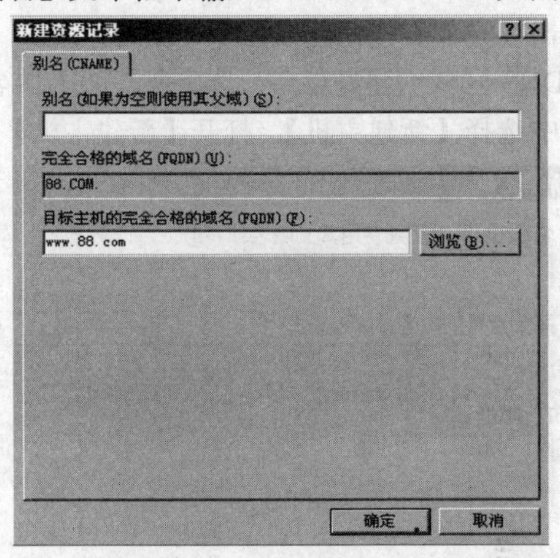

图 5.4-6　在【新建主机】对话框中输入名称及 IP 地址

此时的 DNS 控制台如图 5.4-7 所示。

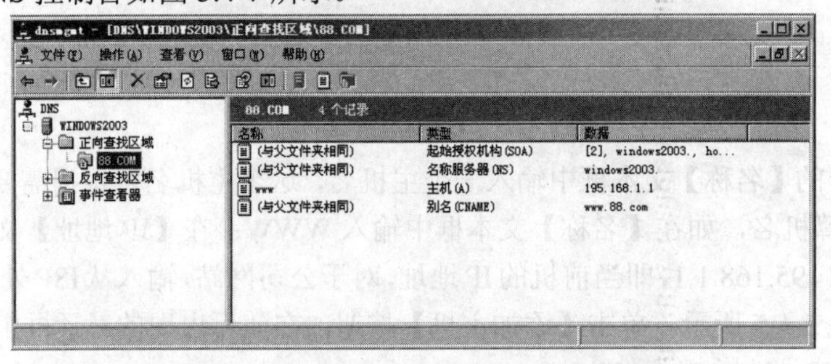

图 5.4-7　建有主机及别名的 DNS 控制台

(7) 在 DNS 服务器所在计算机上测试 DNS 服务。在 DNS 服务器所在的 Windows 2003 计算机上运行"cmd"进入命令行状态，输入 ping www.88.com，结果显示如图 5.4-8 所示。

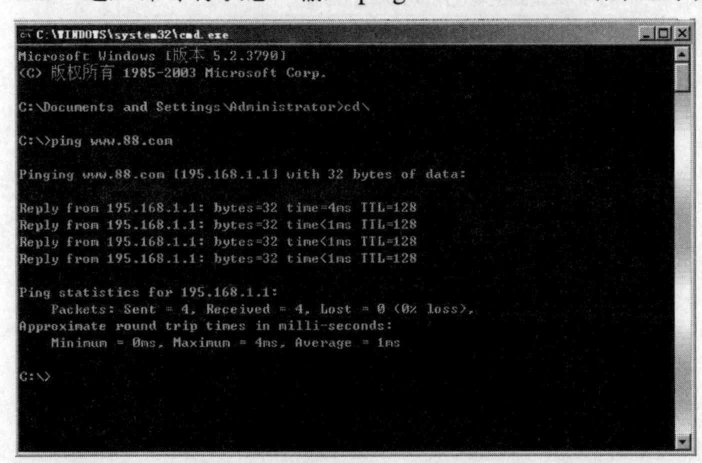

图 5.4-8　在 Windows 2003 上输入 ping www.88.com 的效果

图 5.4-8 说明域名服务(即 DNS 服务)工作正常。

(8) 在网络中的计算机(Windows XP)上测试 DNS 服务。在命令行状态输入 ping www.88.com，显示结果表明不能 ping 通，如图 5.4-9 所示。

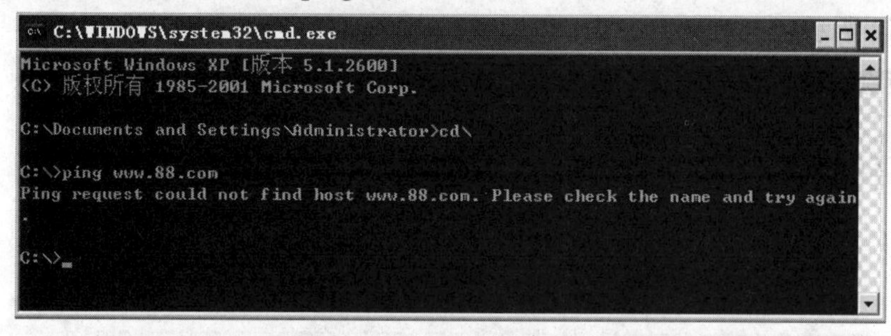

图 5.4-9　在 Windows XP 上输入 ping www.88.com 的效果

图 5.4-9 说明不能 ping 通域名 www.88.com。但是，我们很容易发现，如果我们执行 ping 195.168.1.1 则能 ping 通。问题出在哪儿呢？检查 TCP/IP 属性可知，没有设置 DNS 服务器。在 Windows XP 的【Internet 协议(TCP/IP)属性】中设置【首选 DNS 服务器】为 195.168.1.1，如图 5.4-10 所示。

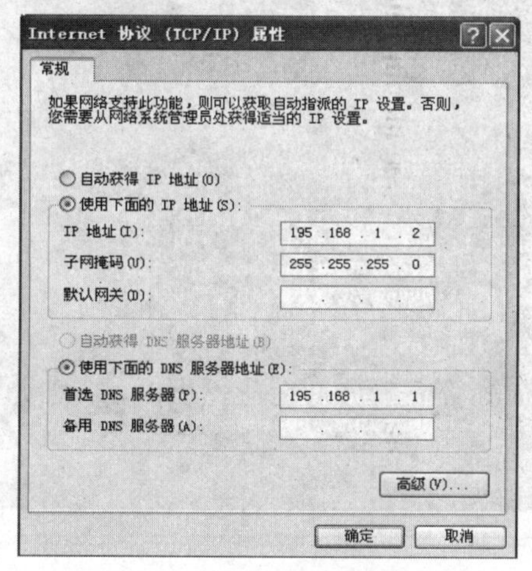

图 5.4-10　设置【首选 DNS 服务器】为 195.168.1.1

设置完毕，单击【确定】按钮使设置生效。再回到命令行状态执行：ping www.88.com，此时则能 ping 通了，如图 5.4-11 所示。

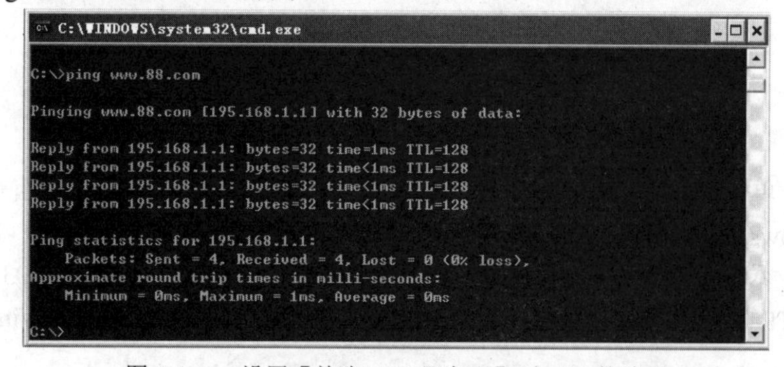

图 5.4-11　设置【首选 DNS 服务器】后 ping 的结果

图 5.4-11 说明，在网络中的计算机，只要设置了网络中存在的 DNS 服务器，则可以采用域名访问相应的主机。

(9) 参照以上(2)～(8)步骤，再创建一个正向查找区域，区域名称为 99.com。DNS 控制台如图 5.4-12 所示。

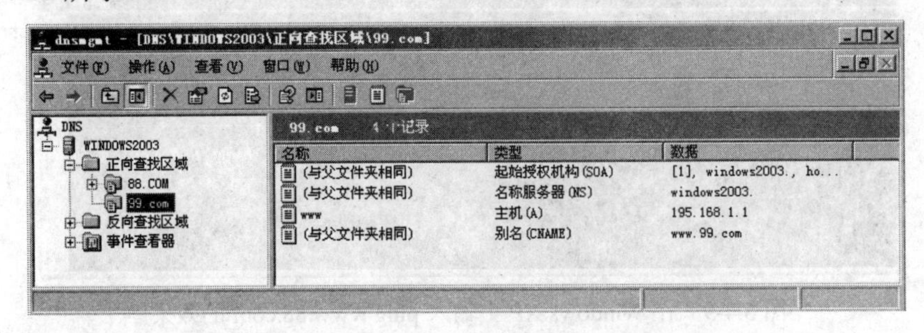

图 5.4-12　建有两个正向查找区域的 DNS 控制台

在 Windows XP 上执行 ping www.99.com，效果如图 5.4-13 所示。

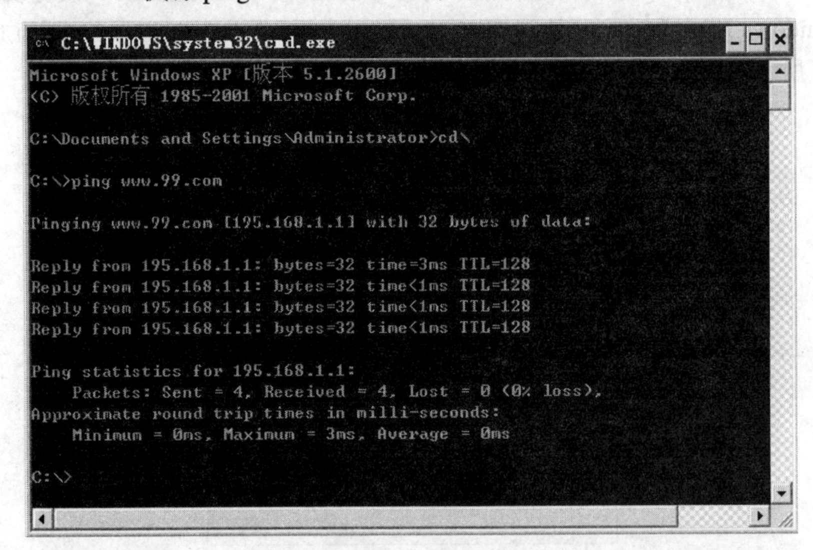

图 5.4-13　在 Windows XP 上 ping www.99.com 的效果

比较图 5.4-11 和图 5.4-13 可以看出，两个域名 www.88.com 和 www.99.com 共同对应 195.168.1.1 这个 IP 地址。

任务 5.5　架设邮件服务

架设一个单位内部电子邮件服务器，可以加强内部员工的交流，有效提高工作效率。可以用 Windows 2003 系统自带的 POP3 及 SMTP 服务建立邮件服务器，也可以借助第三方软件实现。本任务分别采用两种方法架设邮件服务。一种用 Windows 2003 系统自带的 POP3 及 SMTP 服务建立邮件服务；另一种用较易操作的邮件服务器软件 WinMail 架设邮件服务。

知识要点

(1) 什么是 SMTP。SMTP(Simple Mail Transfer Protocol)即简单邮件传输协议，是一组用于由源地址到目的地址传送邮件的规则，由它来控制信件的中转方式。SMTP 协议属于 TCP/IP 协议族，它帮助每台计算机在发送或中转信件时找到下一个目的地。通过 SMTP 协议所指定的服务器，就可以把 E-mail 发到收信人的服务器上了，整个过程只要几分钟。SMTP 服务器则是遵循 SMTP 协议的发送邮件服务器，用来发送或中转发出的电子邮件。

(2) 什么是 POP3。POP3(Post Office Protocol 3)即邮局协议的第三个版本，是规定个人计算机如何连接到互联网上的邮件服务器进行收发邮件的协议。它是因特网电子邮件的第一个离线协议标准，POP3 协议允许用户从服务器上把邮件存储到本地主机(即自己的计算机)上，同时根据客户端的操作删除或保存在邮件服务器上的邮件；而 POP3 服务器则是遵循 POP3 协议的接收邮件服务器，用来接收电子邮件。POP3 协议是 TCP/IP 协议族中的一员，由 RFC 1939 定义。该协议主要用于支持使用客户端远程管理在服务器上的电子邮件。

技能要点

(1) 在 Windows 2003 中需添加 POP3 及 SMTP 服务。默认情况下，Windows 2003 是没有安装 POP3 及 SMTP 服务的，我们必须手工添加。POP3 服务组件在【添加/删除 Windows 组件】的【电子邮件服务】下，它共包括两项内容：POP3 服务和 POP3 服务 Web 管理；而 SMTP 服务应依次选择【应用程序服务器】|【Internet 信息服务】|【SMTP Service】进行安装，如果需要对邮件服务器进行远程 Web 管理，还要选中【万维网服务】中的【远程管理(HTML)】。

(2) WinMail 是第三方软件，可在 Windows XP 等操作系统下运行。Winmail Mail Server 是安全、易用、全功能的邮件服务器软件，不仅支持 SMTP、POP3、IMAP、Webmail、LDAP(公共地址簿)、多域、发信认证、反垃圾邮件、邮件过滤、邮件组、公共邮件夹等标准邮件功能；还提供了邮件签核，邮件杀毒，邮件监控，支持 IIS、Apache 和 PWS，网络硬盘及共享，短信提醒，邮件备份，TLS(SSL)安全连接，邮件网关，动态域名支持，远程管理，Web 管理，独立域管理员，在线注册，二次开发接口等特色功能。

实现任务的方法及步骤

在 Windows Server 2003 上架设邮件服务的步骤如下：

1) 安装 POP3 及 SMTP 服务

默认情况下，Windows Server 2003 没有安装 POP3 及 SMTP 服务。因此，可按下列步骤添加这两项服务。

(1) 安装 POP3 服务：依次单击【开始】|【设置】|【控制面板】，双击【添加或删除程序】，选择【添加/删除 Windows 组件】，在【组件】列表框中选择【电子邮件服务】(它包含 POP3 服务和 POP3 服务 Web 管理)，再单击【下一步】按钮开始安装该服务，安装完成后单击【完成】按钮即可。

(2) 安装 SMTP 服务：在【控制面板】中双击【添加或删除程序】，选择【添加/删除 Windows 组件】，在【组件】列表框中选中【应用程序服务器】，单击【详细信息】按钮，在列表框中选中【Internet 信息服务】，单击【详细信息】按钮，在打开的列表框中选择【SMTP Service】，再依次单击【确定】|【确定】|【下一步】按钮开始安装该服务，安装完成后单击【完成】按钮，关闭所有窗口即可。

2) 配置 POP3 服务

(1) 依次单击【开始】|【管理工具】|【POP3 服务】，打开【POP3 服务】主窗口，如图 5.5-1 所示。

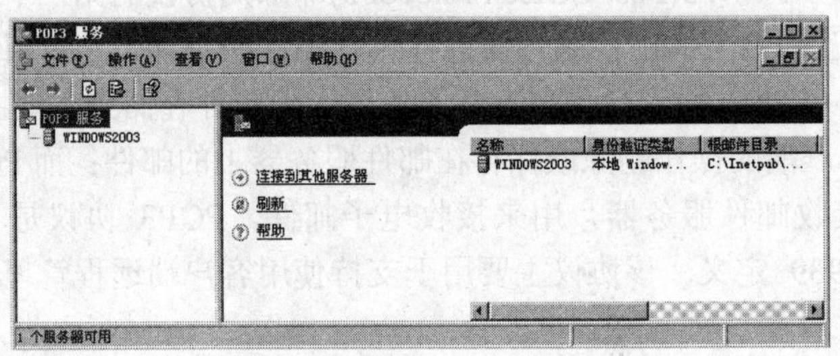

图 5.5-1　【POP3 服务】主窗口

(2) 在图 5.5-1 窗口左侧选中【POP3 服务】下的主机名(如 WINDOWS2003)，再在右边点选【新域】，打开【添加域】对话框，如图 5.5-2 所示。

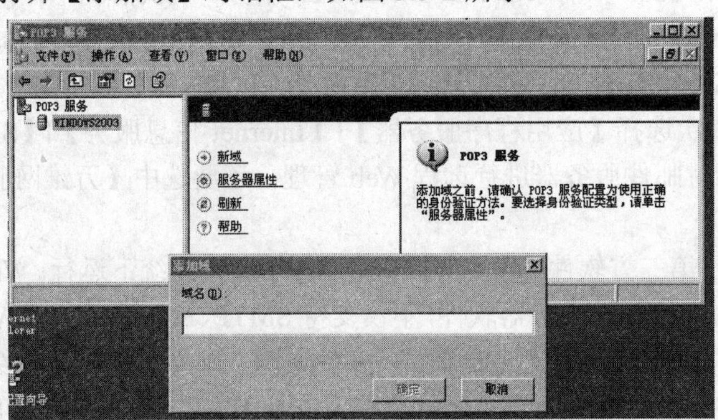

图 5.5-2　【添加域】对话框

(3) 在图 5.5-2 的【添加域】对话框内输入欲建立的邮件服务器主机名，也就是@后面的部分(如 88.com)，输入完毕，单击【确定】按钮即可。此时，【POP3 服务】主窗口如图 5.5-3 所示。

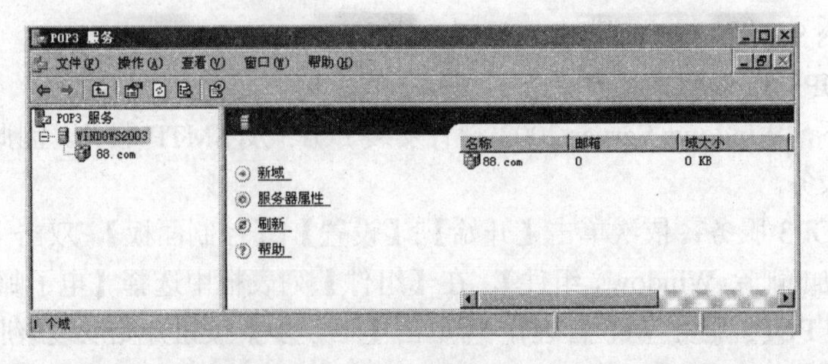

图 5.5-3　添加了【88.com】域的【POP3 服务】主窗口

(4) 在图 5.5-3 中左侧选中【88.com】，在右边单击【添加邮箱】，系统将弹出【添加邮箱】对话框，如图 5.5-4 所示。

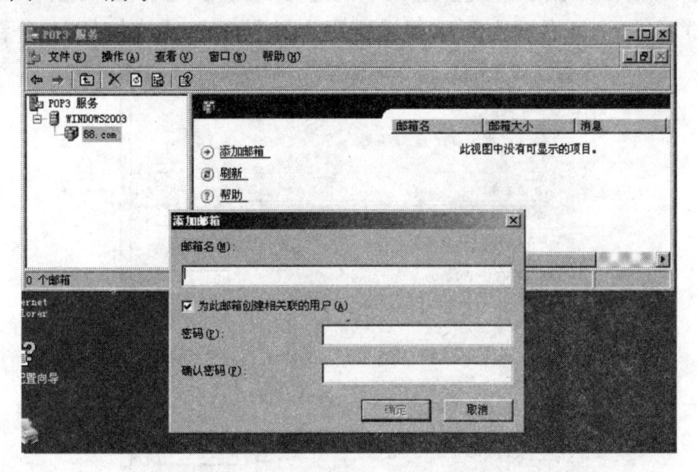

图 5.5-4　【添加邮箱】对话框

(5) 在图 5.5-4 中，在【邮箱名】(即@前面部分)文本框中输入邮箱名(如 test)，在【密码】及【确认密码】文本框中输入邮箱的使用密码，然后单击【确定】按钮，在系统弹出的提示框中再单击【确定】按钮即可。此时，可看出【POP3 服务】主窗口的邮箱列表中已有了【test】邮箱，目前占用空间为 0 KB，0 条消息，如图 5.5-5 所示。

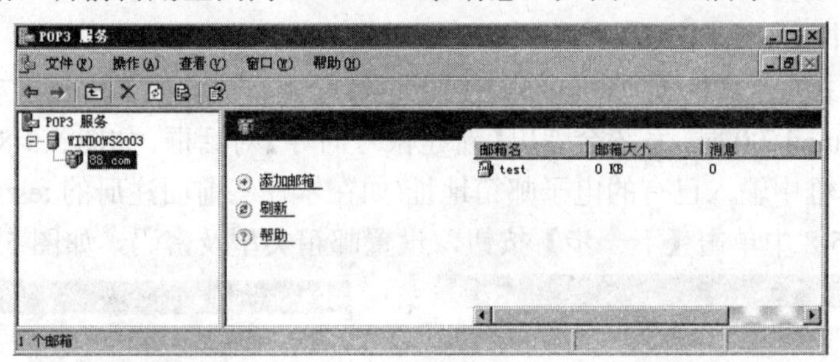

图 5.5-5　添加有邮箱的【POP3 服务】主窗口

3) 配置 SMTP 服务

(1) 依次单击【开始】|【程序】|【管理工具】|【Internet 信息服务】，打开【Internet 信息服务(IIS)管理器】窗口，在其左侧展开目录树，选中【默认 SMTP 虚拟服务器】，如图 5.5-6 所示。

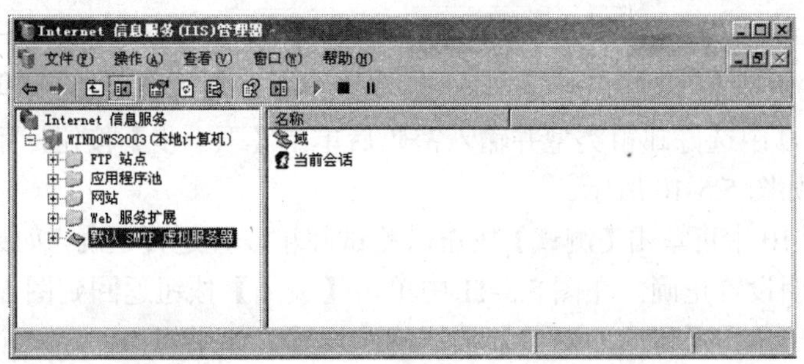

图 5.5-6　【Internet 信息服务(IIS)管理器】窗口

(2) 在图 5.5-6 中右击【默认 SMTP 虚拟服务器】，选择【属性】，打开【默认 SMTP 虚拟服务器 属性】对话框，在【常规】选项卡的【IP 地址】文本框中选择本机网卡 IP 地址，如图 5.5-7 所示。在此，可根据实际需要设置限制连接数及【连接超时(分钟)】。

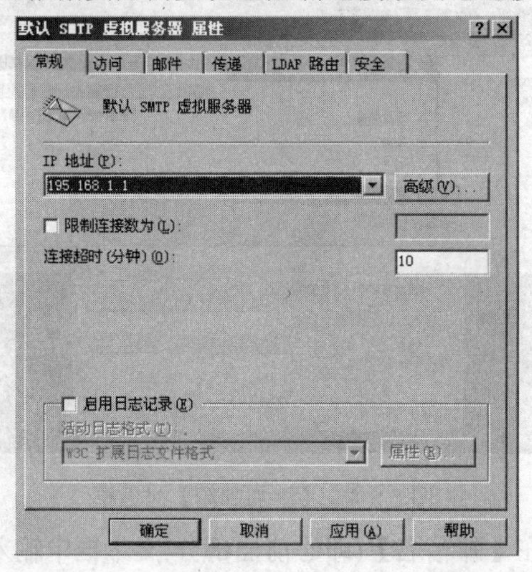

图 5.5-7　【默认 SMTP 虚拟服务器 属性】对话框的【常规】选项卡

可根据实际情况在图 5.5-7 中选择【访问】、【邮件】、【传递】、【LDAP 路由】、【安全】等选项卡做相应设置。

4) 检测邮件服务

(1) 在网络中的计算机(如 Windows XP)上进行检测。我们以 Foxmail 7.0 版本为例。在第一次使用 Foxmail 7.0 时，系统会弹出【新建帐号向导】对话框，如图 5.5-8 所示。在【Email 地址】后的文本框中输入已有的电子邮箱地址(如在本任务前面注册的 test@88.com)。

(2) 在图 5.5-8 中单击【下一步】按钮，设置邮箱类型及密码，如图 5.5-9 所示。

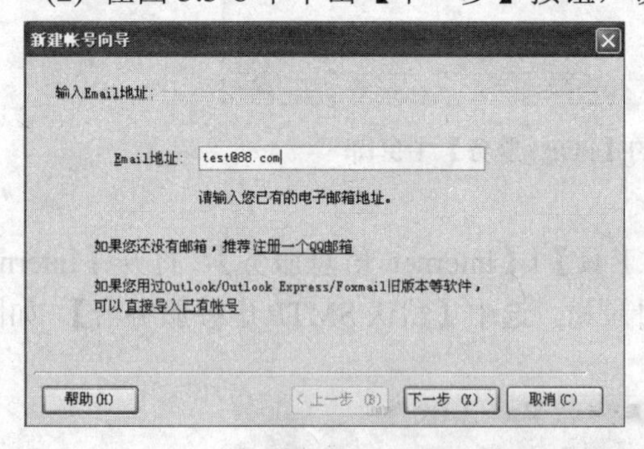

图 5.5-8　Foxmail 的【新建帐号向导】对话框

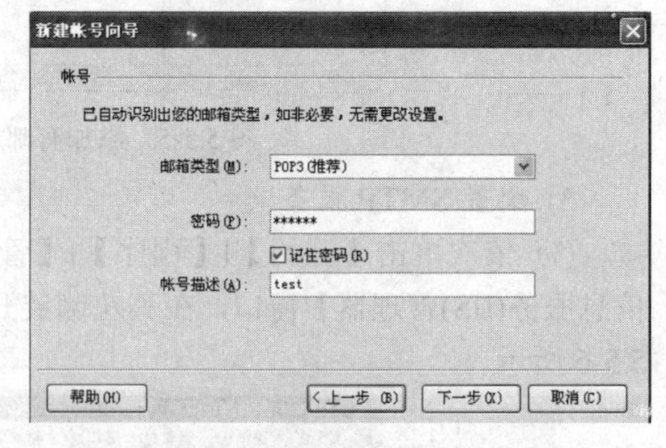

图 5.5-9　设置邮箱类型及密码

(3) 在图 5.5-9 中选好邮箱类型并输入密码后单击【下一步】按钮，系统弹出帐号建立完成的对话框，如图 5.5-10 所示。

(4) 在图 5.5-10 中可单击【测试】按钮以测试邮箱设置是否正确，如果显示如图 5.5-11 所示效果，则说明设置正确。在图 5.5-11 中单击【关闭】按钮返回到图 5.5-10 对话框；如果测试不正确，可单击【修改服务器】按钮修改设置。如果想再创建一个帐号可单击【再建一个帐号】按钮。

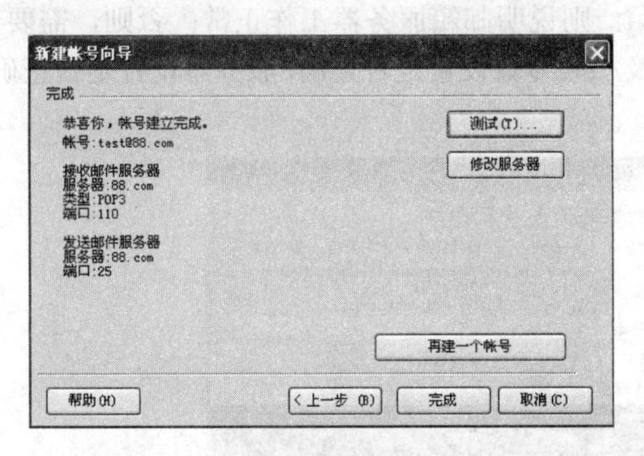

图 5.5-10　邮箱帐号建立完成对话框

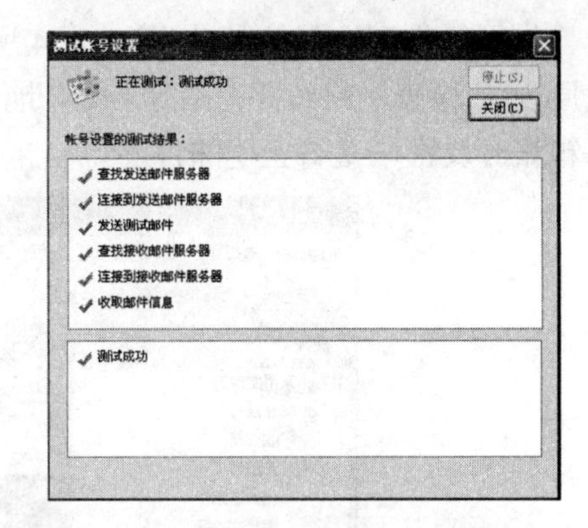

图 5.5-11　【邮箱帐号设置】测试结果

在此，我们在图 5.5-10 中单击【完成】按钮结束帐号的创建，同时打开 Foxmail 主窗口，如图 5.5-12 所示。

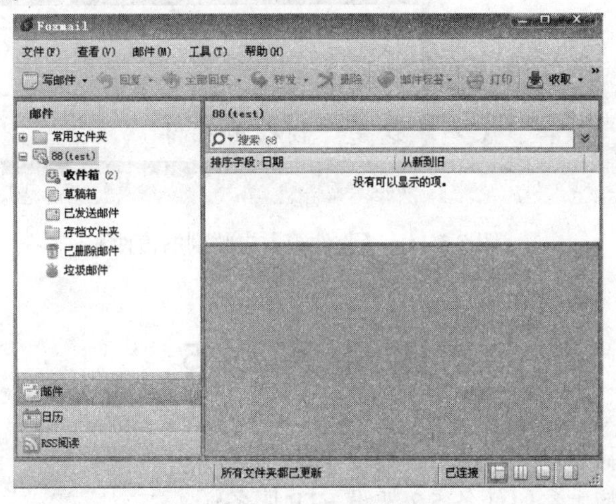

图 5.5-12　Foxmail 主窗口

(5) 为了检测邮箱服务器是否工作正常，可自己给自己发一封邮件，如图 5.5-13 所示。

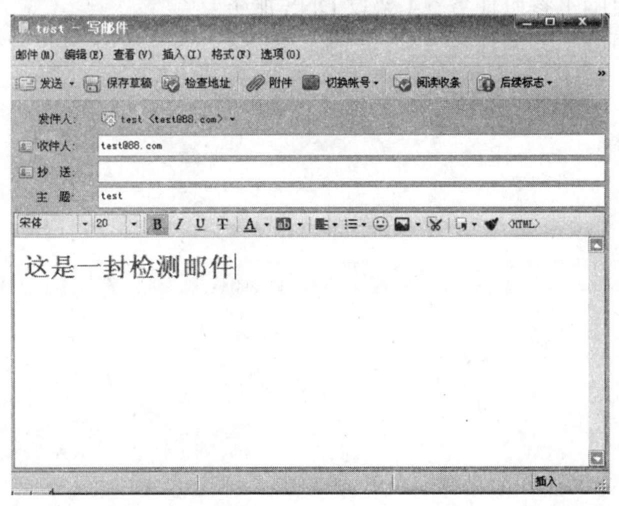

图 5.5-13　自己给自己发一封信件

如果能收到这封信件(如图 5.5-14 所示)，则说明邮箱服务器工作正常；否则，需要查找原因(如检查网络线路是否通畅、IP 地址及相关参数设置是否正确、服务器设置是否正确、邮箱帐号及密码是否正确等)。

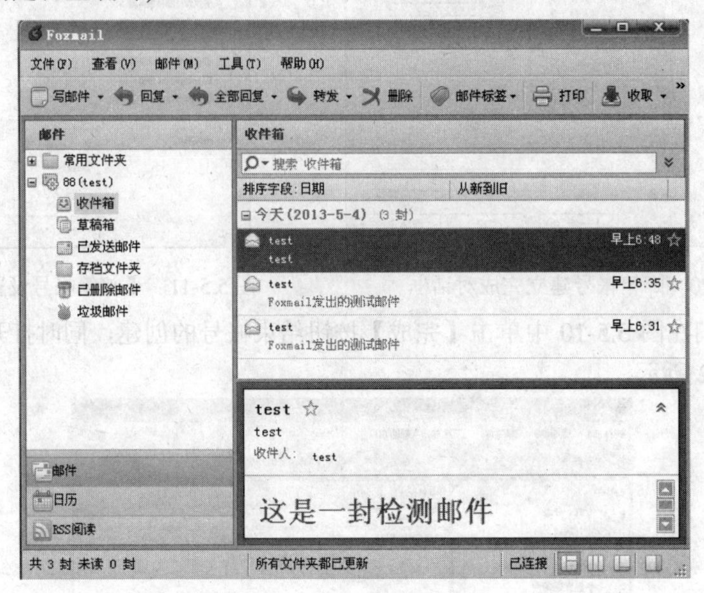

图 5.5-14　【收件箱】中收到的信件

课 外 实 践 5

1. 在自己的电脑上参照任务 5.1 架设 Web 服务。
2. 在自己的电脑上参照任务 5.2 架设 FTP 服务。
3. 在自己的电脑上参照任务 5.3 架设 DHCP 服务。
4. 在自己的电脑上参照任务 5.4 架设 DNS 服务。
5. 在自己的电脑上参照任务 5.5 架设邮件服务。

项目 6

交换机及其端口基本配置

交换机是局域网中最重要的设备，是基于 MAC 来进行工作的。本项目先简要了解交换机的硬件组成，重点了解交换机中最重要的部分 IOS，并对交换机作初步配置。对交换机的配置实际上就是对 IOS 软件进行配置。

项目目标

(1) 了解交换机的硬件架构、交换机的数据转发方式、设备 console 口连接或 telnet 连接；
(2) 熟悉交换机的基本配置；
(3) 理解交换机的端口地址表；
(4) 掌握交换机的端口安全性及配置。

知识要点

1. 交换机外观

一般交换机外观为长方体，例如思科交换机 Catalyst 2960-24TT-L 的外观如图 6.0-1 所示。

图 6.0-1 思科交换机 Catalyst 2960-24TT-L 外观图

2. 交换机加电

在交换机加电之前不连接任何设备，并保持设备周边没有杂物。然后将交流电源线连接到交换机电源插座，给交换机通电。交换机通电大约 30 s 后，将启动通电自检。在自检期间指示灯会持续绿光闪烁，而 RPS、STATUS、DUPLEX 和 SPEEDLED 会绿光长亮。自检过程可能最多需要 5 min。自检结束后，指示灯将绿光长亮，其他 LED 会熄灭。自检完成后才能继续下一步。如果指示灯持续绿光闪烁，不变成绿光长亮或变成黄色，说明交换机自检没有通过，请送到专业部门检查或维修。按住 Mode 按钮 3 s 以上，直至交换机左侧的所有指示灯全变成绿色，然后松开 Mode 按钮。用一条双绞线连接交换机和一台计算机。在计算机的浏览器中输入 IP 地址 10.0.0.1，然后回车，输入默认密码 cisco，将显示交换机

的快速安装窗口。在“快速安装”的窗口中输入一些必须填写的交换机的基本设置，如IP地址、子网掩码、默认网关、交换机密码等信息。单击提交后，即可完成交换机的配置，退出“快速安装”模式。

3. 交换机的管理

完成“快速安装”后，就可以对交换机进行进一步的配置。配置方法有几种，可以使用交换机自带的设备管理器，通过Web的方式进行管理；也可以通过思科公司的Cisco Network Assistant管理软件来进行管理；还可以通过命令行界面(CLI)输入CiscoIOS命令和参数进行管理与配置。可以通过三种方式访问命令行界面(CLI)：交换机控制台(console)端口、交换机以太网管理端口和交换机USB端口。

4. 交换机的工作原理

交换机是第二层的设备，可以隔离冲突域。交换机是基于收到的数据帧中的源MAC地址和目的MAC地址来进行工作的。交换机的作用主要有两个：一个是维护CAM(Context Address Memory，上下文地址内存)表，该表是MAC地址和交换机端口的映射表；另一个是根据CAM来进行数据帧的转发。交换机对帧的处理有三种：交换机收到帧后，查询CAM表，如果能查询到目的计算机所在的端口，并且目的计算机所在的端口不是交换机接收帧的源端口，交换机将把帧从这一端口转发出去(Forward)；如果该计算机所在的端口和交换机接收帧的源端口是同一端口，交换机将过滤掉该帧(Filter)；如果交换机不能查询到目的计算机所在的端口，交换机将把帧从源端口以外的其他所有端口上发送出去，这称为泛洪(Flood)，当交换机接收到的帧是广播帧或者多播帧，交换机也会泛洪帧。

以太网交换机转发数据帧有三种交换方式，三者的比较如图6.0-2所示。

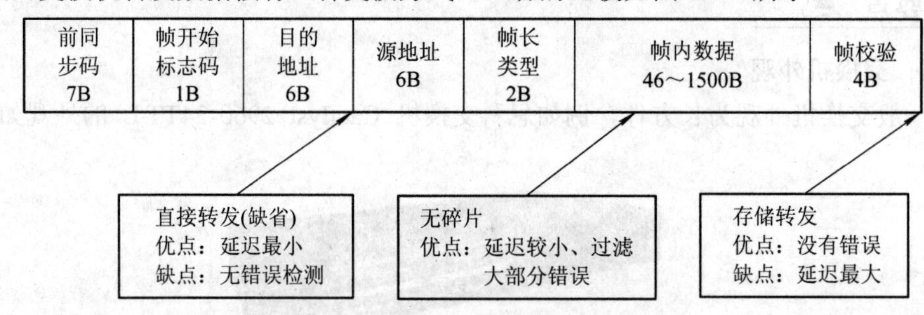

图6.0-2　交换机的三种交换方式的比较

(1) 存储转发(Store-and-Forward)。存储转发方式是先存储后转发的方式。它把从端口输入的数据帧先全部接收并存储起来；然后进行CRC (循环冗余码校验)检查，把错误帧丢弃；最后才取出数据帧目的地址，查找地址表后进行过滤和转发。存储转发方式延迟大，但是它可以对进入交换机的数据包进行高级别的错误检测。这种方式可以支持不同速度的端口间的转发。

(2) 直接转发(Cut-Through)。交换机在输入端口检测到一个数据帧时，检查该帧的帧头，只要获取了帧的目的地址，就开始转发该帧。这种方式称为直接转发，它的优点是：开始转发前不需要读取整个完整的帧，延迟非常小；它的缺点是：不能提供错误检测能力。

(3) 无碎片(Fragment-Free)。这是改进后的直接转发方式，是介于前两者之间的一种解决方法。无碎片方式在读取数据帧长前64个字节后，就开始转发该帧。这种方式虽然也不提供数据校验，但是能够避免大多数的错误。它的数据处理速度比直接转发方式慢，但比存储转发方式快许多。

技能要点

(1) 配置交换机要通过 console 与计算机相连。当买来新的交换机后，通常需要对其进行基本配置，对交换机进行配置需要将交换机与计算机相连。计算机的串口和交换机的 console 口是通过专用的连接线进行连接的，其一端接在交换机的 console 口上，另一端则接到计算机的串口上。计算机和交换机连接好后，就可以使用各种各样的终端软件配置交换机了。

(2) 常用的基本命令。配置交换机常用的命令及作用如表 6-1 所示。

表 6-1　配置交换机常用的命令及作用

命　　令	作　　用
enable	从用户模式(>)进入特权模式(#)
configure terminal	进入配置模式
interface Fa0/1	进入 Fa0/1 以太网接口模式
exit	退回到上一级模式
end	直接回到特权模式
show mac-address-table	显示 MAC 地址表
Hostname S1	将交换机命名为 S1

任务 6.1　交换机的基本配置

任务目标

(1) 了解交换机端口的工作模式。

(2) 会使用常用的交换机配置命令交换机；掌握计算机的串口和路由器 console 口的连接方法；会使用 Windows 系统自带的超级终端软件配置交换机。

实现任务的方法及步骤

1. 设计任务拓扑

设计的任务拓扑如图 6.1-1 所示。

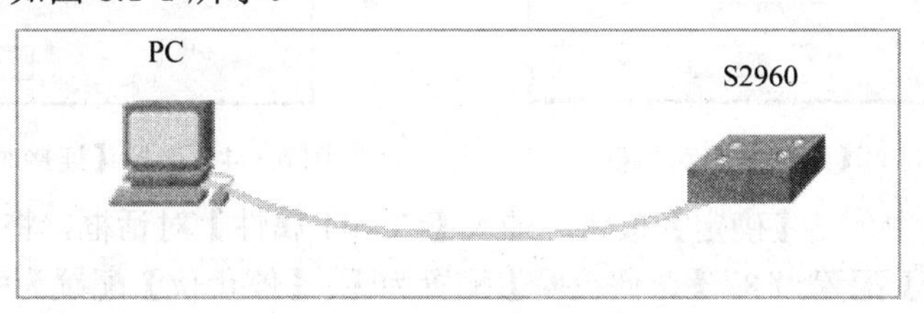

图 6.1-1　任务拓扑图

2．任务环境

可采用真实交换机与真实计算机连接，也可在思科模拟器中模拟连接。在本任务中，连接采用真实环境，具体配置在思科模拟器下进行。

3．具体步骤

(1) 物理连接。按图 6.1-1 所示连接好计算机 COM1 口和交换机的 console 口。

(2) 通过 PC 机进入交换机用户模式。在 Windows 中依次单击【开始】|【程序】|【附件】|【通信】|【超级终端】，打开【新建连接—超级终端】窗口，如图 6.1-2 所示。

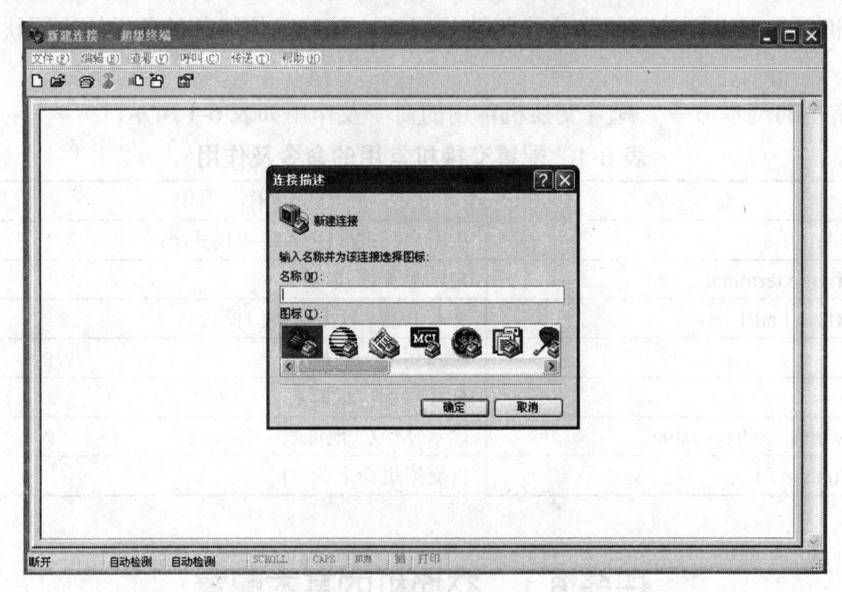

图 6.1-2　超级终端窗口

在图 6.1-2 的【名称】文本框中输入连接名称(如交换机)，在【图标】选项中选择一个喜欢的图标，然后单击【确定】按钮，打开如图 6.1-3 所示对话框。

在图 6.1-3 中的【连接时使用】栏选择【COM1】口，如图 6.1-4 所示。

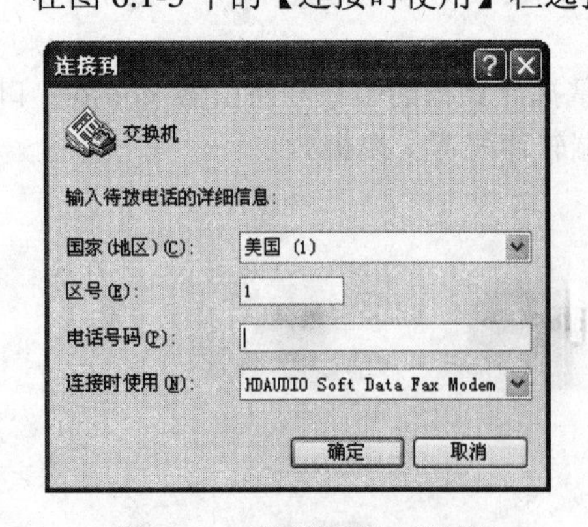

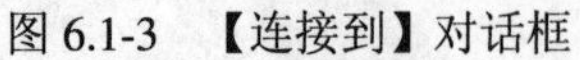
图 6.1-3　【连接到】对话框

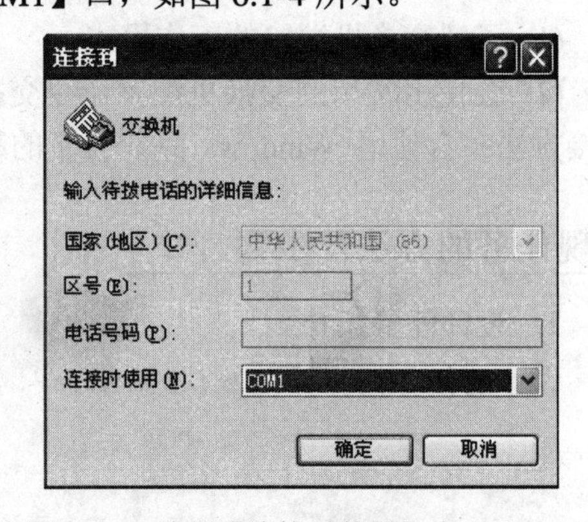

图 6.1-4　选择【连接时使用】为 COM1 口

在图 6.1-4 中单击【确定】按钮，进入【COM1 属性】对话框，将【每秒位数】配置为 9600；【数据位】配置为 8；【奇偶校验】配置为无；【停止位】配置为 1；【数据流控制】配置为无，如图 6.1-5 所示。

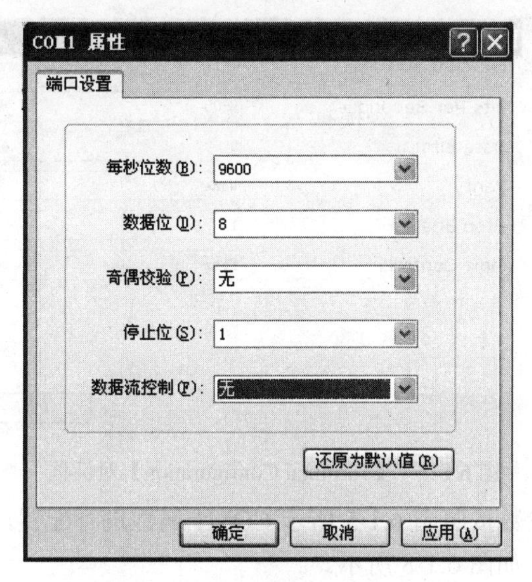

图 6.1-5　【COM1 属性】端口设置

配置完毕，在图 6.1-5 中单击【确定】按钮进入交换机用户模式，如图 6.1-9 所示。

以下步骤在思科模拟器下完成。

(3) 配置交换机。在思科模拟器中单击 PC 机图标，打开 PC 机配置界面，选择【Desktop】选项卡，如图 6.1-6 所示。

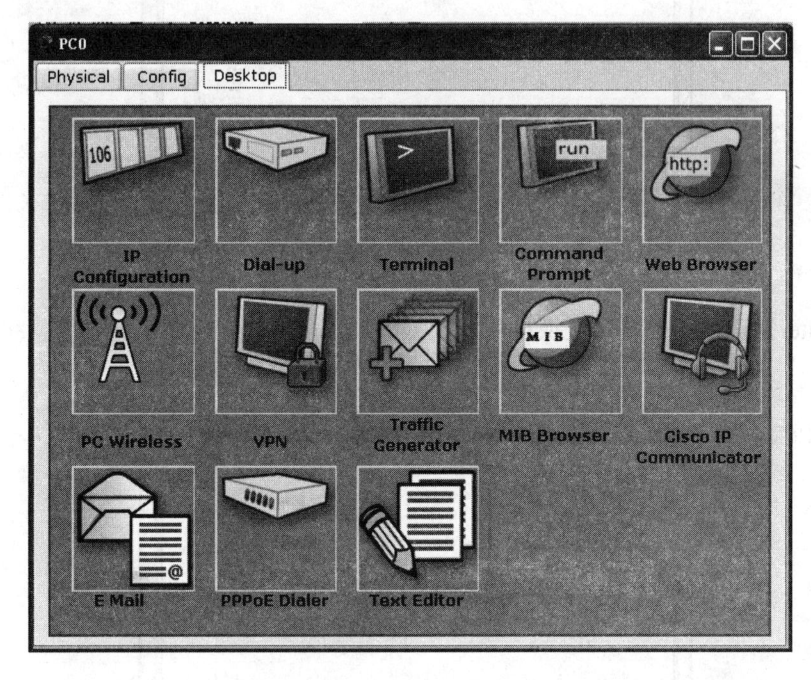

图 6.1-6　PC 机【Desktop】选项卡

在图 6.1-6 中单击【Terminal】图标，打开【Terminal Configuration】对话框，如图 6.1-7 所示。

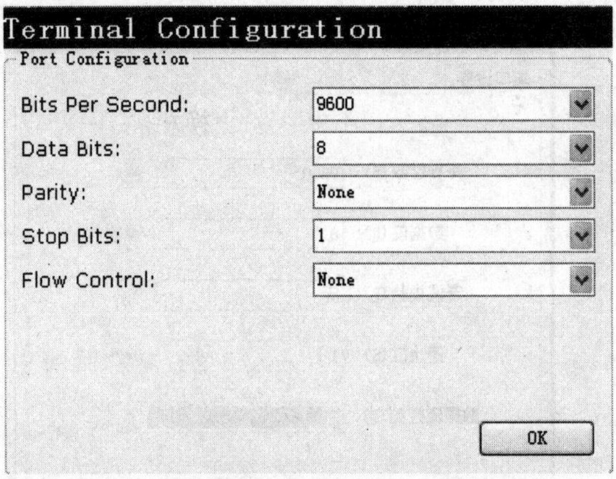

Terminal Configuration

Port Configuration

Bits Per Second: 9600

Data Bits: 8

Parity: None

Stop Bits: 1

Flow Control: None

OK

图 6.1-7　【Terminal Configuration】对话框

在图 6.1-7 中对各参数按照图 6.1-5 所示 COM1 属性进行配置，单击【OK】按钮，就可联通 PC 机与交换机，如图 6.1-8 所示。

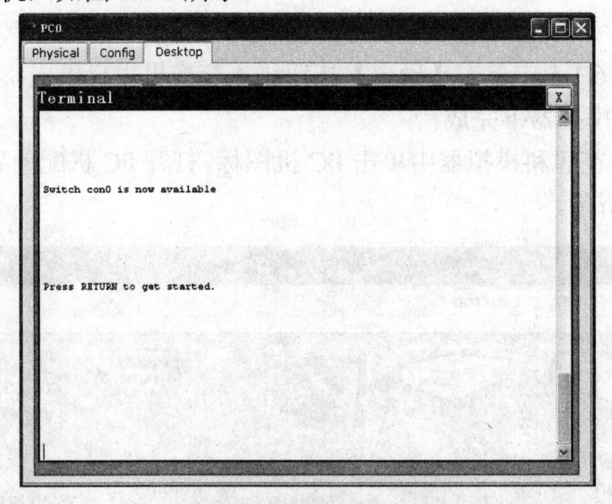

图 6.1-8　联通 PC 机与交换机

按【Enter】键，就可进入交换机用户模式(>)，如图 6.1-9 所示。

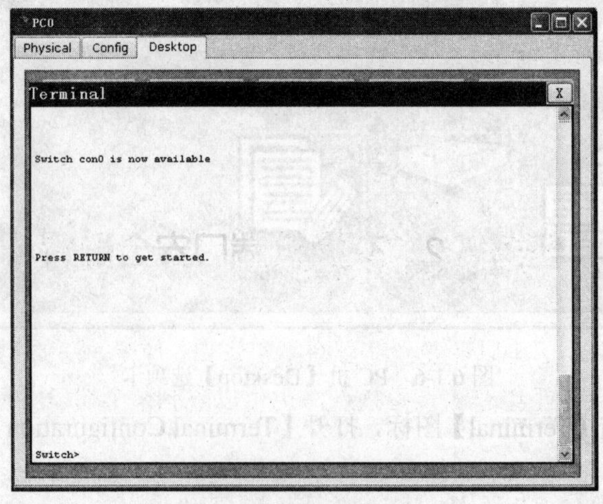

图 6.1-9　交换机用户模式

交换机具体配置如下：

配置交换机名：

```
Switch>enable                          //进入交换机特权模式
Switch#conf terminal                   //进入配置模式
Switch(config)#hostname S1             //交换机命名为 S1
```

配置密码：

```
S1(config)#enable secret cisco         //配置交换机暗文密码
S1(config)#line vty 0 15               //进入 VTY(虚拟终端)0-15 线路模式
S1(config-line)#password cisco         //设置远程登录密码为 cisco
S1(config-line)#login
```

接口基本配置：

```
S1(config)#interface f0/1
S1(config-if)#duplex { full | half | auto }
```

//duplex 用来配置接口的双工模式，full 表示全双工；half 表示半双工；auto 表示自动检测双工模式

```
S1(config-if)#speed { 10 | 100 | 1000 | auto }
```

//speed 命令用来配置交换机的接口速度，10 表示 10 M；100 表示 100 M；1000 表示 1000 M；auto 表示自动检测接口速度

配置管理地址：

```
S1(config)#int vlan 1
S1(config-if)#ip address 172.16.0.1 255.255.0.0
S1(config-if)#no shutdown
S1(config)#ip default-gateway 172.16.0.254
```

//以上在 VLAN1 接口上配置了管理地址，接在 VLAN1 上的计算机可以直接 telnet 该地址。为了其他网段的计算机也可以 telnet 交换机，我们在交换机上配置了缺省网关

保存配置：

```
S1#copy running-config startup-config
Destination filename [startup-config]?
Building configuration...
[OK]
```

任务 6.2 交换机端口安全配置

交换机端口安全特性，可以让我们配置交换机端口，使得非法的 MAC 地址设备接入时，交换机自动关闭接口或者拒绝非法设备接入，也可以限制某个端口上最大的 MAC 地址数。

任务目标

(1) 了解交换机端口安全概念。理解交换机的 MAC 表。

(2) 会配置交换机的端口安全特性。

实现任务的方法及步骤

1．设计任务拓扑

设计的任务拓扑如图 6.2-1 所示。

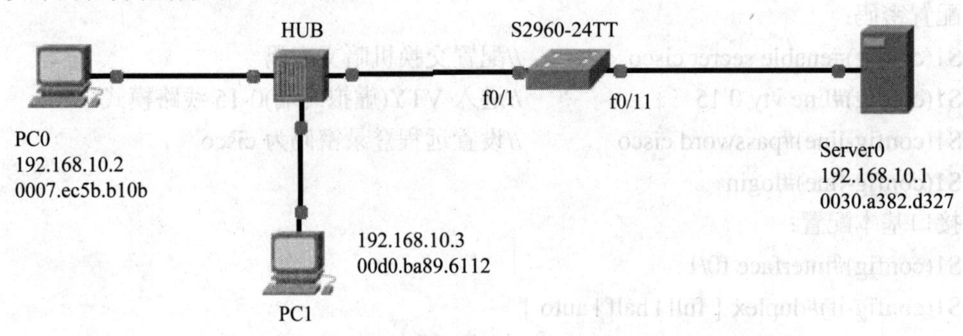

图 6.2-1　任务 6.2 拓扑图

2．任务环境

可采用真实计算机、交换机架设网络，也可在思科模拟器下模拟架设网络。

3．任务要求

交换机 2960-24TT 的 f0/1 口只允许 PC0 的信息通过，限制 PC1 的信息；f0/11 口只允许 Server 0 的信息通过。

4．具体步骤

(1) 物理连接。按图 6.2-1 所示连接好计算机、HUB、交换机及服务器等设备。

(2) 交换机 f0/11 端口配置如下：

```
Switch>en
Switch#conf t.
Switch(config)#int f0/11
Switch(config-if)#shutdown                    //关闭 f0/11 端口
Switch(config-if)#switchport mode access      //把端口改为访问模式
Switch(config-if)#sw port-security            //打开交换机的端口安全功能
Switch(config-if)#sw port-security maximum 1 //只允许该端口下 MAC 条目最大数为 1
Switch(config-if)#sw port-security mac-address 0030.a382.d327
//允许 Server 0 从 f0/1 接口接入，此 MAC 地址为 Server 0 地址
Switch (config-if)#switch port-security violation { protect | shutdown | restrict }
```

//protect：当新的计算机接入时，如果该接口的 MAC 条目超过最大数量，则这个新的计算机将无法接入，而原有的计算机不受影响；shutdown：当新的计算机接入时，如果该接口的 MAC 条目超过最大数量，则该接口将会被关闭，这个新的计算机和原有的计算机都无法接入，需要管理员使用“no shutdown”命令重新打开；restrict：当新的计算机接入时，如果该接口的 MAC 条目超过最大数量，则这个新的计算机可以接入，然而交换机将向计算机发送警告信息

Switch(config-if)#no shutdown

Switch(config-if)#exit

以上为 f0/11 口只允许 Server 0 信息通过的配置。

(3) 交换机 f0/1 端口配置如下：

Switch(config)#int f0/1

Switch(config-if)#shutdown

Switch(config-if)#sw mode access

Switch(config-if)#sw port-security

Switch(config-if)#sw port-security max 1

Switch(config-if)#sw port-security mac-address 0007.ec5b.b10b

Switch (config-if)#switch port-security violation { protect | shutdown | restrict }

Switch(config-if)#no shutdown

Switch(config-if)#end

交换机 f0/1 口只允许 PC0 的信息通过，限制 PC1 的信息。

(4) 检查 MAC 地址表：

在特权模式输入 sh mac-address-rable，结果显示如图 6.2-2 所示。

```
Switch#sh mac-address-table
          Mac Address Table
-------------------------------------------

Vlan    Mac Address       Type        Ports
----    -----------       --------    -----

   1    0007.ec5b.b10b    STATIC      Fa0/1
   1    0030.a382.d327    STATIC      Fa0/11
```

图 6.2-2　交换机端口地址表

PC0 和 Server 0 的 MAC 已经被分别登记在 f0/1 和 f0/11 接口，并且表明是静态加入的。

(5) PC0 ping Server 0 的 192.168.10.1 能通(如图 6.2-3 所示)；PC1 ping 192.168.10.1 不通(如图 6.2-4 所示)。

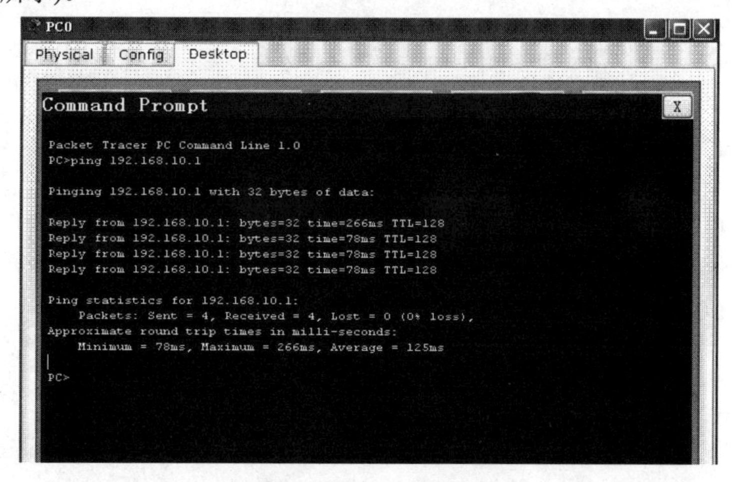

图 6.2-3　PC0 ping Server 0 通

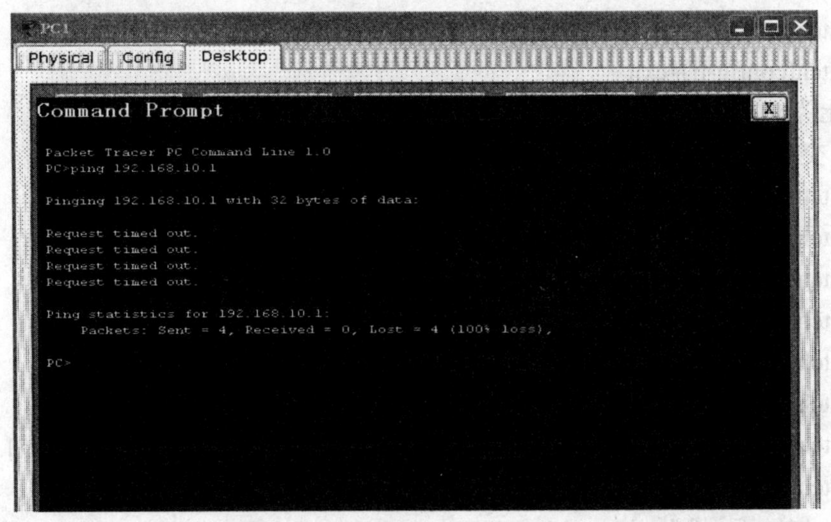

图 6.2-4　PC1 ping Server 0 不通

课外实践 6

1．在真实环境，参照任务 6.1 配置交换机。

2．在任务 6.2 中，将要求改为：交换机 2960-24TT 的 f0/1 口只允许 PC1 的信息通过，限制 PC0 的信息；f0/11 口只允许 Server 0 的信息通过。试做相关配置。

项目 7

接入 Internet

随着互联网的不断发展，网络应用也越来越广泛，一般的中小微企业都会建立自己的局域网。如何将局域网与 Internet 连接起来，充分利用互联网的资源为企业的生产经营服务，是非常现实的网络应用。本项目从中小微企业的实际需求出发，实现企业局域网与 Internet 的连接。

作为承载互联网应用的通信网，从宏观上可以划分为接入网和核心网两大部分。接入网主要承担用户接入核心网的任务。接入网是本地交换机(即端局)与用户端设备之间的连接部分，通常包括用户线传输系统、复用设备、数字交叉连接设备和用户/网络接口设备。

在接入网中，目前可供选择的接入方式主要有 PSTN、ISDN、DDN、LAN、ADSL、VDSL、Cable-Modem、PON 和 LMDS 共 9 种，本项目主要采用中小微企业常用的 ADSL、PON 及 LMDS 接入方式，并通过 NAT、Internet 共享、CCProxy 代理等技术实现共帐号上网。

项目目标

(1) 了解常用的 Internet 接入方式 PSTN、ADSL、PON、LMDS 及 NAT、Internet 共享、CCProxy 代理等技术。

(2) 会配置 Internet 共享、NAT、CCProxy 代理等。

知识要点

(1) PSTN。PSTN(Published Switched Telephone Network，公用电话交换网)技术是利用 PSTN 通过调制解调器拨号实现用户接入的方式。这种接入方式是大家非常熟悉的一种接入方式，目前最高的速率为 56 kb/s，已经达到仙农定理确定的信道容量极限，这种速率远远不能够满足宽带多媒体信息的传输需求；但由于电话网非常普及，用户终端设备 Modem 很便宜，大约在 100～500 元之间，而且不用申请就可开户，只要家里有电脑，把电话线接入 Modem 就可以直接上网。

(2) ADSL。ADSL(Asymmetrical Digital Subscriber Line，非对称数字用户环路)是一种能够通过普通电话线提供宽带数据业务的技术，也是目前极具发展前景的一种接入技术。ADSL 素有“网络快车”之美誉，因其下行速率高、频带宽、性能优、安装方便、不需交纳电话费等特点而深受广大用户喜爱，成为继 Modem、ISDN 之后的又一种全新的高效接入方式。

(3) PON。PON(Passive Optical Network，无源光网络)是指光配线网中不含有任何电子

器件及电子电源，光配线网(ODN)全部由光分路器(Splitter)等无源器件组成，不需要贵重的有源电子设备。一个无源光网络包括一个安装于中心控制站的光线路终端(OLT)，以及一批配套的安装于用户场所的光网络单元(ONUs)。在OLT与ONUs之间的光配线网(ODN)包含了光纤以及无源分光器或者耦合器。PON技术是一种点对多点的光纤传输和接入技术，下行采用广播方式，上行采用时分多址方式，可以灵活地组成树型、星型、总线型等拓扑结构，在光分支点不需要节点设备，只需要安装一个简单的光分支器即可，具有节省光缆资源、带宽资源共享、节省机房投资、设备安全性高、建网速度快、综合建网成本低等优点。

(4) LMDS。LMDS(Local Multipoint Distribution Services，区域多点传输服务)是一种微波宽带业务，工作在28 GHz附近频段，在较近的距离双向传输语音、数据和图像等信息。LMDS采用一种类似蜂窝的服务区结构，将一个需要提供业务的地区划分为若干服务区，每个服务区内设基站，基站设备经点到多点无线链路与服务区内的用户端通信。每个服务区覆盖范围为几公里至十几公里，并可相互重叠。

任务7.1　Internet共享的配置

在现实中，我们常会遇到某个小型企业已经有一台电脑通过某种接入方式连接到Internet，但是新增了几个信息点后，新增的信息点也需要接入到Internet。如何将这些新增的信息点也接入到互联网，同时公司内部计算机之间也能实现相互通信呢？本任务利用配置Internet共享来解决这一问题。

知识要点

(1) Internet共享的概念。Internet共享就是只通过一个连接就可以将家庭或小型办公网络上的计算机全部连接到Internet。例如，您可能有一台通过拨号连接与Internet相连的计算机，当在这台计算机上启用Internet共享时，网络上的其他计算机也将通过此拨号连接连接到Internet。

(2) Internet共享的适用范围。Internet共享只适用于家庭或小型办公网络。

技能要点

(1) 连接内网与外网的计算机需有两个接口，一个与外网连接，一个与内网连接。

(2) 启用共享是在与外网连接的接口卡上启用共享后，内网接口卡 IP 地址默认为192.168.0.1，但内网地址可以修改为自行设计的任何私有地址。

实现任务的方法及步骤

1. 实现任务的网络拓扑

实现任务的模拟网络拓扑如图7.1-1所示。

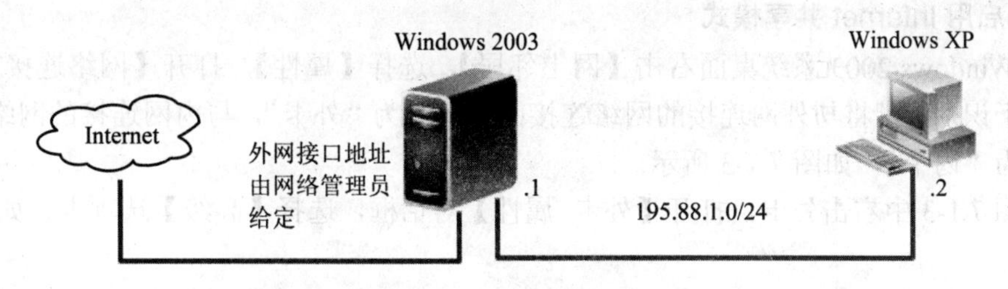

图 7.1-1　模拟网络拓扑

2．实现任务的模拟网络环境

在 VMware 虚拟机中，启动 Windows 2003 及 Windows XP。在 Windows 2003 中需安装两块网卡，一块网卡(可命名为“外卡”)与本地机处于相同网段，与外网 Internet 相连；另一块网卡(可命名为“内卡”)与 Windows XP 相连。“外卡”的网络连接方式设置为“桥接”；“内卡”的网络连接方式设置为“自定义”，如图 7.1-2 所示。在 Windows XP 中只需安装一块网卡，其网络连接方式设置为“自定义”。

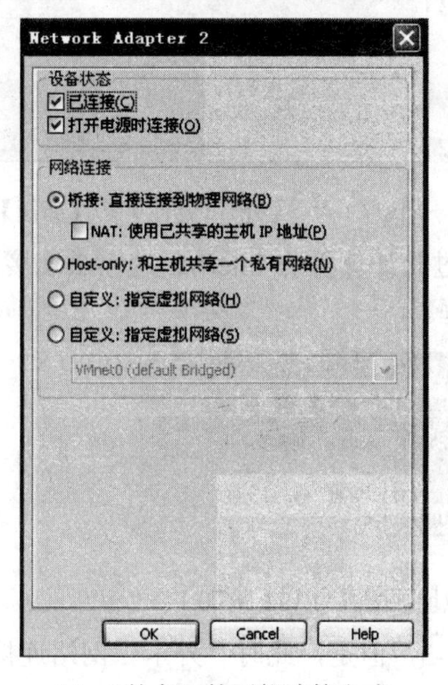

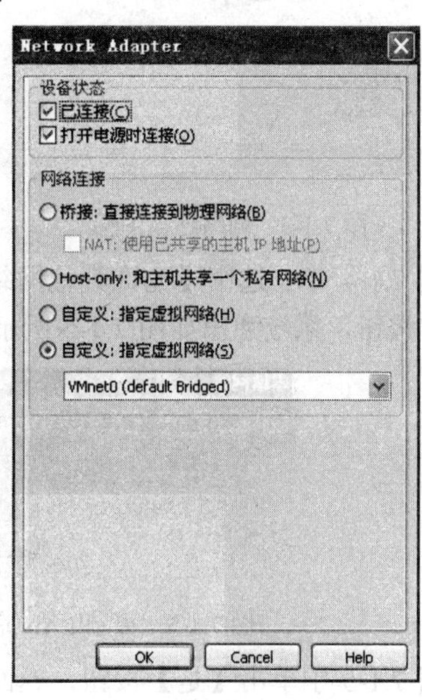

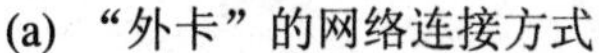
(a) “外卡”的网络连接方式　　(b) “内卡”的网络连接方式

图 7.1-2　Windows 2003 两块网卡的网络连接方式设置

3．设置 TCP/IP 属性

要在 Windows 2003 中根据物理网络与互联网的连接方式设置“外卡”的 TCP/IP 属性，使 Windows 2003 能访问 Internet，可通过直接访问某个主页来检验网络的联通性。如在 IE 浏览器地址栏输入 http://www.baidu.com，如果能显示百度的主页，则说明 Windows 2003 已能访问 Internet。

在 Windows XP 中根据图 7.1-1 网络拓扑设计的 IP 地址，设置网卡 TCP/IP 的属性：IP 地址为 195.88.1.2；子网掩码为 255.255.255.0；网关为 195.88.1.1；首选 DNS 为 195.88.1.1(如果 Windows 2003 没有配置 DNS 服务，可用其他 DNS 服务器)。

4. 启用 Internet 共享模式

在 Windows 2003 系统桌面右击【网上邻居】，选择【属性】，打开【网络连接】窗口。为了便于识别，可将与外网连接的网络连接图标改名为“外卡”，与内网连接的网络连接图标改名为“内卡”，如图 7.1-3 所示。

在图 7.1-3 中右击外卡，打开【外卡 属性】对话框，选择【高级】选项卡，如图 7.1-4 所示。

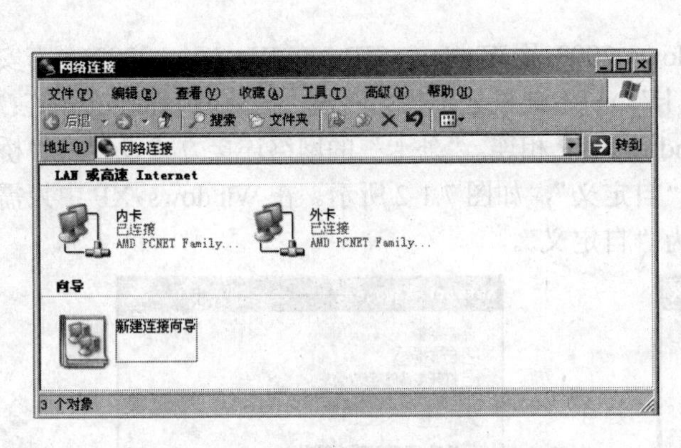

图 7.1-3　网络连接图标

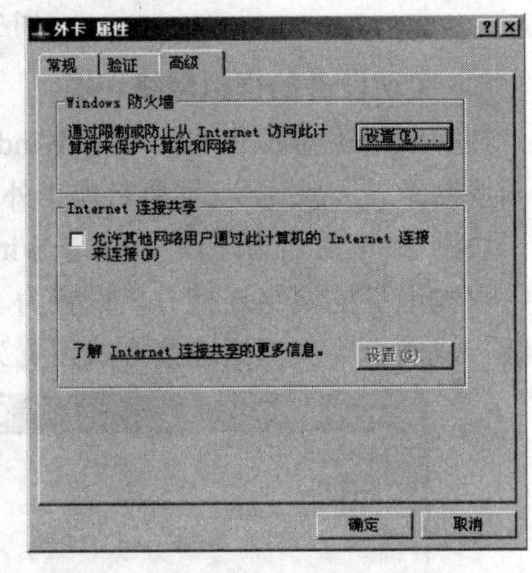

图 7.1-4　【外卡 属性】的【高级】选项卡

在图 7.1-4 中，选中【允许其他网络用户通过此计算机的 Internet 连接来连接】，单击【确定】按钮，系统弹出如图 7.1-5 所示的对话框。

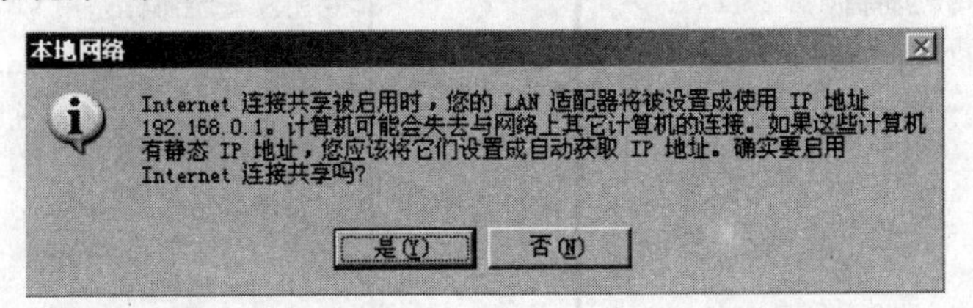

图 7.1-5　提示 LAN 适配器 IP 地址被配置为 192.168.0.1

在图 7.1-5 中单击【是】按钮，返回到图 7.1-3，但是，此时“外卡”网络连接图标变为共享样式，如图 7.1-6 所示。

图 7.1-6　网络连接图标发生了变化

在图 7.1-6 中右击【内卡】图标，选择【属性】，根据图 7.1-1 中设计的 IP 地址修改 Internet 协议(TCP/IP)属性，如图 7.1-7 所示。

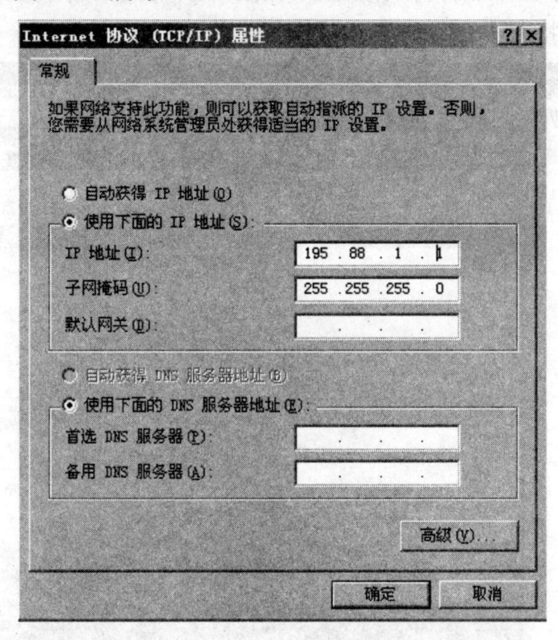

图 7.1-7　将 IP 地址修改为设计的 IP 地址

在图 7.1-7 中单击【确定】按钮返回到【内卡 属性】对话框，单击【关闭】按钮，完成“内卡”设置。

5．在 Windows XP 下检测

如果 Windows 2003 上配置有 DNS 服务，则 Windows XP 的 TCP/IP 属性可配置为如图 7.1-8 所示效果。

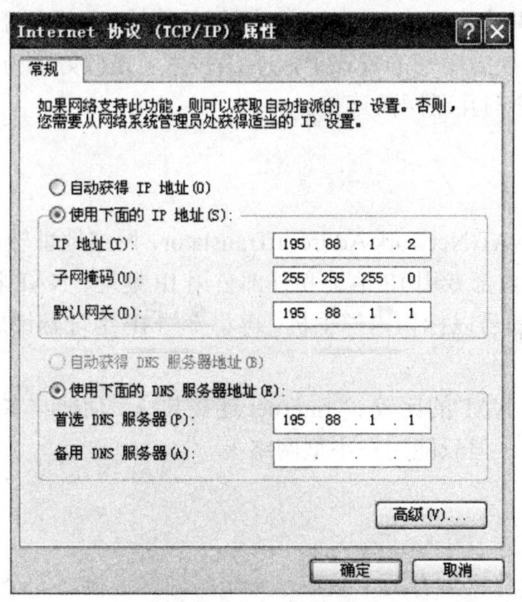

图 7.1-8　Windows XP 中 TCP/IP 属性配置

在图 7.1-8 中单击【确定】按钮使设置生效。打开 IE 浏览器，在地址栏输入 http://www.baidu.com，如果能打开百度主页(如图 7.1-9 所示)，则说明 Windows XP 已通过 Windows 2003 访问因特网了。

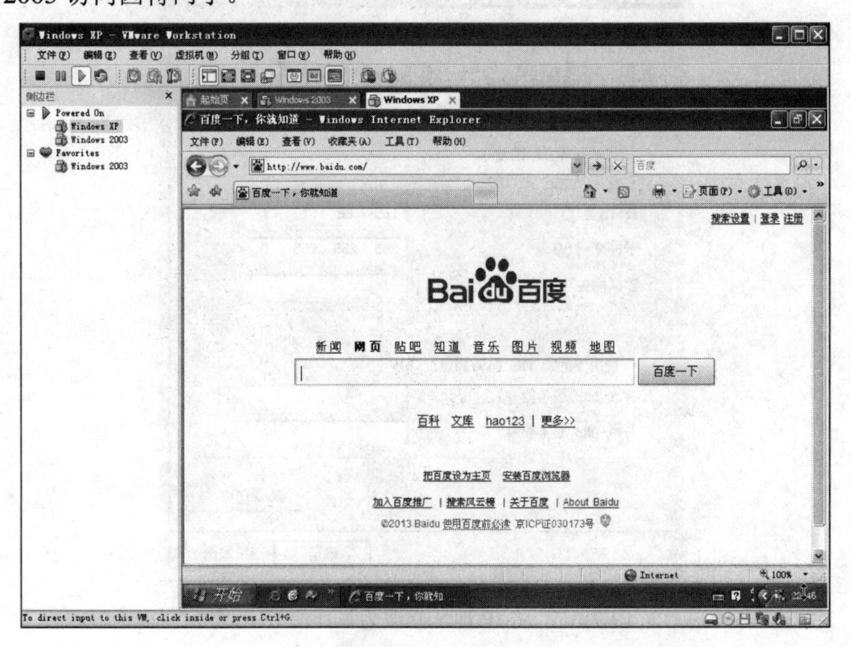

图 7.1-9 Windows XP 通过 Windows 2003 访问因特网

任务 7.2 安装和配置 NAT

通过配置 Internet 共享实现内部网络与互联网的连接，只适用于较小的网络，当内部网络信息点较多时，就需要采用别的方式了，NAT 技术就是较好的方式之一。本任务利用配置 NAT 来实现内部网络与互联网的连接。

知识要点

(1) NAT 的概念。NAT(Network Address Translator，网络地址转换)的实质为 IP 路由器，本身分配了两种地址：内部专用 IP 地址和外部公用 IP 地址。NAT 将内部专用 IP 地址映射成自己的 TCP/UDP 端口号以标识内部主机，再将专用 IP 地址翻译成外部公用 IP 地址去访问因特网。

(2) Internet 共享与 NAT 的比较。“Internet 连接共享”功能与 NAT 比较而言，“Internet 连接共享”配置更容易，但只能用在小型网络上。

技能要点

(1) 实现 NAT 的计算机需有两个接口，一个与外网连接，一个与内网连接。

(2) 实现 NAT 需选对与外网连接的接口，这是配置 NAT 的关键。

实现任务的方法及步骤

1．实现任务的网络拓扑

本任务实现的模拟网络拓扑与任务 7.1 的拓扑图相同，如图 7.1-1 所示。

2．实现任务的模拟网络环境

本任务实现的模拟网络环境也与任务 7.1 相同，请参阅任务 7.1 中的步骤 2。

3．设置 TCP/IP 属性

要在 Windows 2003 中根据物理网络与互联网的连接方式设置“外卡”的 TCP/IP 属性，使 Windows 2003 能访问 Internet，可通过直接访问某个主页来检验网络的联通性。如在 IE 浏览器地址栏输入 http://www.baidu.com，如果能显示百度的主页，则说明 Windows 2003 已能访问 Internet。

Windows 2003“内卡”的 TCP/IP 属性中，只需设置 IP 地址、子网掩码即可。根据图 7.1-1 中的设计，IP 地址为 195.88.1.1，子网掩码为 255.255.255.0。

在 Windows XP 中根据图 7.1-1 网络拓扑设计的 IP 地址，设置网卡 TCP/IP 属性：IP 地址为 195.88.1.2；子网掩码为 255.255.255.0；网关为 195.88.1.1。

4．在 Windows 2003 上配置 NAT

(1) 打开【路由和远程访问】控制台。依次单击【开始】|【程序】|【管理工具】|【路由和远程访问】菜单命令，打开【路由和远程访问】控制台，如图 7.2-1 所示。如果该计算机原来已配置过路由和远程访问服务，则在图 7.2-1 中右击计算机名(如 Windows 2003)，在弹出的快捷菜单中选择【禁用路由和远程访问】菜单项，来取消原来的配置。

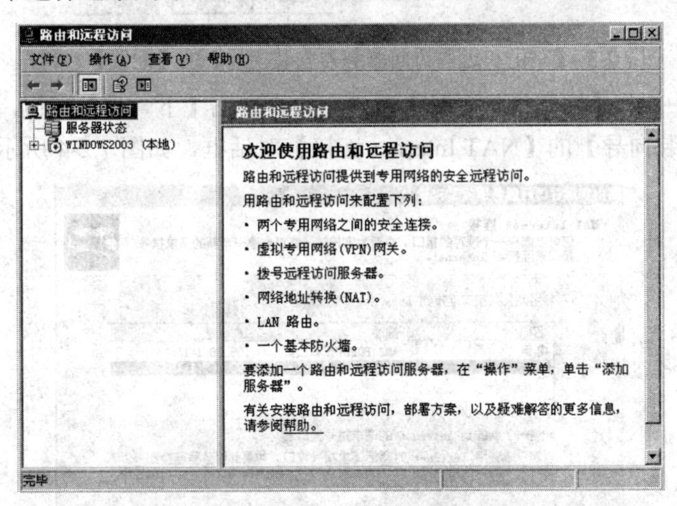

图 7.2-1　【路由和远程访问】控制台

(2) 配置并启用路由和远程访问。在图 7.2-1 中右击计算机名(如 WINDOWS2003)，选择【配置并启用路由和远程访问】菜单项，如果系统弹出如图 7.2-2 所示提示，则按下述步骤操作：依次单击【开始】|【程序】|【管理工具】|【服务】，找到【Windows Firewall/Internet Connection Sharing】项右击，选【属性】，在【常规】选项卡的【启动类型】栏选择【禁用】，并单击【停止】按钮，最后单击【确定】按钮。

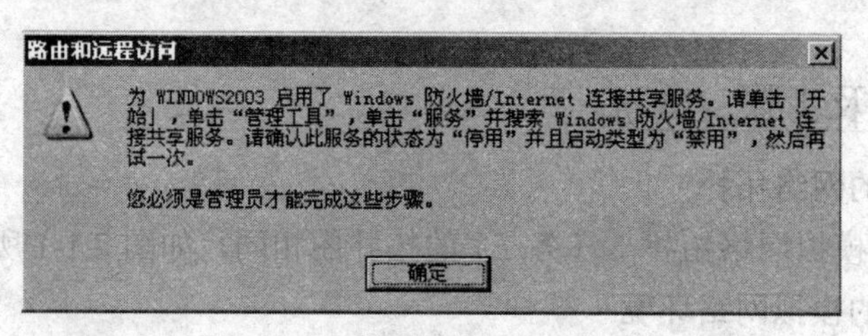

图 7.2-2　系统弹出的提示对话框

在随后打开的路由和远程访问服务器安装向导的【欢迎使用路由和远程访问服务器安装向导】对话框中单击【下一步】按钮，打开【路由和远程访问服务器安装向导】的【配置】对话框，选择【网络地址转换(NAT)】，如图 7.2-3 所示。

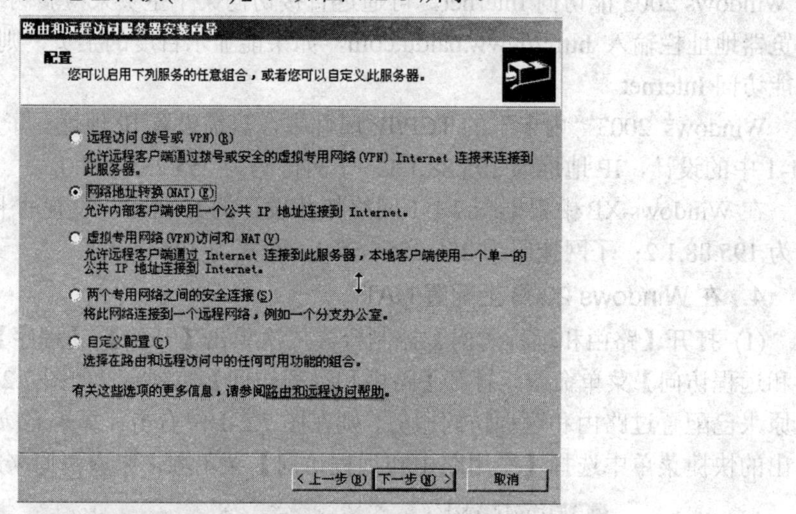

图 7.2-3 【路由和远程访问服务器安装向导】的【配置】对话框

在图 7.2-3 中选择【网络地址转换】单选项，再单击【下一步】按钮，打开【路由和远程访问服务器安装向导】的【NAT Internet 连接】对话框，如图 7.2-4 所示。

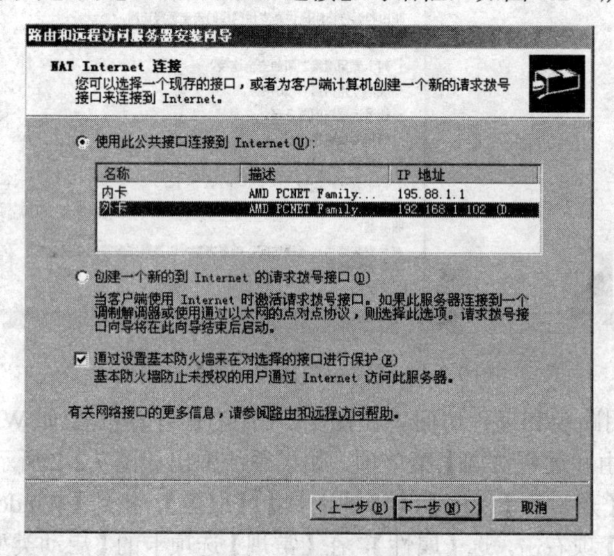

图 7.2-4　【NAT Internet 连接】对话框

在图 7.2-4 中的【使用此公共接口连接到 Internet】列表框中选中【外卡】，然后单击【下一步】按钮，打开【路由和远程访问服务器安装向导】的【名称和地址转换服务】对话框，如图 7.2-5 所示。

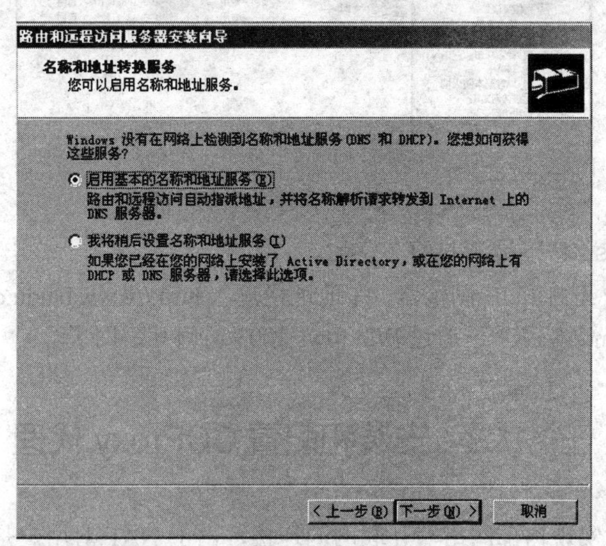

图 7.2-5 【名称和地址转换服务】对话框

在图 7.2-5 中选中【启用基本的名称和地址服务】选项，单击【下一步】按钮，系统弹出【地址指派范围】对话框，再单击【下一步】按钮，打开【正在完成路由和远程访问服务器安装向导】对话框，如图 7.2-6 所示。

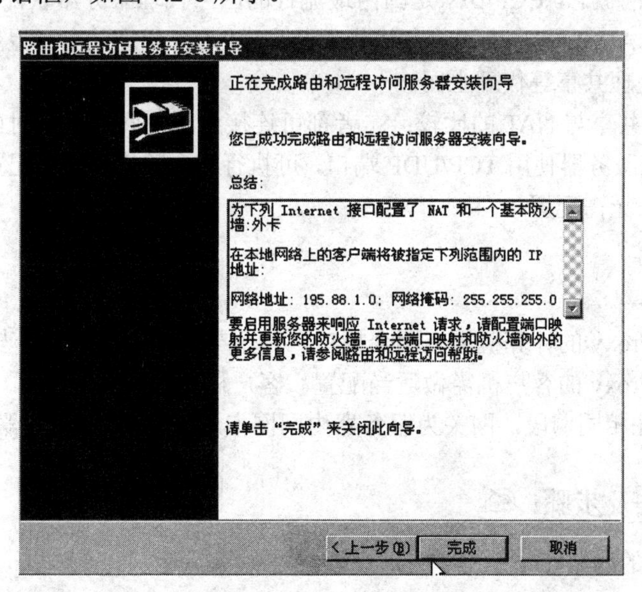

图 7.2-6 【正在完成路由和远程访问服务器安装向导】对话框

在图 7.2-6 中单击【完成】按钮，系统开始配置 NAT。此时，【路由和远程访问】控制台如图 7.2-7 所示。

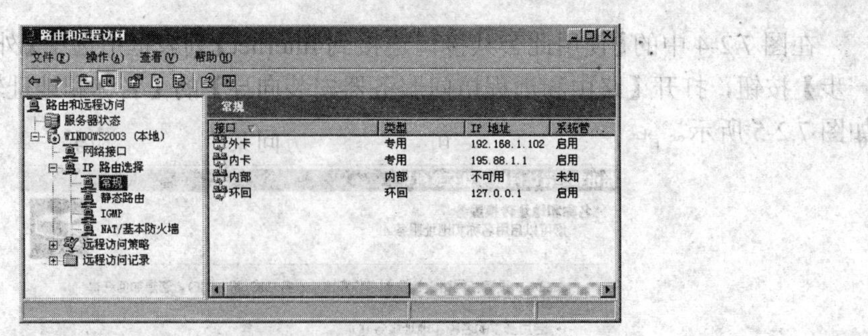

图 7.2-7　【路由和远程访问】控制台

5．在 Windows XP 下检测 NAT

在 Windows XP 下打开 IE 浏览器，在地址栏输入 http://www.baidu.com，如果能打开百度主页，则说明 Windows XP 已通过 Windows 2003 访问互联网了。

任务 7.3　安装和配置 CCProxy 代理

使用 NAT 技术实现内部网络与互联网的连接，由于 NAT 对用户是透明的，所以不利于安全控制。如果需要对用户进行安全控制，则可采用 CCProxy 代理或其他代理软件。本任务利用 CCProxy 来实现内部网络与互联网的连接。

知识要点

(1) CCProxy 的概念。CCProxy 是国内最流行的国产代理服务器软件，主要用于局域网内共享宽带上网、ADSL 共享上网、专线代理共享、ISDN 代理共享、卫星代理共享、蓝牙代理共享和二级代理共享等代理上网。

(2) CCProxy 共享与 NAT 的比较：二者都可连接到因特网，限制对内的访问，提供地址转换功能。代理服务器使用 TCP/UDP 端口，可执行安全检查，但需配置客户机；而 NAT 对用户是透明的，无需配置。

技能要点

(1) 实现 CCProxy 的计算机需有两个接口，一个与外网连接，一个与内网连接。

(2) 实现 CCProxy 的客户机需做适当配置。客户机需配置 IP 地址、子网掩码及网关；IP 地址与服务器在相同网段，网关为服务器内网网卡地址，在 IE 浏览器需配置代理。

实现任务的方法及步骤

1．实现任务的网络拓扑

本任务实现的模拟网络拓扑与任务 7.1 的拓扑图相同，如图 7.1-1 所示。

2．实现任务的模拟网络环境

本任务实现的模拟网络环境也与任务 7.1 相同，请参阅任务 7.1 中的步骤 2。

3. 设置 TCP/IP 属性

要在 Windows 2003 中根据物理网络与互联网的连接方式设置“外卡”的 TCP/IP 属性，使 Windows 2003 能访问 Internet，可通过直接访问某个主页来检验网络的联通性。如在 IE 浏览器地址栏输入 http://www.baidu.com，如果能显示百度的主页，则说明 Windows 2003 已能访问 Internet。

Windows 2003“内卡”的 TCP/IP 属性中，只需设置 IP 地址、子网掩码即可。根据图 7.1-1 中的设计，IP 地址为 195.88.1.1，子网掩码为 255.255.255.0。

在 Windows XP 下，根据图 7.1-1 所示网络拓扑设计的 IP 地址，设置网卡 TCP/IP 属性：IP 地址为 195.88.1.2；子网掩码为 255.255.255.0；网关为 195.88.1.1。

4. 在 Windows 2003 下配置 CCProxy(以 2010 版本为例)

(1) 运行 CCProxy。在正确安装 CCProxy 后，启动 CCProxy 打开其主控界面，如图 7.3-1 所示。

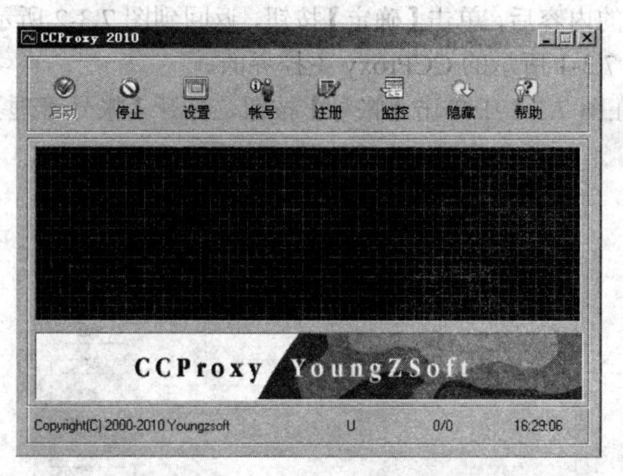

图 7.3-1　CCProxy 2010 主控界面

(2) 代理服务设置。在图 7.3-1 中单击【设置】按钮，打开【代理服务】设置对话框，如图 7.3-2 所示。

图 7.3-2　【代理服务】设置对话框

可在图 7.3-2 中，根据内部网络的网络应用需求，勾选相应的服务代理，并设置端口号。

在图 7.3-2 中，单击【高级】按钮，打开【高级】设置对话框，该程序对话框有【拨号】、

【缓存】、【二级代理】、【日志】、【邮件】、【网络】、【其他】七个选项卡，通过这些选项卡可对相关内容进行设置，如图 7.3-3 所示。

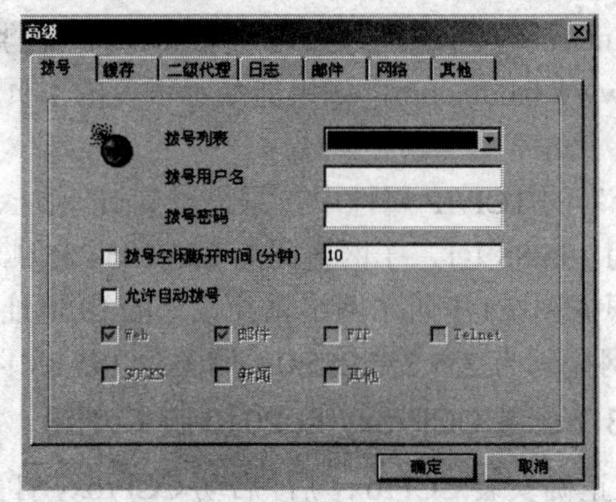

图 7.3-3　【高级】设置对话框

设置好各选项卡的内容后，单击【确定】按钮，返回到图 7.3-2 所示对话框，再单击【确定】按钮，返回到图 7.3-1 所示的 CCProxy 主控界面。

(3) 帐号管理。在图 7.3-1 中单击【帐号】按钮，打开【帐号管理】对话框，如图 7.3-4 所示。

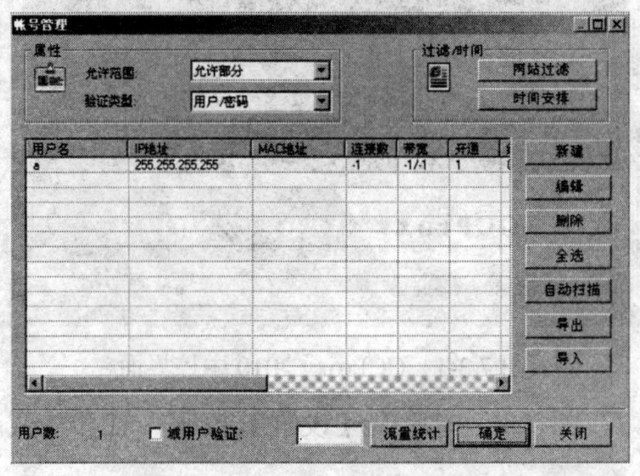

图 7.3-4　【帐号管理】对话框

在图 7.3-4 中的【属性】栏，如果选择【允许范围】为【允许所有】，则其他选项都不用设置，对应按钮都成为不可操作状态，如图 7.3-5 所示。

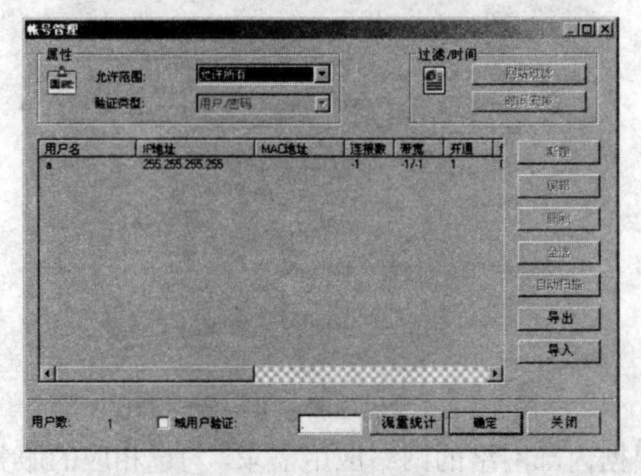

图 7.3-5　选择【允许范围】为【允许所有】

在图 7.3-4 中，如果选择【允许范围】为【允许部分】，单击【新建】按钮，则会打开创建【用户名/组名】帐号对话框，如图 7.3-6 所示。

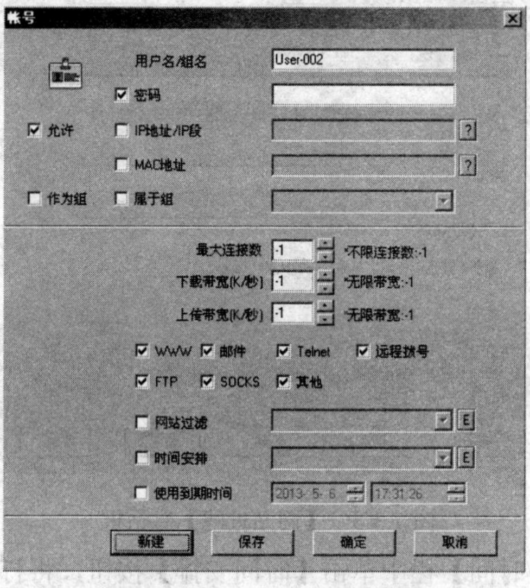

图 7.3-6　创建【用户名/组名】帐号对话框

在图 7.3-6 中，可根据具体情况设置用户名/组名，如图 7.3-7 所示。设置完毕，可单击【保存】按钮，将设置保存到图 7.3-4 的用户列表中，并可继续创建用户；单击【确定】按钮，则将设置保存到用户列表，同时关闭该对话框。

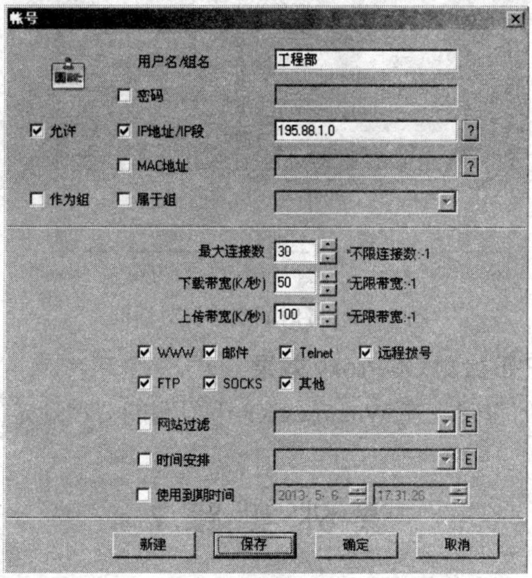

图 7.3-7　设置用户名/组名

在图 7.3-4 用户列表中的用户，可通过其右侧的【编辑】按钮进行编辑修改；可通过其右侧的【删除】按钮删除该用户。

在图 7.3-4 的【过滤/时间】栏中单击【网站过滤】按钮，将打开【网站过滤】对话框，如图 7.3-8 所示。在该对话框中可设置相应的过滤规则。

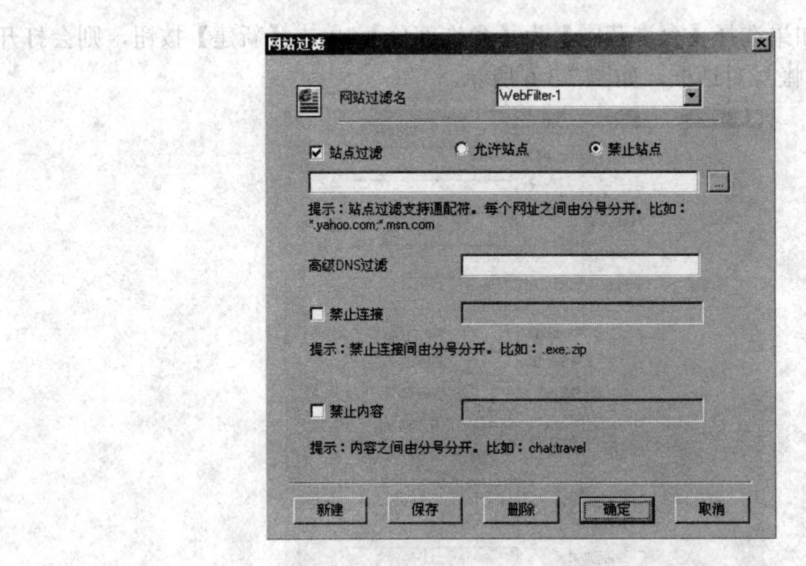

图 7.3-8　【网站过滤】对话框

在图 7.3-4 的【过滤/时间】栏中单击【时间安排】按钮，将打开【时间安排】对话框，如图 7.3-9 所示。在该对话框中可对上网时间作出安排。

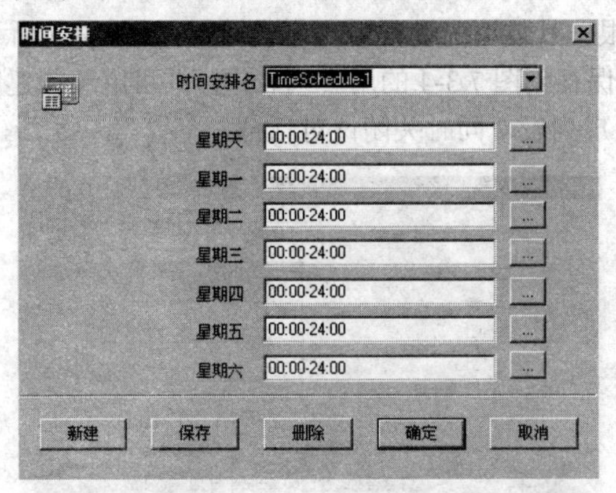

图 7.3-9　【时间安排】对话框

5. 在 Windows XP 下检测 CCProxy 效果

根据上面步骤 4 中的设置，在 Windows XP 下检测能否在规定的时间内上网。

课 外 实 践 7

1. 在自己的电脑上参照任务 7.1 配置 Internet 共享。
2. 在自己的电脑上参照任务 7.2 配置 NAT。
3. 在自己的电脑上参照任务 7.3 配置 CCProxy。

项目 8

构建无线局域网

随着互联网的不断发展，无线网络应用也越来越广泛，一般的中小微企业都会建立自己的局域网，而在局域网中，或多或少地应用了 WLAN(Wireless Local-Area Network，无线局域网)。本项目从中小微企业的实际需求出发，实现企业局域网中的无线局域网。

项目目标

(1) 了解 WLAN、WLAN 的拓扑结构及主要参数的含义。

(2) 会配置架设常用拓扑的 WLAN。

知识要点

1. WLAN

WLAN(Wireless Local-Area Network，无线局域网)是计算机网络与无线通信技术相结合的产物。无线局域网利用无线多址信道的一种有效方法来支持计算机之间的通信，并为通信的移动化、个性化和多媒体应用提供了可能。

在同一建筑物之内，只要在笔记本或手持式 PC 上安装无线适配器，用户就能够在办公室内自由移动而保持与网络的连接。将无线局域网技术应用到台式机系统，则具有传统局域网无法比拟的灵活性，用户能将计算机安放在无线信号覆盖到的任何地方，台式机的位置能够随时随地根据工作需要而进行变换。因此，无线局域网对于那些暂时性的工作小组或者快速发展的组织来说，是最合适不过的；对于家庭组建网络，同样适合。

无线局域网的通信范围不受环境条件的限制，网络的传输范围大大拓宽，最大传输范围可达到几十千米。在有线局域网中，两个站点的距离在使用铜缆时被限制在 500 m，即使采用单模光纤也只能达到 3000 m，而无线局域网中两个站点间的距离目前可达到 50 km，距离数公里的建筑物中的网络可以集成在同一个局域网中。

2. WLAN 可应用的领域

(1) 网络信息系统，如电子邮件、文件传输和终端仿真等。

(2) 难以布线的环境，如老建筑、布线困难或昂贵的露天区域、城市建筑群、校园和工厂等。

(3) 经常变化的环境，如经常更换工作地点和改变位置的零售商、野外勘测队、实验人员、军队等。

(4) 使用便携式计算机等可移动设备快速接入网络。

(5) 办公室和家庭用户，以及需要方便快捷地安装小型网络的用户。

3. WLAN 的拓扑结构

WLAN 有两种主要的拓扑结构，即自组织网络(也就是对等网络，即人们常称的 Ad-Hoc 网络)和基础结构网络(Infrastructure Network)。

(1) 自组织型 WLAN 是一种对等模型的网络，它的建立是为了满足暂时需求。自组织网络是一组有无线接口卡的无线终端，特别是移动电脑。这些无线终端以相同的工作组名、扩展服务集标识号(ESSID)和密码等对等的方式相互直连，在 WLAN 的覆盖范围之内，进行点对点或点对多点之间的通信，如图 8.0-1 所示。

图 8.0-1　自组织网络结构

组建自组织网络不需要增添任何网络基础设施，仅需要移动节点及配置一种普通的协议。在这种拓扑结构中，不需要有中央控制器的协调。因此，自组织网络使用非集中式的 MAC 协议，例如 CSMA/CA(Carrier Sense Multiple Access with Collision Avoidance，载波侦听多点接入/避免冲撞)。

(2) 基础结构型 WLAN 利用了高速的有线或无线骨干传输网络。在这种拓扑结构中，移动节点在基站(BS)的协调下接入到无线信道，如图 8.0-2 所示。

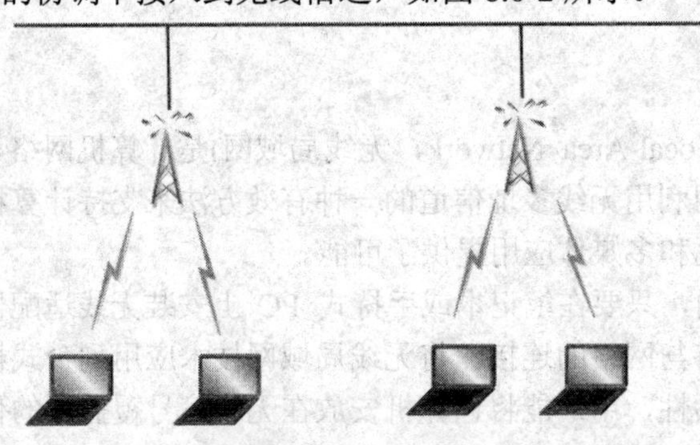

图 8.0-2　基础结构网络

基站的另一个作用是将移动节点与现有的有线网络连接起来，被称为接入点 AP (Access Point，无线访问节点)。基础结构网络虽然也会使用非集中式 MAC 协议(如基于竞争的 802.11 协议可以用于基础结构的拓扑结构中)，但大多数基础结构网络都使用集中式 MAC 协议(如轮询机制)。由于大多数的协议过程都由接入点执行，移动节点只需要执行一小部分的功能，所以基础结构网络的复杂性大大降低。

在基础结构网路中，存在许多基站及基站覆盖范围下的移动节点形成的蜂窝小区。基站在小区内可以实现全网覆盖。在目前的实际应用中，大部分 WLAN 都是基于基础结构网络的。

一个用户从一个地点移动到另一个地点，应该被认定为离开一个接入点，进入另一个接入点，这种情形称为“漫游”。漫游功能要求小区之间必须有合理的重叠，以便用户不会中断正在通信的链路连接。

除以上两种应用比较广泛的拓扑结构之外，还有另外一种正处于理论研究阶段的拓扑结构，即完全分布式网络拓扑结构。这种结构要求相关节点在数据传输过程中完成一定的功能，类似于分组无线网的概念。对每一节点而言，它可能只知道网络的部分拓扑结构(也可通过安装专门软件获取全部拓扑知识)，但它可与邻近节点按某种方式共享对拓扑结构的认识来完成分布路由算法，也就是路由网络上的每一节点要互相协助，以便将数据传送至目的节点。

分布式结构抗损性能好，移动能力强，可形成多跳网，适合较低速率的中小型网络。对于用户节点而言，它的复杂性和成本较其他拓扑结构高，并存在多径干扰和“远—近”效应。同时，随着网络规模的扩大，其性能指标下降较快。但分布式 WLAN 将在军事领域中具有很好的应用前景。

任务 8.1　构建 Ad-Hoc 网络

在小型企业或家庭中，常有几台笔记本电脑需要相互通信。如何将这些笔记本电脑连成网络并实现相互间的数据传输，这是较现实的问题。笔记本电脑通常配置有无线网卡，本任务利用现有条件构建一个自组织网络(即 Ad-Hoc 网络)，实现各笔记本电脑间相互通信。

实现任务的方法及步骤

1．实现任务的网络拓扑

实现任务的模拟网络拓扑如图 8.0-1 所示。

2．配置 Ad-Hoc 无线网络

本任务以操作系统是 Windows XP 为例进行配置。

在系统托盘无线网络连接图标上右击，弹击无线网络连接相关菜单，如图 8.1-1 所示。

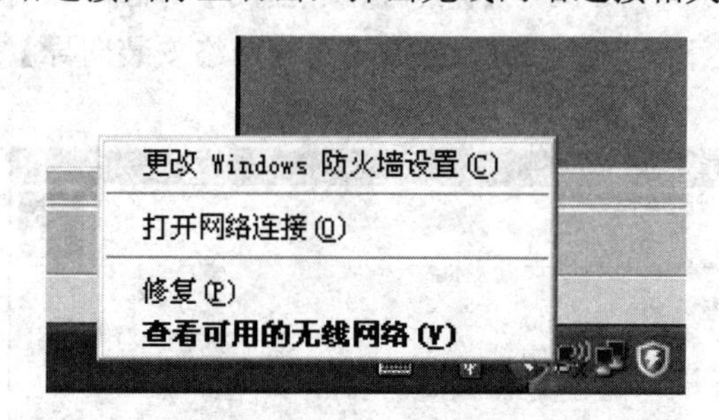

图 8.1-1　无线网络连接相关菜单

在图 8.1-1 弹出的快捷菜单中选择【查看可用的无线网络】选项，打开【无线网络连接 2】窗口，如图 8.1-2 所示。

在图 8.1-2 中，右边列表框列出了计算机附近现有的无线网络，选中其中的某项，如果获得了该网络的接入权限就可以接入到该网络并使用该网络的公共资源。

单击图 8.1-2 中左侧【网络任务】栏的【刷新网络列表】可使右边列表框获得本机附近最新的无线网络信息。

图 8.1-2　【无线网络连接 2】窗口

在图 8.1-2 中左侧【网络任务】栏单击【为家庭或小型办公室设置无线网络】，打开【无线网络安装向导】对话框，如图 8.1-3 所示。

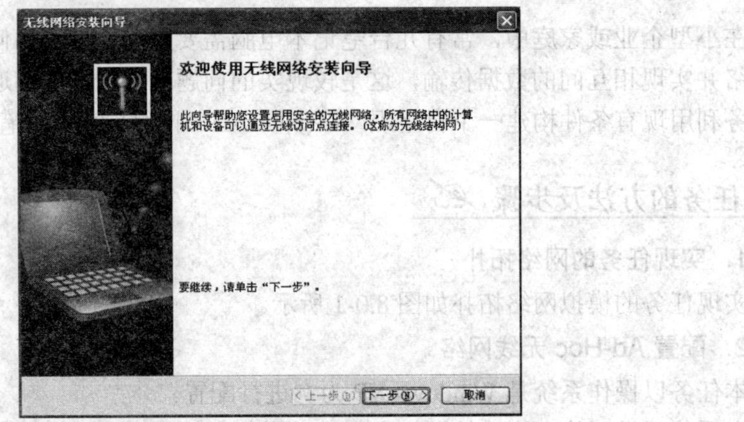

图 8.1-3　【无线网络安装向导】对话框

在图 8.1-3 中单击【下一步】按钮，打开【无线网络安装向导】的【你想做什么】对话框，如图 8.1-4 所示。

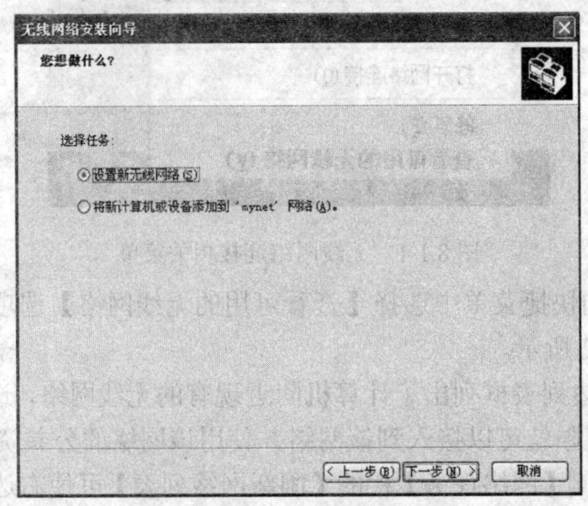

图 8.1-4　【无线网络安装向导】的【你想做什么】对话框

在图 8.1-4 中选择【设置新无线网络】单选项，然后单击【下一步】按钮，打开【无线网络安装向导】的【为您的无线网络创建名称】对话框，在【网络名(SSID)】后的文本框中输入你为所建网络取的名称(如 mynet)，如图 8.1-5 所示。

在图 8.1-5 中，需要选择是自动分配网络密钥还是手动分配网络密钥，由于家庭或小企业中通常不需要太复杂的密钥配置，所以这里选择【手动分配网络密钥】单选项。选择完毕，单击【下一步】按钮，打开【无线网络安装向导】的【输入无线网络的 WEP 密钥】对话框，如图 8.1-6 所示。

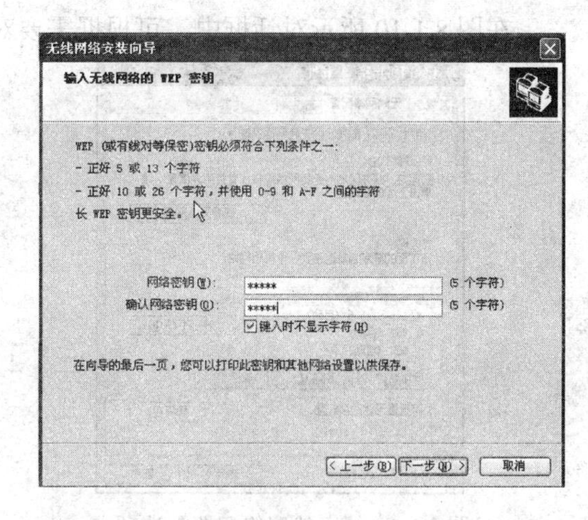

图 8.1-5　【为您的无线网络创建名称】对话框　　图 8.1-6　【输入无线网络的 WEP 密钥】对话框

在图 8.1-6 的【网络密钥】文本框中输入 5 个字符的密钥，在【确认网络密钥】文本框中再输入一次相同的密钥，单击【下一步】按钮，打开【无线网络安装向导】的【你想如何设置网络】对话框，如图 8.1-7 所示。

在图 8.1-7 中，如果您有闪存，就可以选【使用 USB 闪存驱动器(推荐)】；如果没有闪存，就选择【手动设置网络】。在此，我们选择【手动设置网络】，然后单击【下一步】按钮，打开【无线网络安装向导】的【向导成功地完成】对话框，如图 8.1-8 所示。

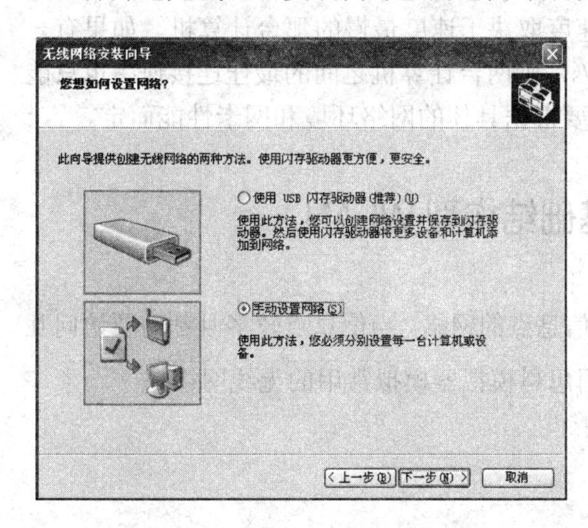

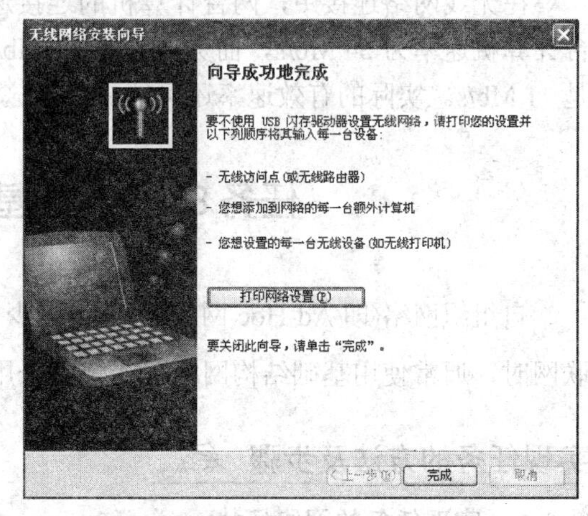

图 8.1-7　【你想如何设置网络】对话框　　图 8.1-8　【向导成功地完成】对话框

在图 8.1-8 中单击【完成】按钮，即可完成无线网络配置，返回到如图 8.1-2 所示的【无线网络连接】窗口。

在图 8.1-2 左侧【相关任务】栏中选择【更改高级设置】，打开【无线网络连接 2 属性】对话框，选择【无线网络配置】选项卡，如图 8.1-9 所示。

在图 8.1-9【首选网络】列表框中，已列出了目前可用的网络，可以看到刚才所建网络【mynet】。选中【mynet】后，单击【属性】按钮，打开【mynet 属性】对话框，如图 8.1-10 所示。

在图 8.1-10 所示对话框中，可根据需要对【mynet】作更改配置。

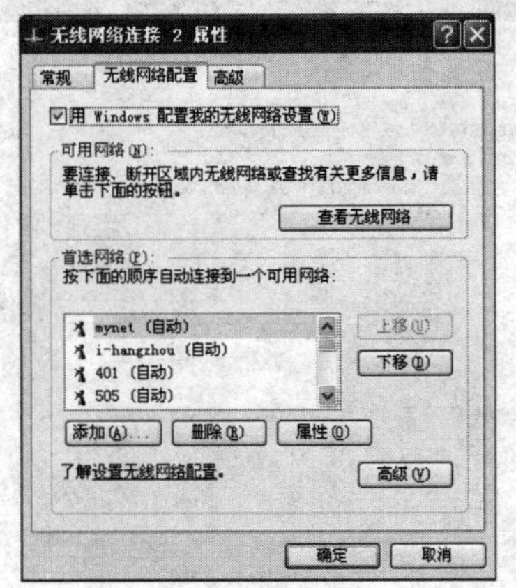

图 8.1-9 【无线网络配置】选项卡

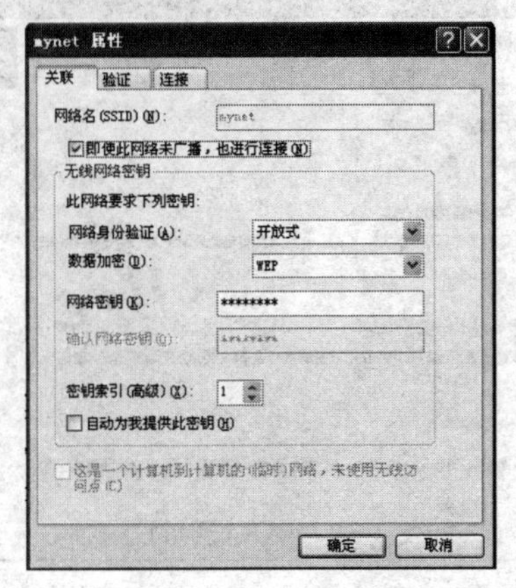

图 8.1-10 【mynet 属性】对话框

3. 在其他电脑上配置 Ad-Hoc 无线网络

在其他电脑上用与上面相同的方式配置无线网络，只是要注意所配置的网络名(SSID)各密钥一定要一样。这时，在图 8.1-2 可用网络列表中会出现【mynet】，选中它并单击【连接】按钮，在弹出的对话框中输入正确的密钥，再单击【连接】按钮，就可连接入网络。

温馨提示

在无线网络连接中，两台计算机的连接速度取决于速度最慢的那台计算机。如果有一台计算机速率为 54 Mb/s，而另一台是 11 Mb/s，则两台计算机之间的最佳连接速率也只能是 11 Mb/s。实际的有效速率还可能更低，这要根据具体的网络环境和网卡性能而定。

任务 8.2 构建基础结构型 WLAN

自组织网络(即 Ad-Hoc 网络)只适合较少信息点的网络，当信息点较多且都需要访问互联网时，通常使用基础结构网络。本任务采用思科模拟器模拟常用的无线网络。

实现任务的方法及步骤

1. 实现任务的网络拓扑

实现任务的模拟网络拓扑如图 8.2-1 所示。

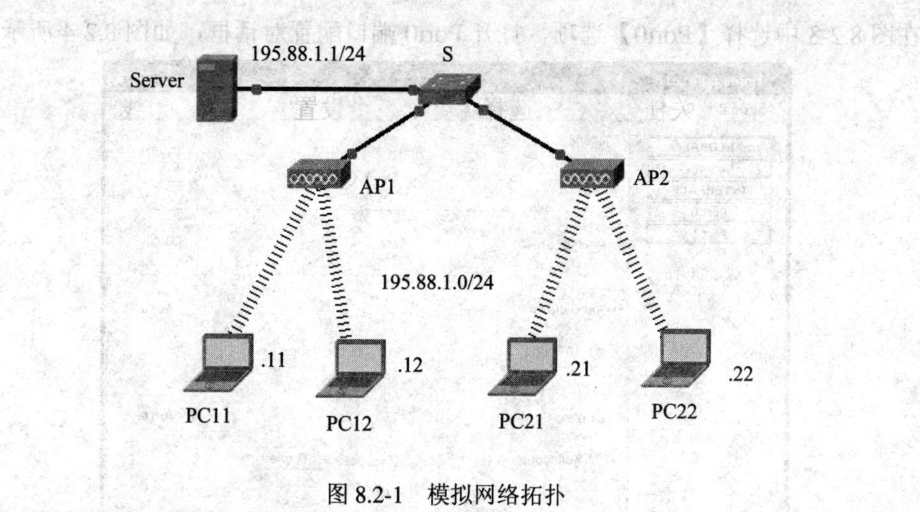

图 8.2-1　模拟网络拓扑

2. 在思科模拟器中构建网络

根据图 8.2-1 所示网络拓扑，在思科模拟器中构建网络，如图 8.2-2 所示。

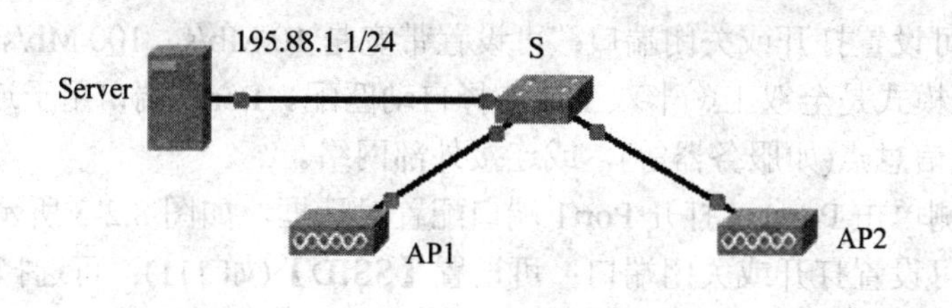

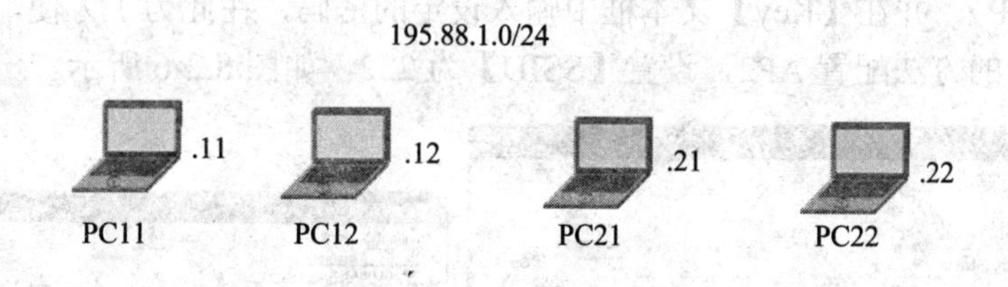

图 8.2-2　在思科模拟器中构建的网络

3. 配置无线接入点 AP1 和 AP2

在图 8.2-2 中单击 AP1，打开 AP1 配置对话框，并选择【Config】选项卡，如图 8.2-3 所示。

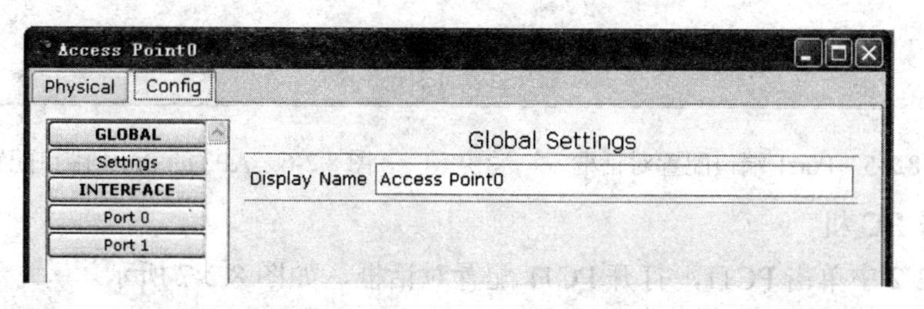

图 8.2-3　AP1 配置对话框

在图 8.2-3 中选择【Port0】选项，打开 Port0 端口配置对话框，如图 8.2-4 所示。

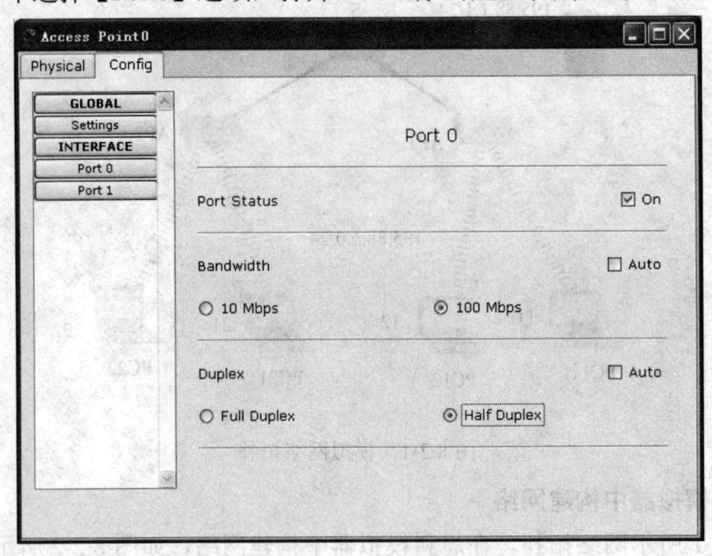

图 8.2-4　Port0 端口配置对话框

在图 8.2-4 中，可设置打开或关闭端口；可设置带宽是 10 Mb/s、100 Mb/s 或是选择自动匹配；可设置双工模式是全双工、半双工或选择自动匹配。Port0 端口用于连接交换机，以连接网络中的其他信息点(如服务器等)，或连接外部网络。

在图 8.2-4 中左侧单击 Port1，打开 Port1 端口配置对话框，如图 8.2-5 所示。

在图 8.2-5 中，可设置打开或关闭端口；可设置【SSID】(如 111)；可选择【Channel】以避免不同的接入点信号干扰；为了限制接入本接入点的终端数，可设置【Authentication】(如选择【WEP】，并在【Key】文本框中输入设定的密码，在此为了方便，我们不设置)。

采用相同的方法配置 AP2，设置【SSID】为 222，如图 8.2-6 所示。

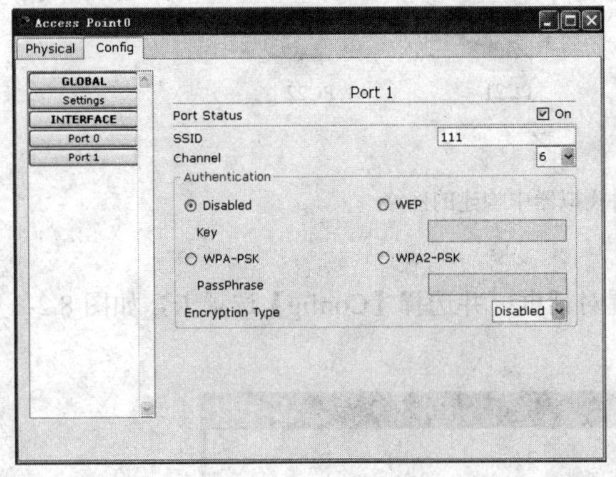

图 8.2-5　Port1 端口配置对话框

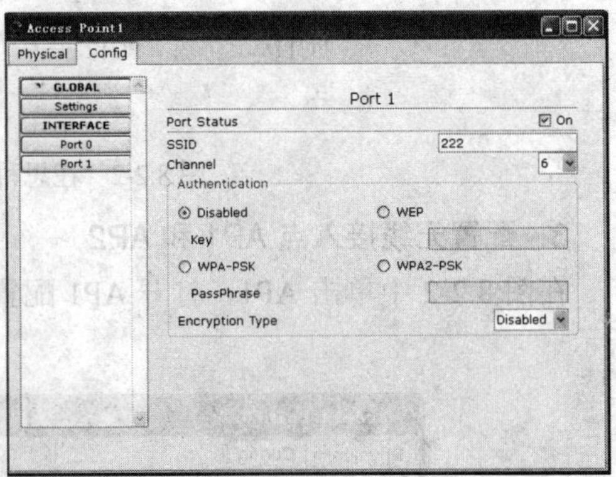

图 8.2-6　AP2 的 Port1 端口配置对话框

4．配置 PC 机

在图 8.2-2 中单击 PC11，打开 PC11 配置对话框，如图 8.2-7 所示。

默认情况下，接口为 FastEthernet，在此需更换为无线网卡接口。为此，先在图 8.2-7

中单击电源按钮关闭电源，将现有接口卡拖出，再选择【Linksys-WPC300N】接口卡将其拖入，完成后如图 8.2-8 所示。

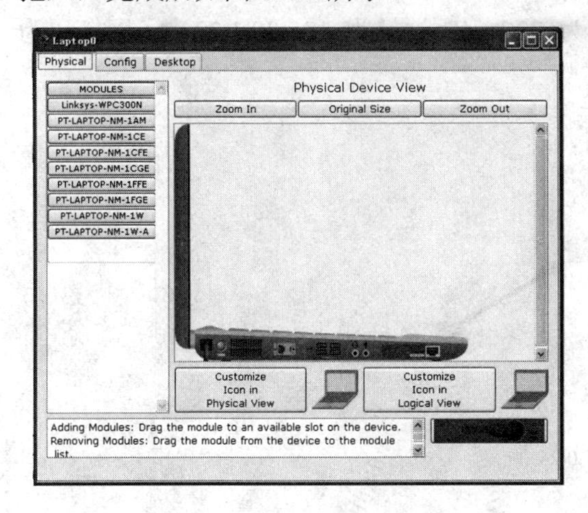

图 8.2-7　PC11 配置对话框

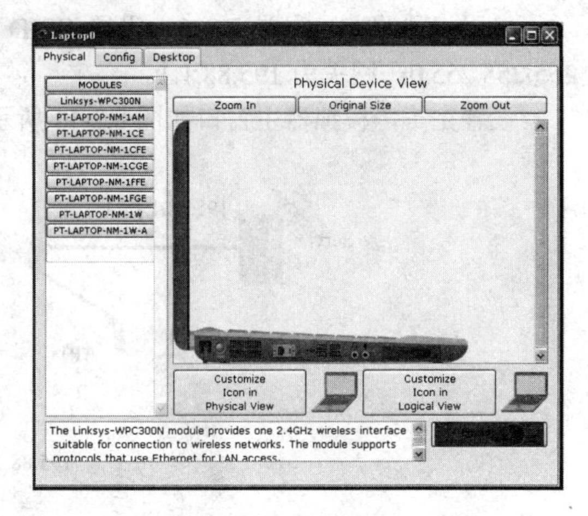

图 8.2-8　更换接口卡

在图 8.2-8 中单击电源按钮接通电源，并选择【Config】选项卡，如图 8.2-9 所示。

由于在网络中没有配置DHCP服务，所以在图8.2-9中【Gateway/DNS】栏选择【Gateway】单选项，并在【Gateway】文本框中输入网关(如 195.88.1.1)。在左侧导航栏单击选择【Wireless】项，如图 8.2-10 所示。

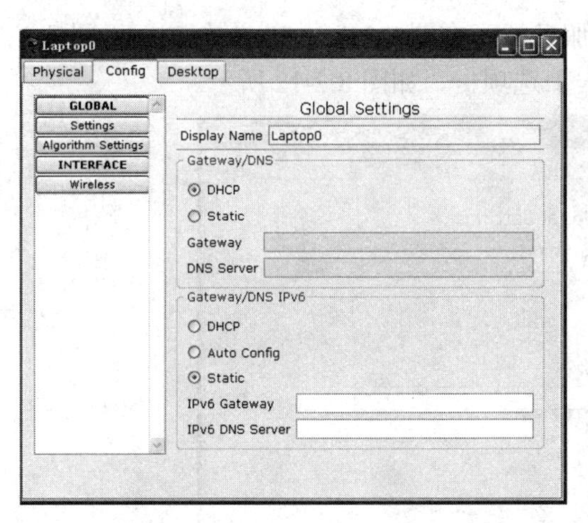

图 8.2-9　PC11 配置对话框的【Config】选项卡

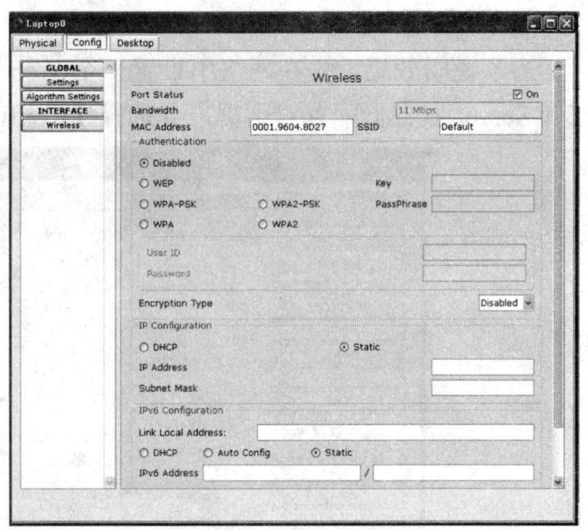

图 8.2-10　【Config】选项卡的【Wireless】项

在图 8.2-10 中，设置【SSID】为 111，让其与 AP1 的 SSID 一致，从而使 PC11 通过 AP1 接入网络。由于 AP1 没有设置 SSID 接入密码，所以在此就不用设置密码了；如果在 AP1 中设置了密码，在此也就需设置相应类型及相同的密码。

在图 8.2-10 中【IP Configuration】栏选择【Static】单选项，配置【IP Address】为 195.88.1.11，子网掩码为 255.255.255.0。设置完毕，关闭该对话框。

采用相同的方法配置 PC12，设置 SSID 为 111；IP 地址为 195.88.1.12；子网掩码为 255.255.255.0；网关为 195.88.1.1。

采用相同的方法配置 PC21，设置 SSID 为 222；IP 地址为 195.88.1.21；子网掩码为 255.255.255.0；网关为 195.88.1.1。

采用相同的方法配置 PC22，设置 SSID 为 222；IP 地址为 195.88.1.22；子网掩码为 255.255.255.0；网关为 195.88.1.1。

设置完毕，模拟器主窗口如图 8.2-11 所示。

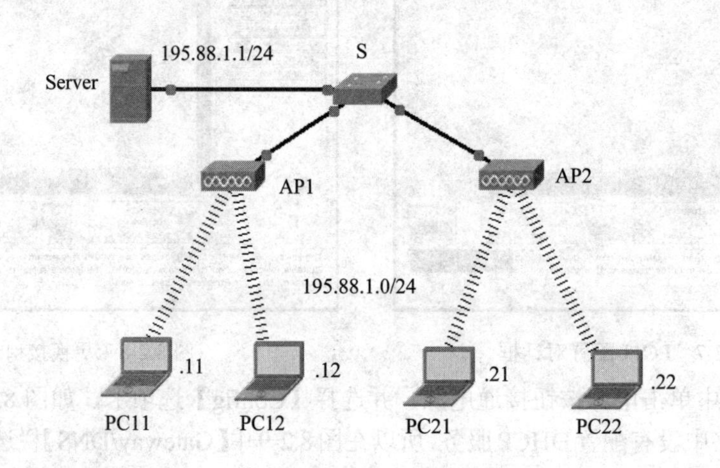

图 8.2-11　模拟器主窗口

5. 配置服务器

为了说明效果，先在网络中设置一个 Web 服务器。在图 8.2-11 中，单击 Server 图标，打开 Server 服务器配置对话框，并选择【Config】选项卡，如图 8.2-12 所示。

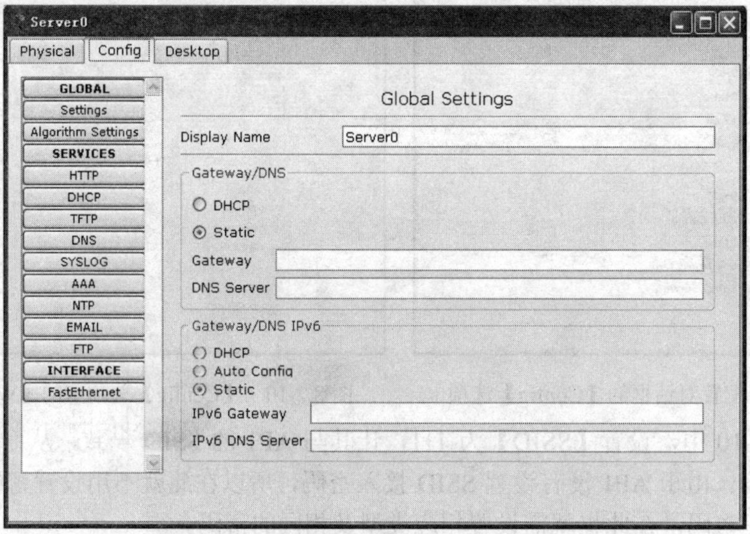

图 8.2-12　服务器 Server0 的【Config】选项卡

在图 8.2-12 左侧导航栏中选择【FastEthernet】，在其右侧将会显示【FastEthernet】配置项。在【IP Configuration】栏选择【Static】单选项，配置【Ip Address】为 195.88.1.1,【Subnet Mask】为 255.255.255.0，其他选项如图 8.2-13 所示。

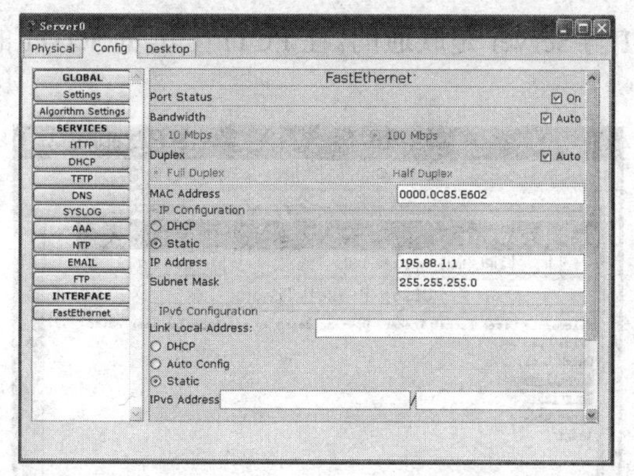

图 8.2-13 【Config】选项卡的【FastEthernet】项

在图8.2-13中左侧导航栏选择【HTTP】，可对Web服务器主页进行简单修改，如图8.2-14所示。

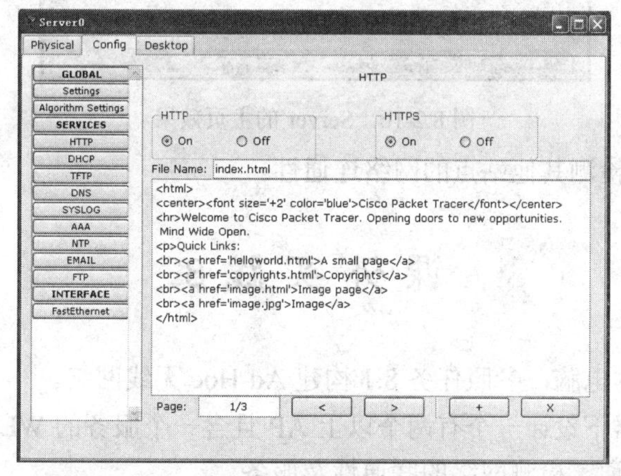

图 8.2-14 Web服务器主页代码

6. 检测网络的联通性及Web服务

检测网络的联通性，可在一台计算机上ping另一台计算机的IP，如果能ping通，则说明网络是联通的。如在PC11上ping Server，其效果如图8.2-15所示。

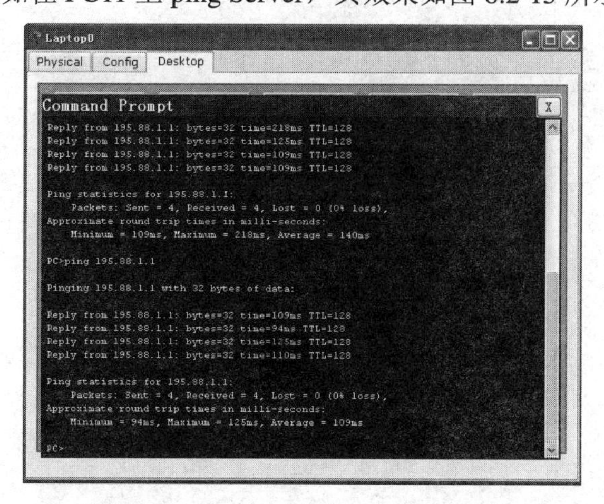

图 8.2-15 在PC11上ping Server的效果

图 8.2-15 说明 PC11 与 Server 是联通的。在 PC11 上浏览 Server 的主页，效果如图 8.2-16 所示。

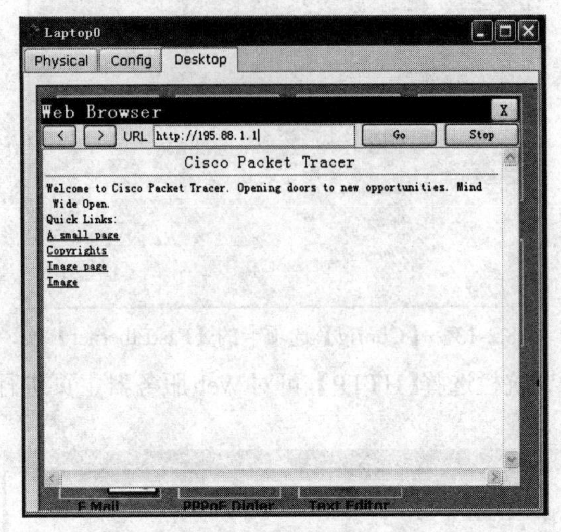

图 8.2-16　Server 的主页效果

用同样的方法可检测其他站点的网络连通性。

课 外 实 践 8

1．找两台笔记本电脑，参照任务 8.1 构建 Ad-Hoc 无线网络。

2．在思科模拟器下设计一个有两个以上 AP 且含一个服务的 WLAN，并参照任务 8.2 配置各设备使网络联通，检测网络的联通性及服务。

项目9

网络安全与管理

网络系统一旦投入运行，每时每刻都存在着管理和维护的任务。网络系统维护就是要保证计算机网络系统安全稳定的运行，当系统发生故障时能及时发现并排除故障。为了方便网络管理员完成网络系统的管理和维护工作，Windows 2003 Server 中提供了一系列工具。

网络系统维护可从三方面入手：第一，利用 Active Directory、组策略及病毒查杀等工具，建立一整套较完善的安全策略，以保证系统安全可靠地运行，将人为因素造成的损害降至最小。第二，利用各种备份工具备份系统及数据，一旦出现问题，可及时恢复系统及用户数据，将意外损害降至最低。第三，利用事件查看器、网络监视器、性能监视器等工具及时发现问题并及时解决问题，保证网络系统安全稳定运行。本项目主要学会使用系统自带的常用工具；学会使用 GHOST 备份和恢复系统盘。

项目目标

(1) 了解网络安全的概念及相关术语。

(2) 会使用系统自带的常用工具；学会使用 GHOST 备份和恢复系统盘等。

任务 9.1　使用系统自带的安全管理工具

Windows 2003 常用的安全管理工具有：事件查看器、网络监视器、任务管理器及系统备份工具等。Windows 的事件查看器用于维护计算机上的程序、系统的安全性和系统事件的日志。本任务通过事件查看器来查看并管理事件日志，收集硬件和软件问题及监视 Windows 2003 安全事件；通过网络监视器监视网络；通过任务管理器管理应用程序及进程；通过系统的备份工具备份重要数据。

知识要点

1. 事件查看器

事件查看器显示事件的五种类型的信息分别是“错误”、“警告”、“信息”、“成功审核”和“失败审核”。错误：说明问题重要，如数据丢失或功能丧失；警告：说明问题并不是非常重要，但有可能存在潜在问题，如磁盘不足就会记录警告；信息：描述应用程序、驱动程序或服务成功操作等事件，如当网络驱动程序加载成功时，将会记录一个信息事件；成

功审核：表示安全审核通过了的事件，如某用户登录系统成功会作为成功审核事件记录下来；失败审核：表示安全审核没有通过的事件，如非法用户试图登录系统，不能通过审核，则作为失败审核记录下来。

2．网络监视器

网络监视器能够捕获和显示这台服务器所处网络中的数据包，网络管理员可以使用网络监视器检测和解决在本地计算机上遇到的一些网络问题，如服务器端与客户端的连接问题、标识网络上未经授权的用户等。网络监视器能侦测网络中各计算机之间的通信情况并生成报告或者保存结果为文件，供有关人员分析网络情况等。网络监视器可以实现直接从网络中捕获数据包(帧)，并显示、筛选、保存或打印已捕获的数据包。在网络通信中，无论是广播、多播还是直接传输，数据包都是由不同的块组成的，这样就能够对数据包单独进行分析。

3．任务管理器

任务管理器有五个选项卡，它们是“应用程序”、“进程”、“性能”、“联网”和“用户”。“应用程序”用于查看正在运行的应用程序；“进程”用于查看所有任务的进程；“性能”用于查看整个服务器的性能；“联网”用于查看网络的连接信息，如线路速度、状态等。窗口底部的状态栏显示了 Windows 系统所有进程数、CPU 的利用率及内存的使用情况。

4．系统备份工具

系统备份工具支持五种备份类型。

(1) 普通备份。普通备份复制所有选中的文件，并且备份后会标记每个文件。第一次创建备份时，通常使用普通备份。

(2) 副本备份。副本备份复制所有选中的文件，但不将这些文件标记为已经备份(即不清除存档属性)。如果用户想用普通备份和增量备份来备份文件，副本备份的使用就不会影响其他备份操作。

(3) 增量备份。增量备份只是备份上一次普通备份或增量备份后创建或改变的文件，备份后标记文件(即清除存档属性)。如果使用普通备份和增量备份的组合，用户需要有上一次的普通备份和所有增量备份，才可还原数据。

(4) 差异备份。差异备份只备份上一次普通备份或增量备份后创建或改变的文件，备份后不标记为已备份文件(即不清除存档属性)。如果使用普通备份和差异备份的组合，还原数据时需要上一次的普通备份和差异备份。

(5) 每日备份。每日备份复制当天修改的所有选中的文件，已备份的文件在备份后不做标记(即不清除存档属性)。

每种备份类型都有其优点和不足之处，使用时应结合个性特点选用。简单的备份过程是：选择备份文件、文件夹和驱动器；为备份数据选存储媒体或文件位置；设置备份选项；开始备份。

技能要点

(1) 事件查看器操作要点。双击某个事件就可打开该事件属性对话框，在事件属性对话框中将显示出事件的详细信息，并给出该事件的说明，如果事件是出错提示，Windows

将提供该事件的分析结果并提供解决方案。一般情况下，根据事件的详细描述和 Windows 自带的参考意见、解决方案，就可以解决这些相应的问题，有时候还需要一定的经验。

(2) 网络监视器操作要点。要监视哪个网络，就要选择该网络的网关网卡对其进行监视，捕获通过该网关网卡的数据包进行分析。

(3) 任务管理器操作要点。通过任务管理器【应用程序】选项卡，可结束正在执行的某个应用程序；通过任务管理器【进程】选项卡，可结束某个目前不需要的进程。

(4) 系统备份工具操作要点。应根据实际应用制定备份方案，合理选择备份对象、备份时间及备份类型。

实现任务的方法及步骤

1. 事件查看器操作

1) 查看事件

启动事件查看器，操作步骤：依次单击【开始】|【程序】|【管理工具】|【事件查看器】，打开事件查看器窗口，如图 9.1-1 所示。

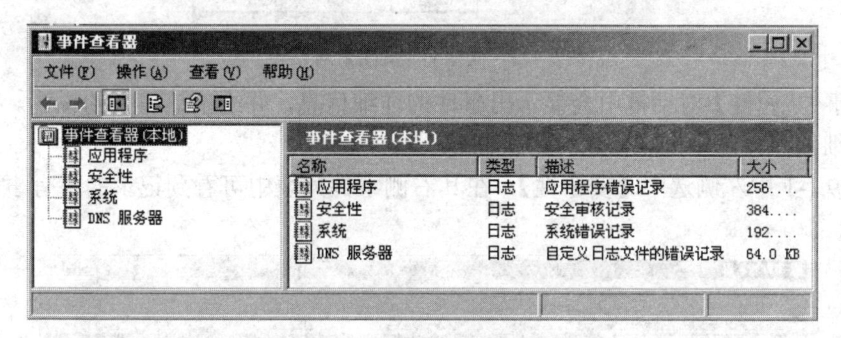

图 9.1-1 【事件查看器】窗口

在图 9.1-1 中左侧选中【应用程序】，在其右侧事件列表中可看到记录的所有事件，如图 9.1-2 所示。

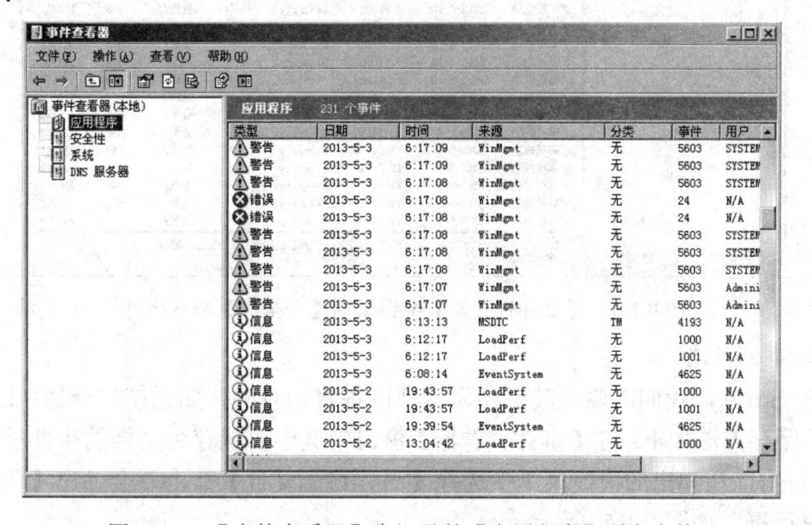

图 9.1-2 【事件查看器】中记录的【应用程序】所有事件

在图 9.1-2 中选中某个事件(如某个警告事件)双击，则打开该【事件 属性】对话框，如图 9.1-3 所示。

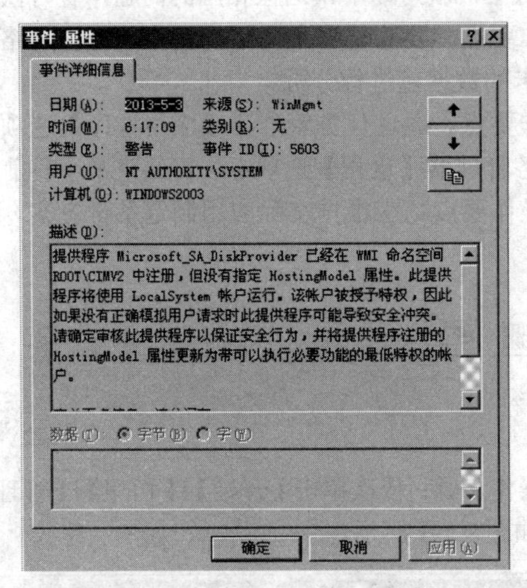

图 9.1-3 【事件 属性】对话框

在【事件 属性】对话框中会显示出事件的详细信息，并给出该事件的说明。应认真阅读事件详细信息，从中发现问题并解决问题。

在图 9.1-1 中左侧选中【安全性】，在其右侧事件列表中可看到记录的所有事件，如图 9.1-4 所示。

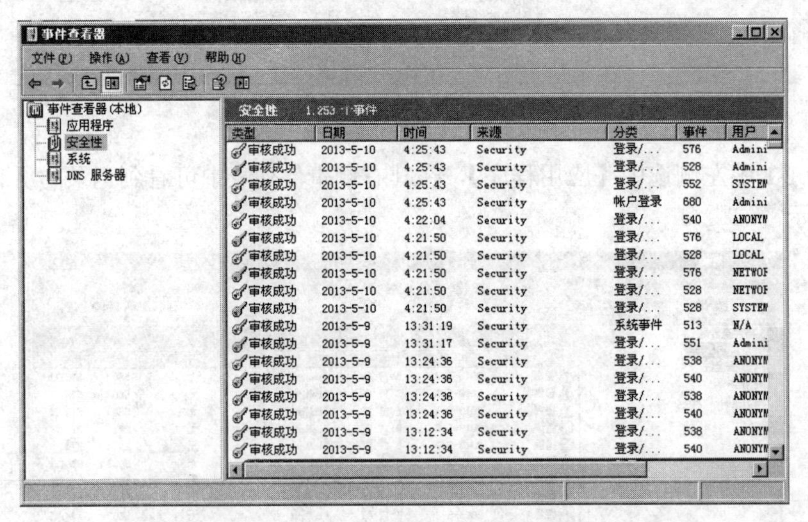

图 9.1-4 【事件查看器】中记录的【安全性】所有事件

2) 管理事件日志

对于有些事件，我们需要将其保存为文档以备将来查阅，如系统安全性、DNS 服务器等。事件的保存方法如下：在【事件查看器】窗口中选中要保存为文档的事件类别，如【安全性】，再右击，在弹出的快捷菜单中选择【另存日志文件】命令，会弹出【将“安全性”另存为】对话框，如图 9.1-5 所示。

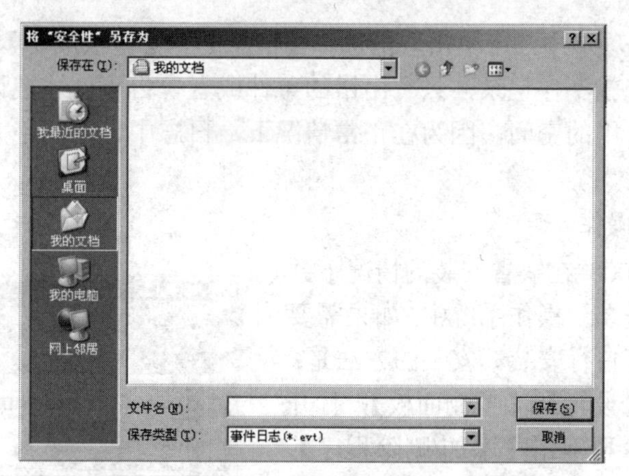

图 9.1-5 【将“安全性”另存为】对话框

选择一个合适的文件存储路径，将文件名设置为日期时间+日志类别(这样取名便于今后识别)，如 2013 年 5 月 10 日备份的安全日志，可将要备份的安全日志文件命名为“2013-5-10-安全日志”。如果网络中有多台服务器，还可以加上服务器的编号，将备份文件统一保存在某台服务器上，以便今后查看服务器的运行情况。

对于网络流量较大或网络规模较大的网络服务器，有可能在较短的时间内就提示日志文件已满，这时，我们可适当更改一下日志文件的容量大小及相关设置，方法如下：

(1) 在【事件查看器】窗口左侧导航栏中，选中要设置的事件类别，如【安全性】，右击，在弹出的快捷菜单中选择【属性】命令，打开【安全性 属性】对话框，如图 9.1-6 所示。

(2) 在默认的【常规】选项卡中可以看出默认的日志文件大小上限为 16384 KB。当日志文件达到 16384 KB 后，服务器将自动改写 7 天前的事件。当内存较大时，可适当增大日志文件大小；也可选择【覆盖时间超过】单选项，并将其后的时间数字改小(如改为 3)，以达到相同的目的。

增大日志文件的大小会消耗一定的系统资源，而缩减日志文件的改写天数可能漏掉重要的消息，因此，我们可以在【筛选器】选项卡中适当地修改设置，使日志文件设置更合理。在图 9.1-6 所示对话框中，选择【筛选器】选项卡，如图 9.1-7 所示。

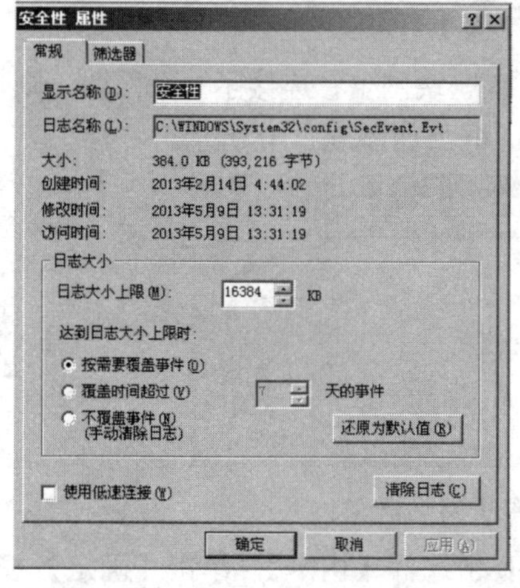

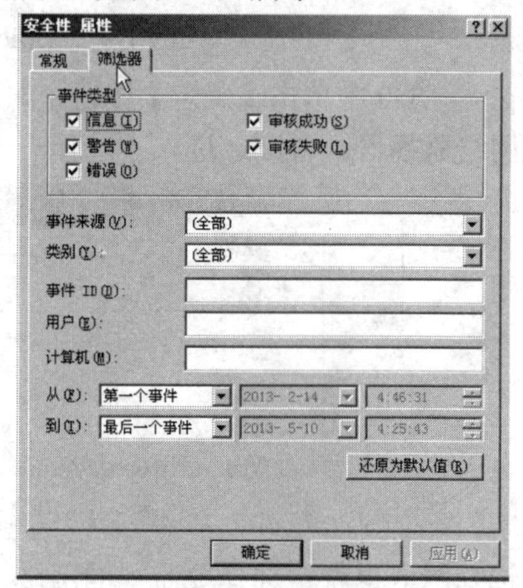

图 9.1-6 【安全性 属性】对话框的【常规】选项卡　图 9.1-7 【安全性 属性】对话框的【筛选器】选项卡

在【筛选器】选项卡中，可单击取消选择【信息】和【审核成功】，这样对于应用程序正常启动的情况系统就不作记录，只有出错的事件或者警告事件才被记录，从而可以大大地节省日志文件所占用的空间，因为在正常情况下，日志中记录的绝大部分是成功启动的事件。

2. 网络监视器操作

(1) Windows 2003 在缺省安装的情况下并没有将网络监视器安装到操作系统中，如果需要运行网络监视器，可自行安装。安装的方法是：依次单击【开始】|【设置】|【控制面板】，打开【控制面板】窗口；再双击【添加/删除程序】图标，打开【添加/删除程序】对话框；单击【添加/删除 Windows 组件】，打开【Windows 组件向导】，在【组件】中选择【管理和监视工具】，单击【详细信息】按钮，打开【管理和监视工具】对话框，在该对话框中选中【网络监视工具】，如图 9.1-8 所示。

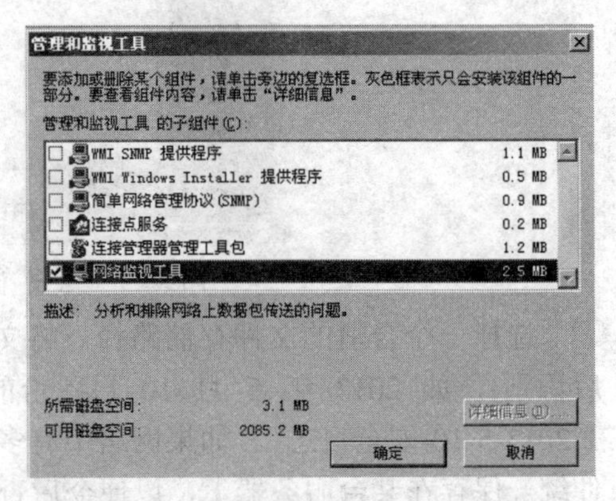

图 9.1-8　【管理和监视工具】对话框

在图 9.1-8 中单击【确定】按钮，返回到【添加/删除 Windows 组件】对话框，单击【下一步】按钮，并提供 Windows 2003 Server 安装盘(或安装盘中 i386 子目录)，安装程序会自动复制必需的文件，并完成组件的添加。组件安装完毕，将弹出【完成“Windows 组件向导”】对话框，单击该对话框中的【确定】按钮，即可完成组件安装。

依次单击【开始】|【程序】|【管理工具】|【网络监视器】，会弹出提示信息，提示指定要捕获数据的网络，如图 9.1-9 所示。

图 9.1-9　【Microsoft 网络监视器】对话框

在图 9.1-9 中单击【确定】按钮，如果服务器只有一块网卡，连接了一个网段，则直接进入网络监视器；否则，进入【选择一个网络】对话框，如图 9.1-10 所示。

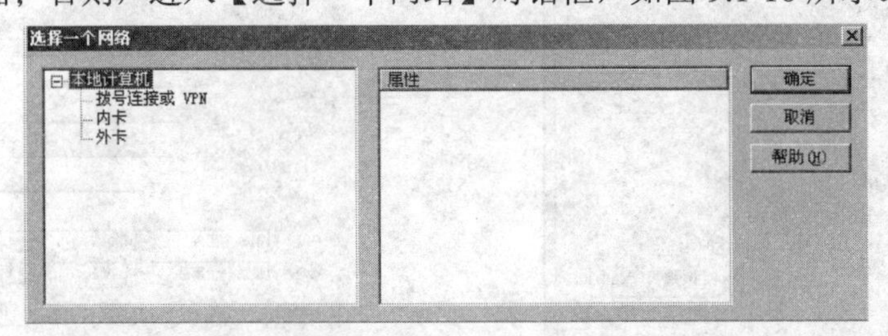

图 9.1-10　【选择一个网络】对话框

选择网卡也就是选择要监视的网络。在图 9.1-10 中选择【内卡】，单击【确定】按钮，进入【Microsoft 网络监视器】窗口，如图 9.1-11 所示。

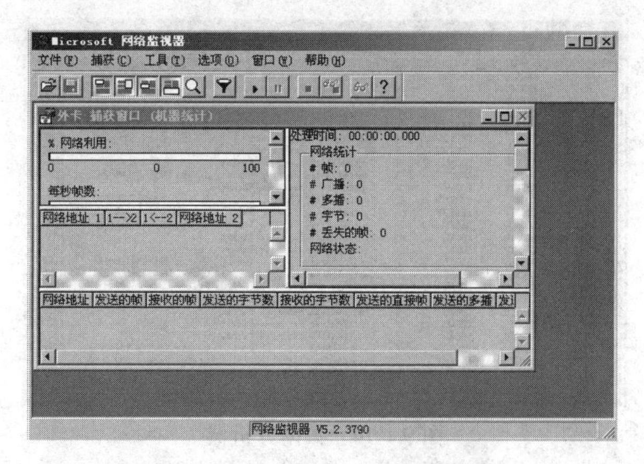

图 9.1-11　【Microsoft 网络监视器】窗口

在图 9.1-11 中，单击【捕获】|【缓冲区设置】命令，打开【捕获缓冲区设置】对话框，如图 9.1-12 所示。缓冲区默认大小为 1 MB，可适当更改其大小，也可更改数据帧的大小。

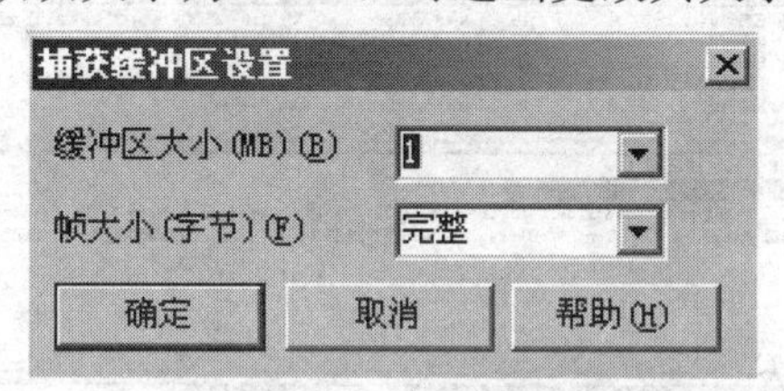

图 9.1-12　【捕获缓冲区设置】对话框

在图 9.1-12 中单击【确定】按钮，设置生效，并返回到图 9.1-9 所示【Microsoft 网络监视器】窗口。

(2) 捕获网络数据。在图 9.1-11 中单击【捕获】|【开始】命令，网络监视器开始检测并捕获网络中的数据包，如图 9.1-13 所示。

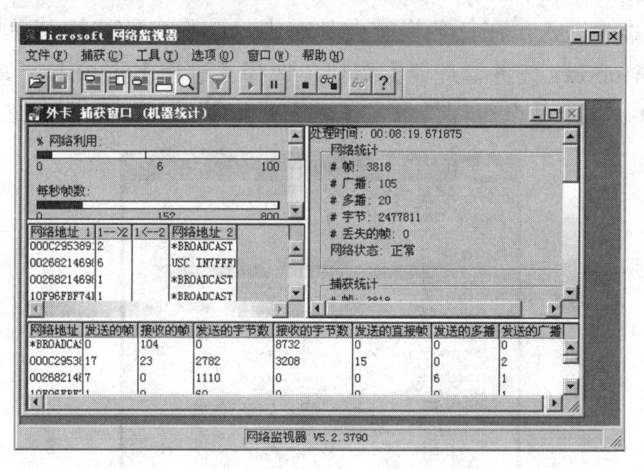

图 9.1-13　网络监视器正在捕获数据包

(3) 分析捕获到的数据包。在查看和分析捕获到的数据之前，需要停止网络监视器，单击【捕获】|【停止】命令，然后选择【查看捕获到的数据】(也可在停止前选择【停止并查看】命令)，进入数据分析器，如图 9.1-14 所示。

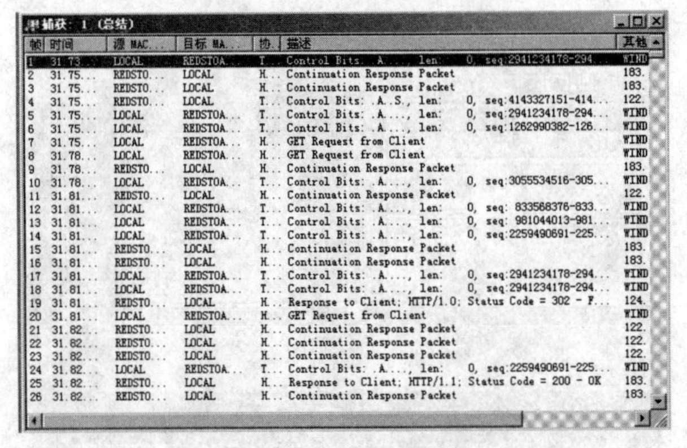

图 9.1-14　数据分析器

在图 9.1-14 中，双击要查看的帧(数据包)，就可以看到关于此帧的详细分析，如图 9.1-15 所示。

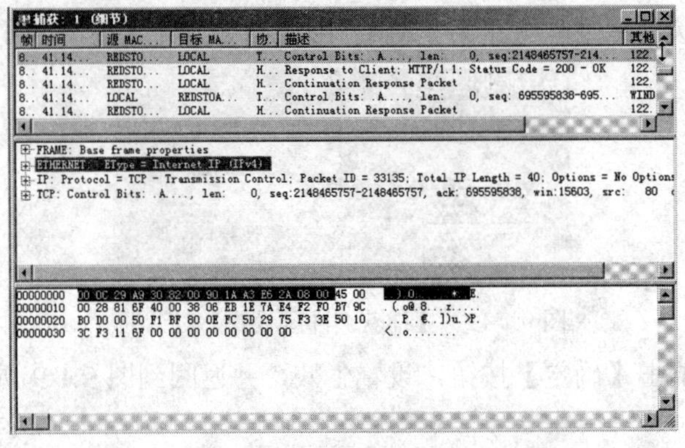

图 9.1-15　帧的详细分析

3. 任务管理器

(1) 任务管理器的进入。在任务栏空白处右击，在弹出的快捷菜单中选择【任务管理器】，即可打开【Windows 任务管理器】窗口，选择【进程】选项卡，如图 9.1-16 所示。

在图 9.1-16 中，选中某个进程，单击【结束进程】按钮即可结束该进程。

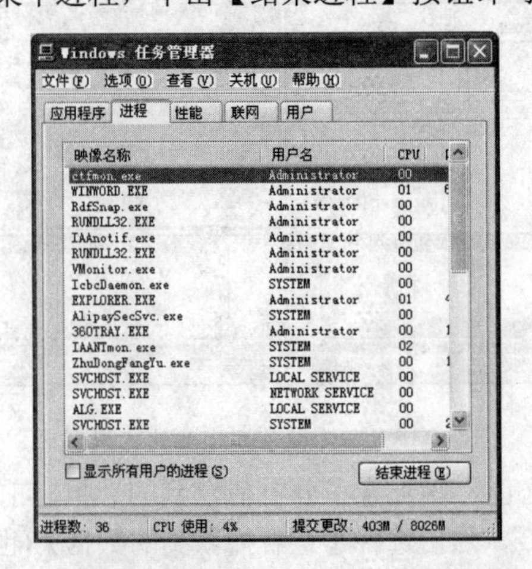

图 9.1-16　【Windows 任务管理器】窗口的【进程】选项卡

(2)【应用程序】选项卡。在图9.1-16中选择【应用程序】选项卡，如图9.1-17所示。在该选项卡列表中选中某个应用程序，单击【结束任务】按钮可结束该程序的运行；单击【切换至】按钮可切换到该应用程序；单击【新任务】按钮可创建一个新任务。

(3)【性能】选项卡。在图9.1-17中选择【性能】选项卡，如图9.1-18所示。从图9.1-18中可以了解到CPU的使用情况及内存使用情况等。

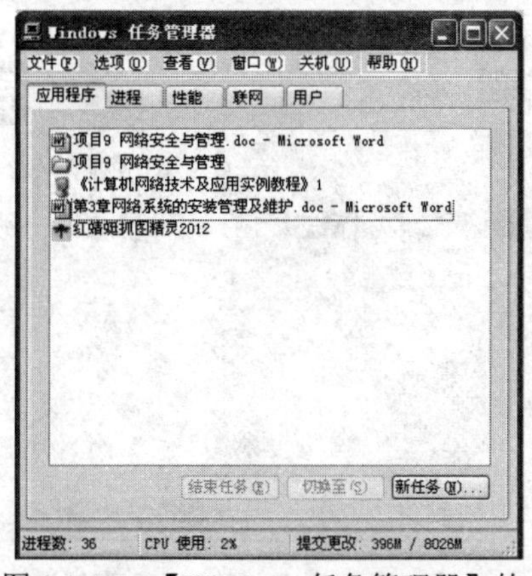

图9.1-17　【Windows任务管理器】的【应用程序】选项卡

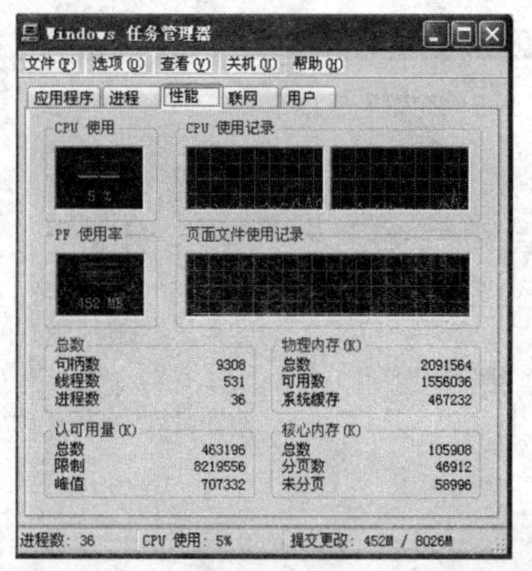

图9.1-18　【Windows任务管理器】的【性能】选项卡

(4)【联网】选项卡及【用户】选项卡。在图9.1-18中选择【联网】选项卡可了解目前网络的应用及连接情况；选择【用户】选项卡可了解计算机的当前用户情况。

4．系统备份工具使用

数据备份是防止灾难性事故发生的一个重要方法。定期备份服务器或客户机硬盘上的数据，可以防止由于硬盘驱动器故障、病毒感染、电源故障以及其他类似事故造成的数据丢失。一旦出现数据丢失，用户可以利用备份的数据将数据重新还原。Windows 2003系统及Windows XP系统中都自带有数据备份工具，用它进行数据备份及还原都很方便。在此，以Windows 2003系统为例实现数据备份。

1) 备份操作

依次选择【开始】|【程序】|【附件】|【系统工具】|【备份】菜单命令，打开【备份或还原向导】，如图9.1-19所示。

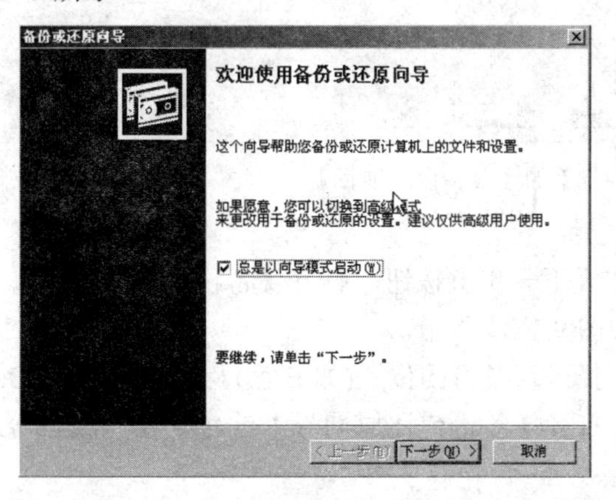

图9.1-19　【备份或还原向导】的【欢迎】对话框

在图 9.1-19 中单击【下一步】按钮，打开【备份或还原向导】的【备份或还原】选择对话框，如图 9.1-20 所示。如果要做备份，就选择【备份文件和设置】单选项；如果要做还原，则选择【还原文件和设置】单选项。在此，我们选择【备份文件和设置】单选项。选择完毕，单击【下一步】按钮，进入【备份或还原向导】的【要备份的内容】选择对话框，如图 9.1-21 所示。

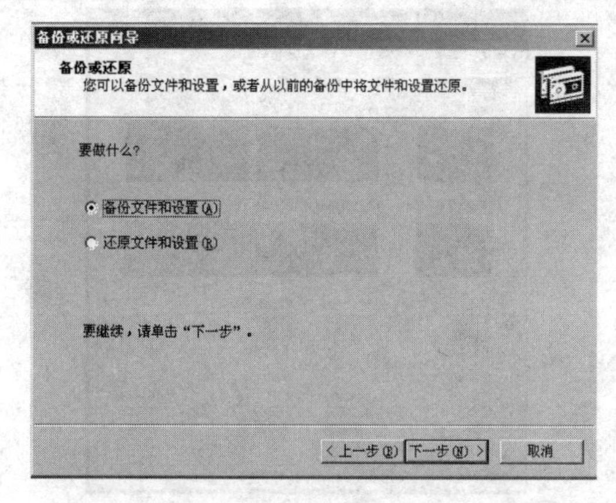

图 9.1-20　【备份或还原向导】的【备份或还原】选择对话框

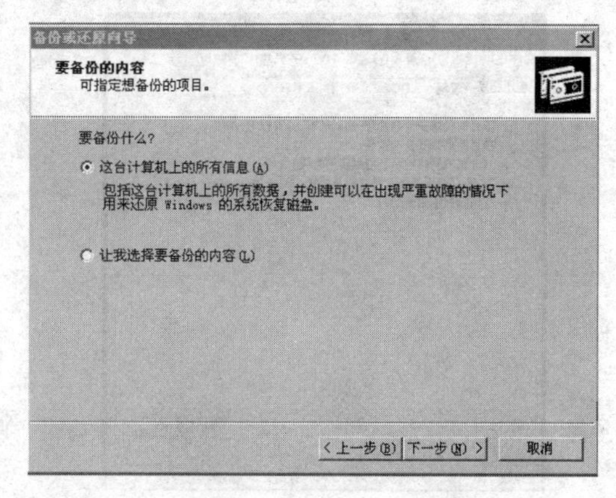

图 9.1-21　【备份或还原向导】的【要备份的内容】选择对话框

在图 9.1-21 中有两个单选项：【这台计算机上的所有信息】和【让我选择要备份的内容】。在此，我们选择【让我选择要备份的内容】单选项，然后单击【下一步】按钮，打开【备份或还原向导】的【要备份的项目】选择对话框，如图 9.1-22 所示。

在图 9.1-22 中根据实际情况选择需要备份的项目，如图 9.1-23 所示。

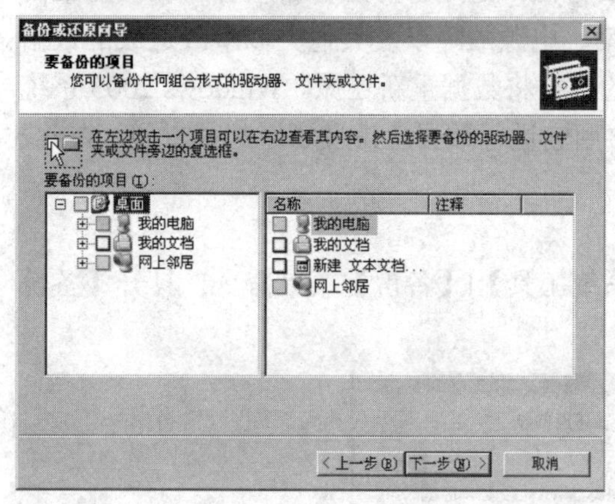

图 9.1-22　【备份或还原向导】的【要备份的项目】选择对话框

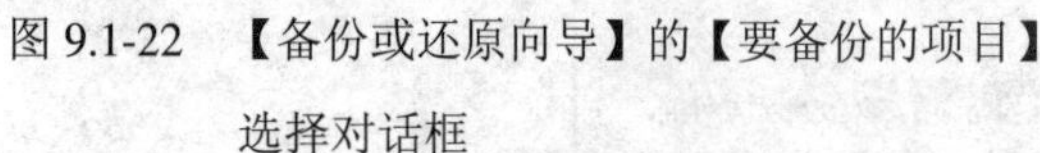

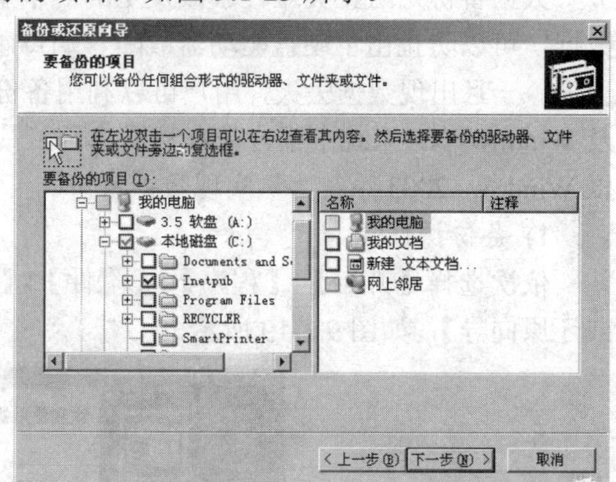

图 9.1-23　选择要备份的项目

在图 9.1-23 中单击【下一步】按钮，打开【备份或还原向导】的【备份类型、目标和名称】选择对话框，如图 9.1-24 所示。

在图 9.1-24 中，选择保存备份的位置(如 E 盘)及备份名称(如 Backup 2003-5-10)，然后单击【下一步】按钮，打开【备份或还原向导】的【正在完成备份或还原向导】对话框，如图 9.1-25 所示。

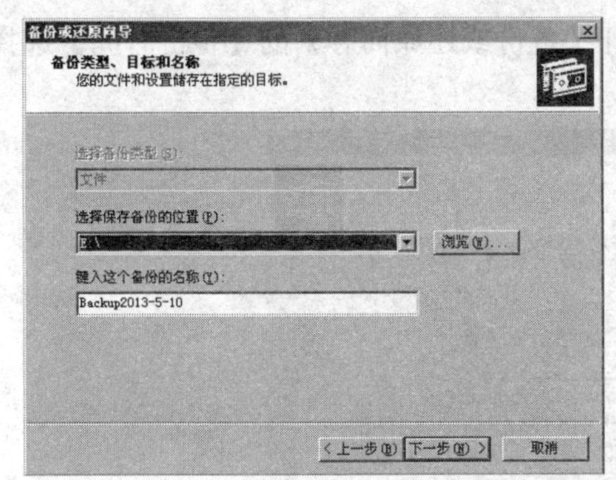

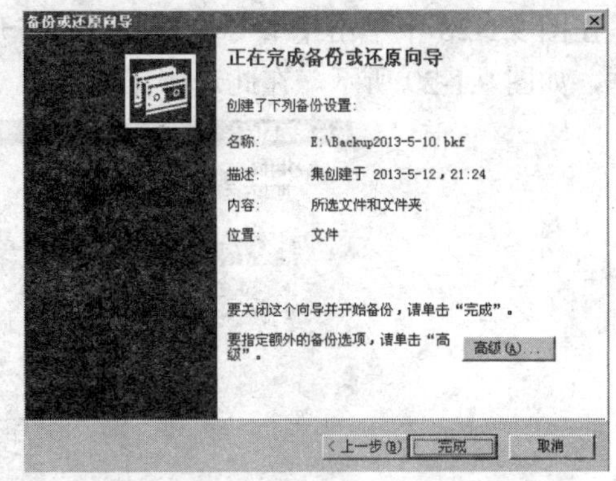

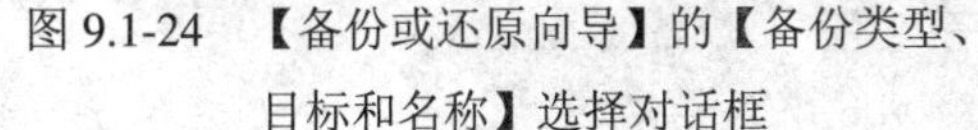
图 9.1-24　【备份或还原向导】的【备份类型、目标和名称】选择对话框

图 9.1-25　【备份或还原向导】的【正在完成备份或还原向导】对话框

在图 9.1-25 中单击【高级】按钮，打开【备份或还原向导】的【备份类型】选择对话框，如图 9.1-26 所示。

在图 9.1-26 中单击【选择要备份的类型】下拉列表按钮，选择备份类型，可选项有：正常、副本、增量、差异、每日；在此，我们选择【正常】，再单击【下一步】按钮，打开【备份或还原向导】的【如何备份】选择对话框，如图 9.1-27 所示。

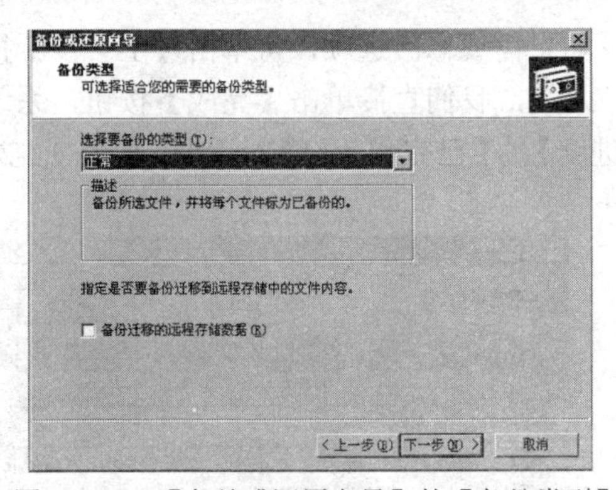

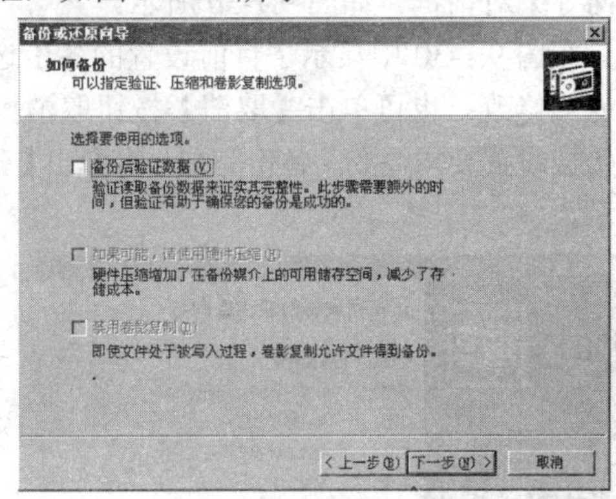

图 9.1-26　【备份或还原向导】的【备份类型】选择对话框

图 9.1-27　【备份或还原向导】的【如何备份】选择对话框

在图 9.1-27 中单击【下一步】按钮，打开【备份或还原向导】的【备份选项】选择对话框，如图 9.1-28 所示。

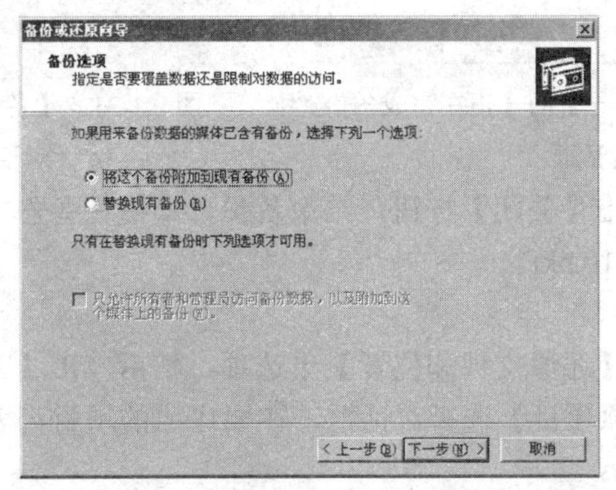

图 9.1-28　【备份或还原向导】的【备份选项】选择对话框

在图 9.1-28 中单击【下一步】按钮，打开【备份或还原向导】的【备份时间】选择对话框，如图 9.1-29 所示。在此选择【现在】。

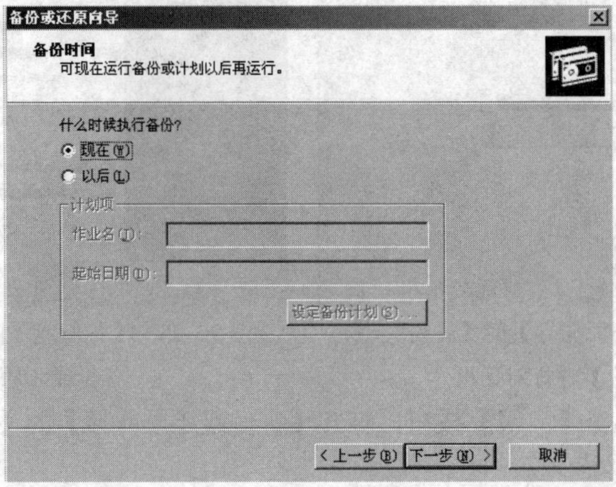

图 9.1-29　【备份或还原向导】的【备份时间】选择对话框

在图 9.1-29 中单击【下一步】按钮，打开【备份或还原向导】的【正在完成备份或还原向导】对话框，如图 9.1-30 所示。

在图 9.1-30 中显示了目前设置的备份选项，如果需要修改选项，可单击【上一步】按钮返回修改；也可单击【取消】按钮取消操作。此处，我们直接单击【完成】按钮，系统开始按设置要求备份。备份完成，将弹出【备份进度】的【已完成备份】对话框，如图 9.1-31 所示。

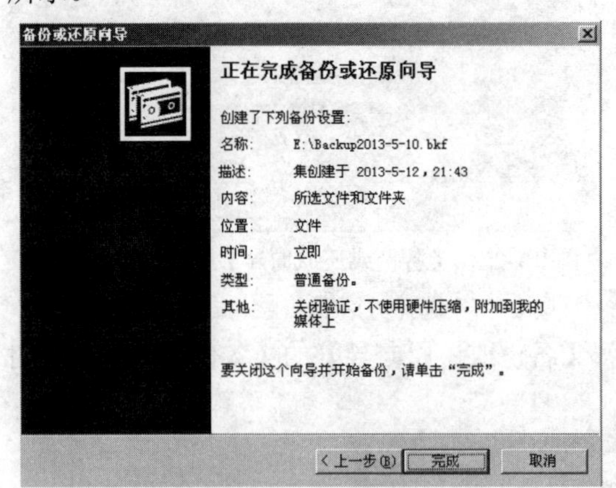

图 9.1-30　【备份或还原向导】的【正在完成备份或还原向导】对话框

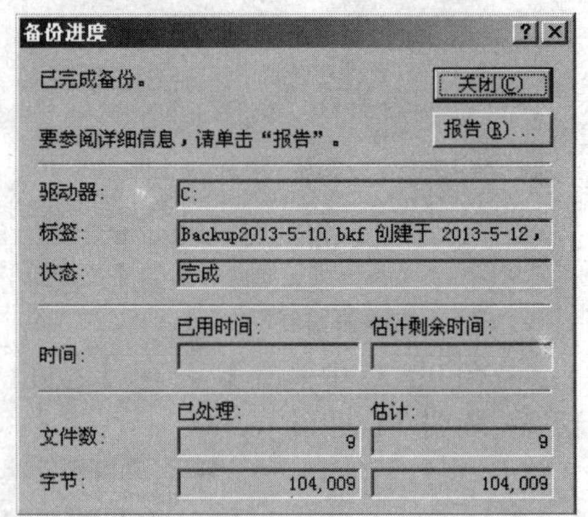

图 9.1-31　【备份进度】的【已完成备份】对话框

在图 9.1-31 中，单击【关闭】按钮，结束备份，即可在备份文件指定的保存位置看到备份文件 Backup2013-5-10.bkf。

2) 还原操作

在图 9.1-20 中选择【还原文件和位置】单选项，然后单击【下一步】按钮，打开【备份或还原向导】的【还原项目】选择对话框，在要还原的项目列表中选择要还原的内容，如图 9.1-32 所示。

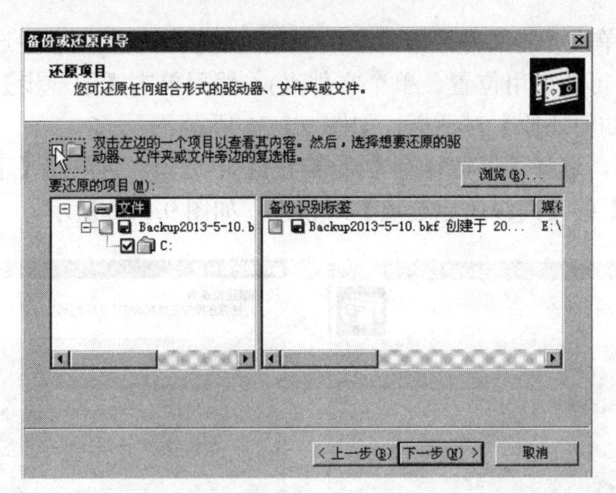

图 9.1-32 【备份或还原向导】的【还原项目】选择对话框

在图 9.1-32 中单击【下一步】按钮，打开【备份或还原向导】的【正在完成备份或还原向导】对话框，如图 9.1-33 所示。

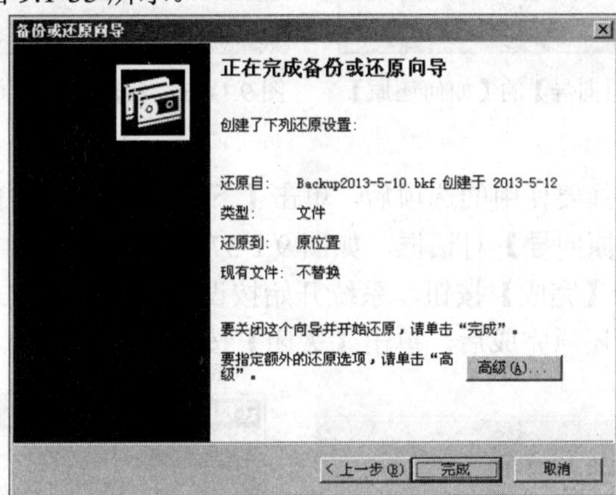

图 9.1-33 【备份或还原向导】的【正在完成备份或还原向导】对话框

在图 9.1-33 中单击【高级】按钮，打开【备份或还原向导】的【还原位置】选择对话框，如图 9.1-34 所示。

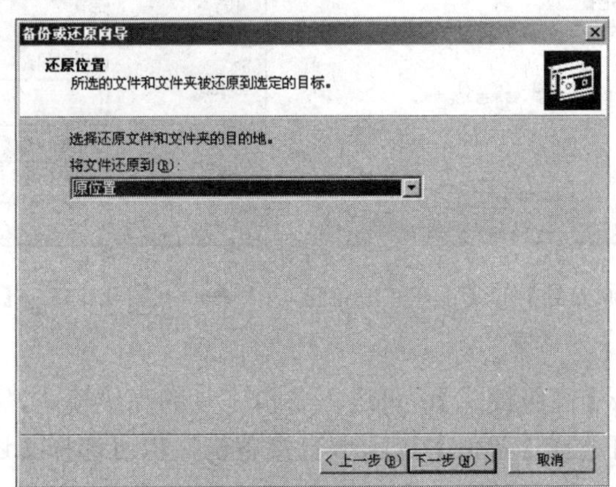

图 9.1-34 【备份或还原向导】的【还原位置】选择对话框

在图 9.1-34 中单击【将文件还原到】的下拉列表按钮，从列表中选择将文件还原到的位置(如原位置，还可选备用位置、单个文件夹)，然后单击【下一步】按钮，打开【备份或还原向导】的【如何还原】对话框，如图 9.1-35 所示。

在图 9.1-35 中，选择【保留现有文件(推荐)】单选项，再单击【下一步】按钮，打开【备份或还原向导】的【高级还原选项】对话框，如图 9.1-36 所示。

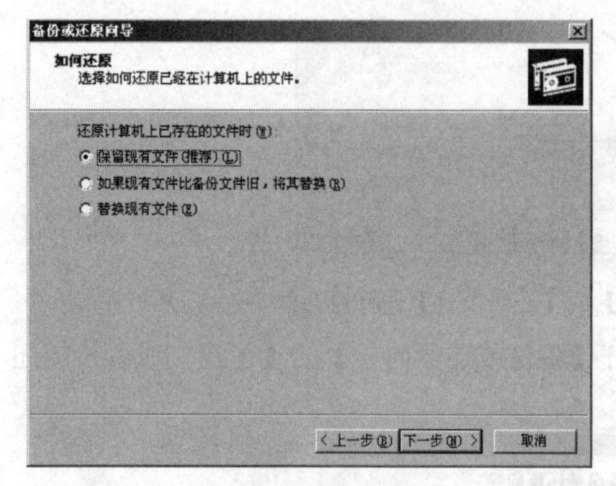

图 9.1-35　【备份或还原向导】的【如何还原】对话框

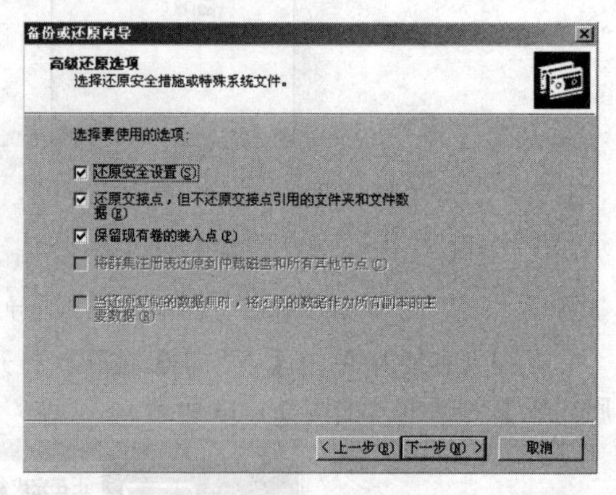

图 9.1-36　【备份或还原向导】的【高级还原选项】对话框

在图 9.1-36 中，选择要使用的选项后，单击【下一步】按钮，打开【备份或还原向导】的【正在完成备份或还原向导】对话框，如图 9.1-37 所示。

在图 9.1-37 中单击【完成】按钮，系统开始按设定的内容及方式还原，并显示还原进度，如图 9.1-38 所示。还原完成后，单击【关闭】按钮，结束还原。

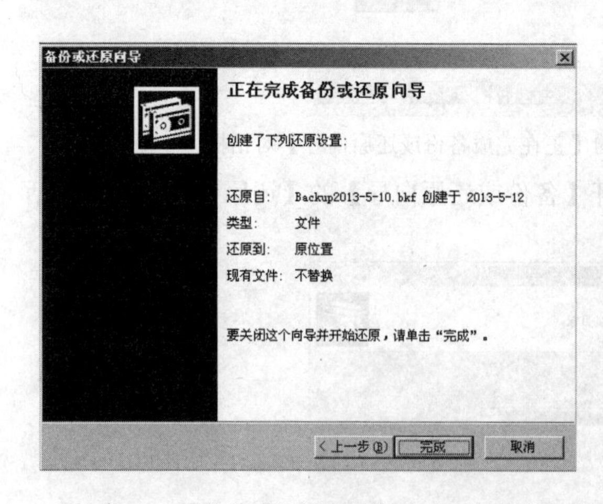

图 9.1-37　【备份或还原向导】的【正在完成备份或还原向导】对话框

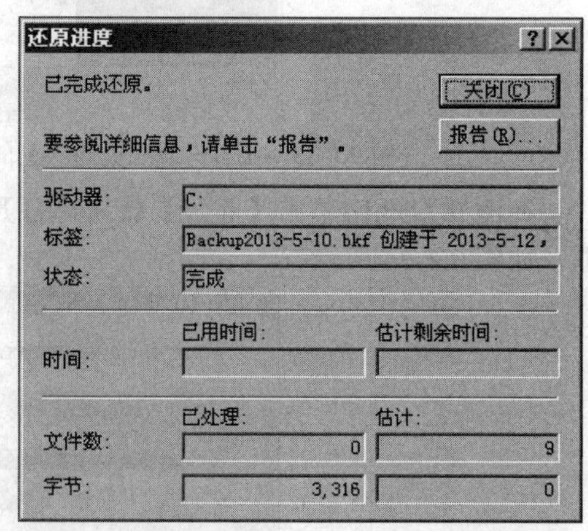

图 9.1-38　【还原进度】对话框

在图 9.1-19 中单击【高级模式】，可进入备份工具的高级模式，如图 9.1-39 所示。

在图 9.1-39 中，可选择【备份】选项卡直接备份，也可选择【还原和管理媒体】选项卡直接还原。

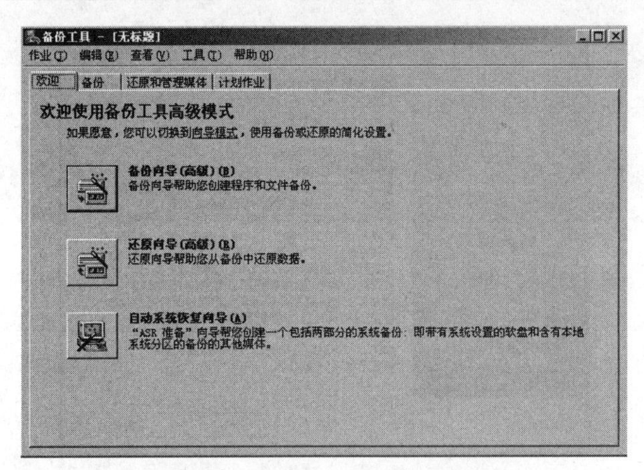

图 9.1-39　备份工具的高级模式

任务 9.2　用 GHOST 备份和恢复系统盘

计算机在使用的过程中，由于各种原因，安装好的操作系统、软件会出现一些意想不到的问题(如计算机病毒的原因)，使系统无法继续工作。找出系统错误所在并修复有时并非易事。这里介绍一种办法，使系统快速恢复到安装时的状态。这种办法就是用 GHOST2003 备份分区。

知识要点

GHOST，原意为幽灵，即是死者的灵魂，以其生前的样貌再度现身于世。在计算机中，GHOST 是最著名的硬盘复制备份工具，因为它可以将一个硬盘中的数据完全相同地复制到另一个硬盘中，因此大家就将 GHOST 这个软件称为硬盘“克隆”工具。实际上，GHOST 不但有硬盘到硬盘的克隆功能，还附带有硬盘分区、硬盘备份、系统安装、网络安装、升级系统等功能。GHOST 可以创建硬盘镜像备份文件、将备份恢复到原硬盘上；磁盘备份可以在各种不同的存储系统间进行，支持 FAT16/32、NTFS、OS/2 等多种分区的硬盘备份；可以将备份复制(克隆)到别的硬盘上；在复制(克隆)过程中自动分区并格式化目的硬盘；可以实现多系统的网络安装。

技能要点

将系统软件、基础应用软件等安装在系统盘（通常为 C 盘），并在系统调试完毕后立即进行 GHOST 操作，将系统盘备份到一个 GHOST 文件，该文件最好能和 GHOST 软件一起保存在电脑的备份盘中，同时在移动盘上做好该文件的备份。

实现任务的方法及步骤

下面以一键 GHOST 硬盘版 V2013 版为例介绍备份和恢复系统盘的方法。首先启动安装程序，打开欢迎使用对话框，如图 9.2-1 所示。

图 9.2-1　一键 GHOST 硬盘版 V2013 版欢迎对话框

在图 9.2-1 中单击【下一步】按钮，打开【一键 GHOST 安装程序】的【许可协议】对话框，如图 9.2-2 所示。

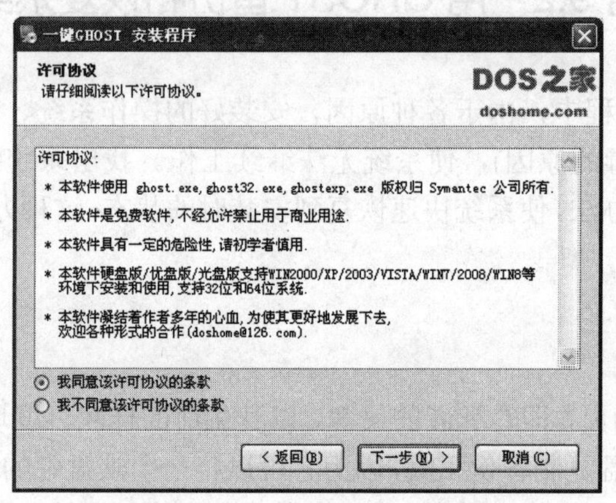

图 9.2-2　【许可协议】对话框

在图 9.2-2 中选中【我同意该许可协议的条款】单选项，然后单击【下一步】按钮，打开【一键 GHOST 安装程序】的【安装第三方免费软件】对话框，如图 9.2-3 所示。

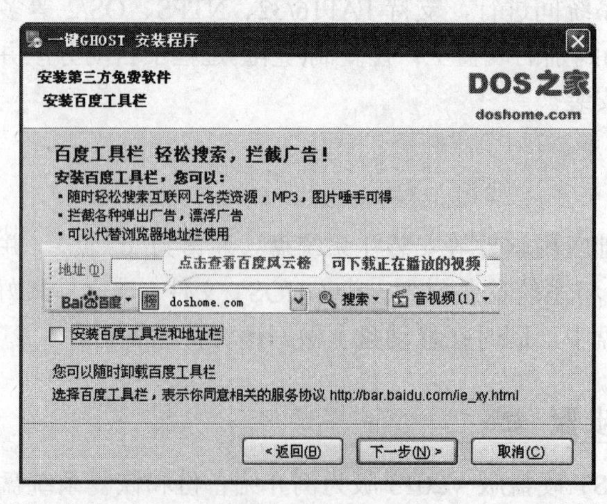

图 9.2-3　【安装第三方免费软件】对话框

在图 9.2-3 中，根据需要可选中或取消选中【安装百度工具栏和地址栏】选项，再单击【下一步】按钮，打开【一键 GHOST 安装程序】的【准备安装】对话框，如图 9.2-4 所示。

在图 9.2-4 中单击【下一步】按钮，系统开始安装，并显示“最后配置中…请耐心等待…”，如图 9.2-5 所示。

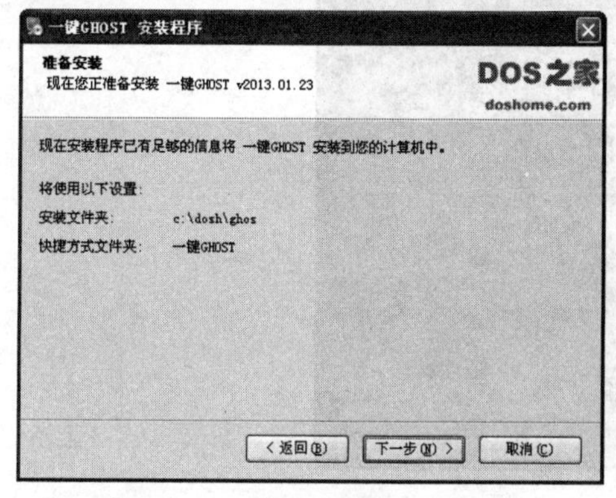

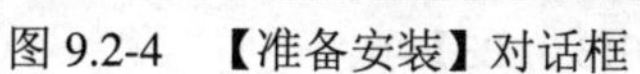
图 9.2-4　【准备安装】对话框

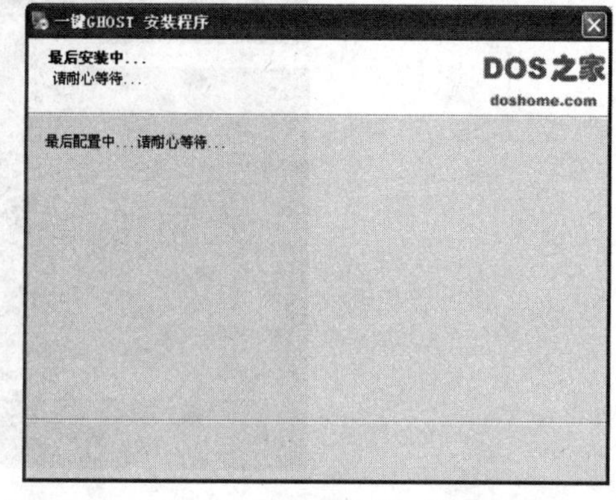

图 9.2-5　显示“最后配置中…请耐心等待…”

安装完成，显示【一键 GHOST 安装程序】的【立即运行】对话框，如图 9.2-6 所示。在图 9.2-6 中，可选择【设置“doshome.com 网址导航”为主页】，也可选择【立即运行一键 GHOST】。

在图 9.2-6 中选中【立即运行一键 GHOST】后，单击【完成】按钮，随即运行一键备份系统，如图 9.2-7 所示。

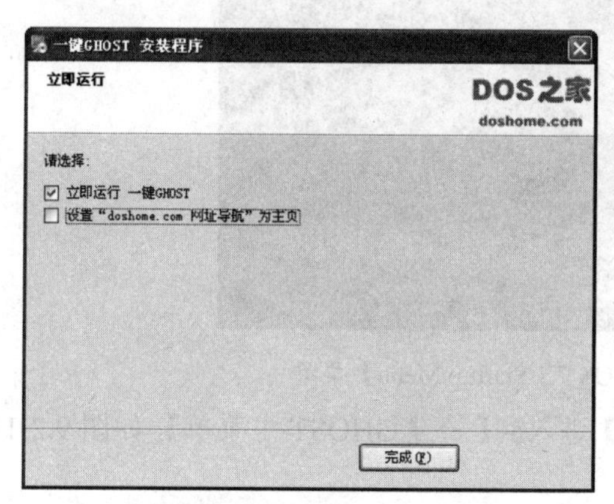

图 9.2-6　【立即运行】对话框

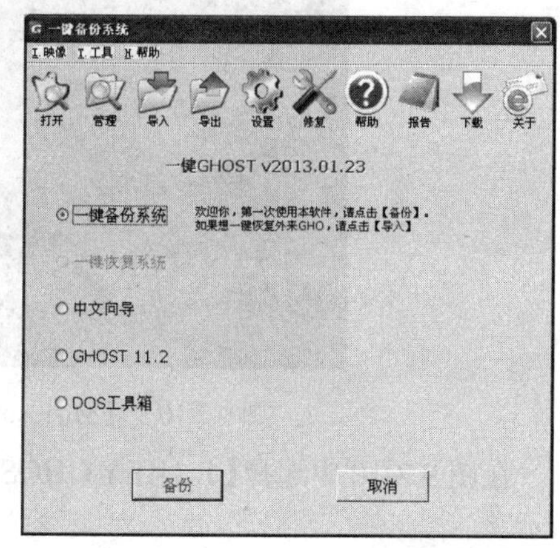

图 9.2-7　一键备份系统主页

在图 9.2-7 中选中【一键备份系统】，单击【备份】按钮，系统弹出电脑必须重新启动才能运行【备份】程序的提示框，如图 9.2-8 所示。

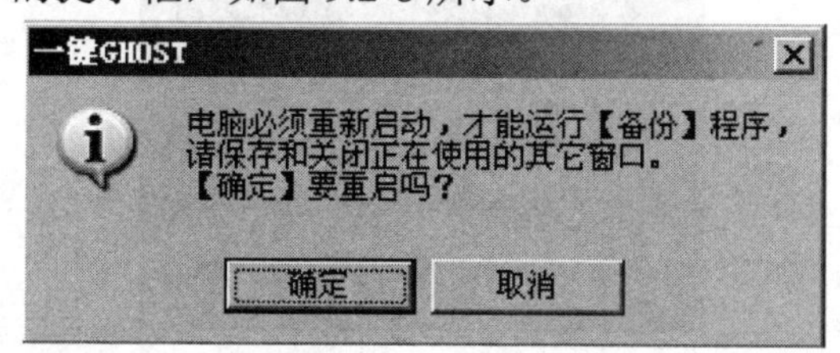

图 9.2-8　电脑必须重新启动才能运行【备份】程序提示框

在图 9.2-8 中单击【确定】按钮，系统重新启动。启动系统时，系统首先进入选项界面，默认选择【一键 GHOST v2013.01.23】项，如图 9.2-9 所示。

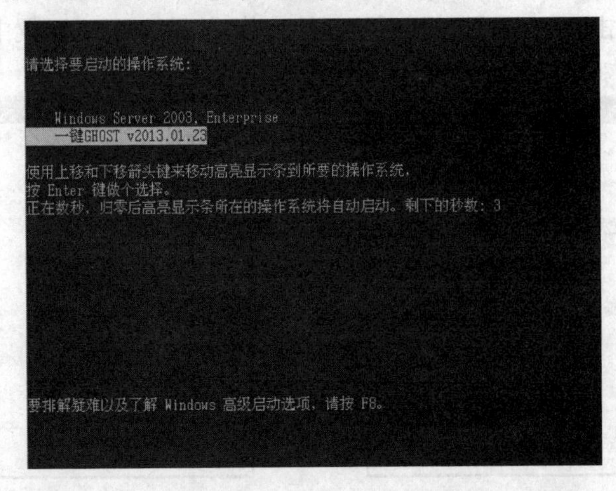

图 9.2-9　默认选择【一键 GHOST v2013.01.23】项

在图 9.2-9 中，直接按【Enter】键，系统进入【Microsoft MS-DOS 7.1 Startup Menu】菜单，如图 9.2-10 所示。

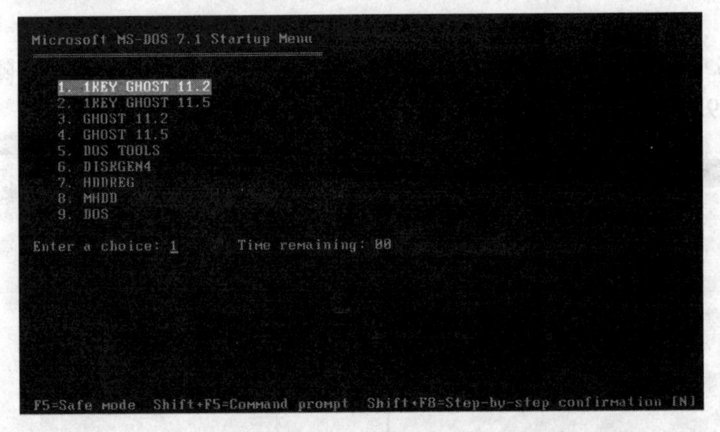

图 9.2-10　【Microsoft MS-DOS 7.1 Startup Menu】菜单

在图 9.2-10 中选择【1. 1KEY GHOST 11.2】,进入到【一键 GHOST 主菜单】，如图 9.2-11 所示。

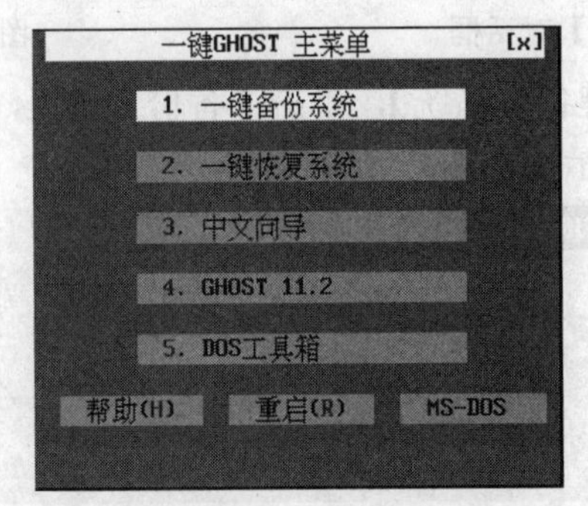

图 9.2-11　【一键 GHOST 主菜单】

在图 9.2-11 中选中【1. 一键备份系统】，系统弹出提示对话框，如图 9.2-12 所示。

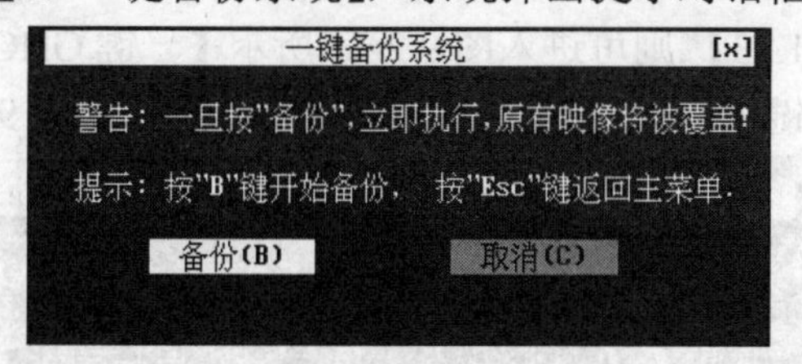

图 9.2-12　系统提示对话框

在图 9.2-12 中单击【备份】按钮，则开始备份系统，同时显示备份进度，如图 9.2-13 所示。

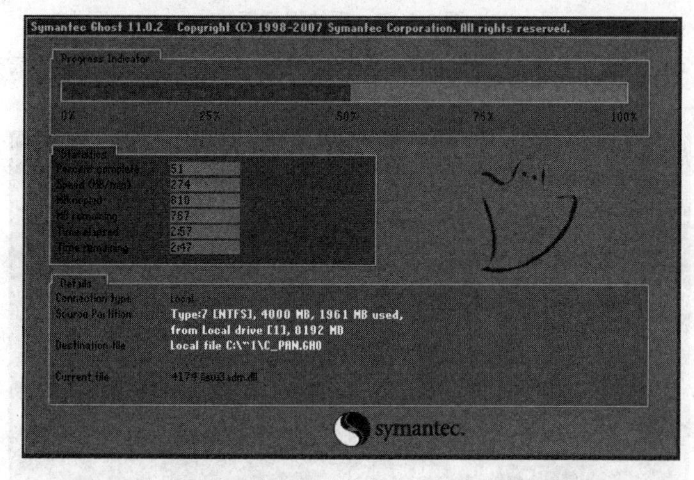

图 9.2-13　系统备份进度及相关信息提示框

备份完毕，会进入 Windows 操作系统。

当系统出现故障一时难以修复时，可用一键 GHOST 将系统还原至备份时的状态，以达到快速修复系统的目的。

用一键 GHOST 将系统还原至备份时的状态的方法是：在系统再次启动时，系统首先进入【请选择要启动的操作系统】对话框，如图 9.2-14 所示。

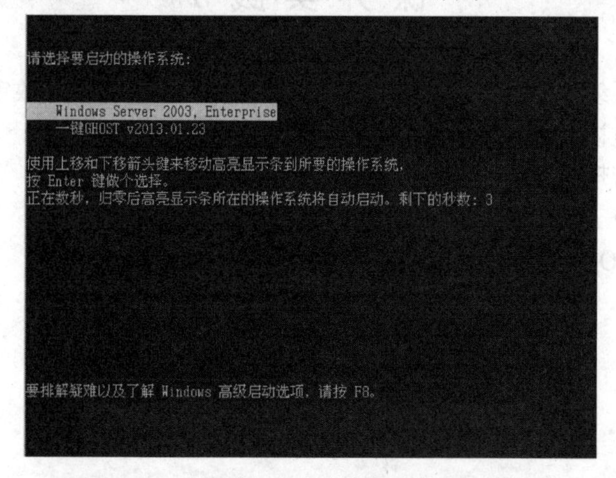

图 9.2-14　【请选择要启动的操作系统】对话框

在图 9.2-14 中，如果不作选择，在数秒后系统将进入 Windows 操作系统，如果选择【一键 GHOST v2013.01.23】,则可进入图 9.2-11 所示【一键 GHOST 主菜单】对话框。在图 9.2-11 中选择【2. 一键恢复系统】，则弹出系统提示框，如图 9.2-15 所示。

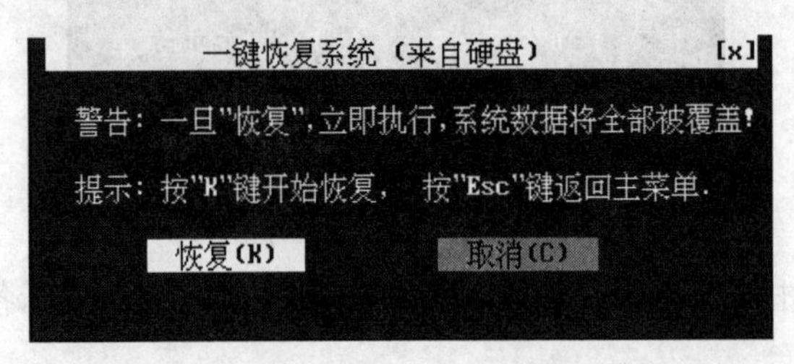

图 9.2-15 系统提示框

在图 9.2-15 中，单击【恢复】按钮，系统便开始恢复系统，同时显示系统恢复进度，如图 9.2-16 所示。系统恢复完毕，将提示重启电脑。

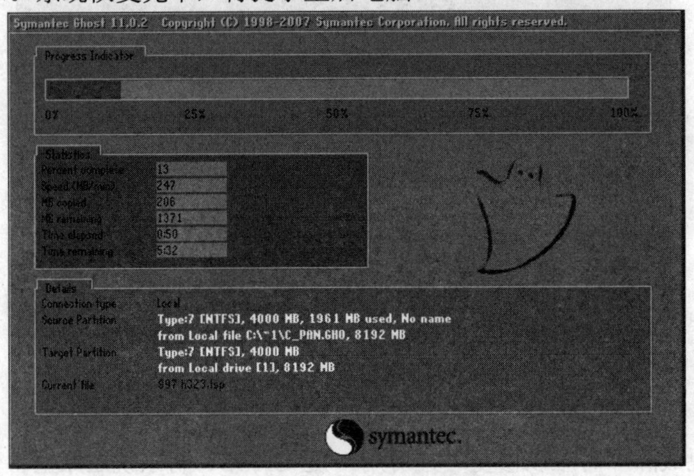

图 9.2-16 系统恢复进度

课外实践 9

1. 查看你的系统中的事件查看器，分析其中的错误、警告及失败审核等信息。
2. 使用网络监视捕获网络数据并进行分析。
3. 熟悉任务管理器各选项卡的内容。
4. 用系统备份工具备份个人电脑中的重要数据。
5. 用一键 GHOST 备份个人电脑的系统。

项目 10

设计小型企业网络

计算机网络设计的实质就是计算机网络系统集成，是指在系统工程科学方法的指导下，根据对用户需求的分析和计算机软硬件工程开发的技术规范，提出计算机网络系统的解决方案，并将组成该网络的硬件系统、软件系统、人员系统进行综合，集成为一个可以满足设计功能、性能要求的完整体系。

计算机网络系统集成包括计算机硬件系统集成、计算机软件系统集成及人员系统集成，其中人员系统集成最为重要。

计算机硬件系统的集成包括网络通信设备(如光纤、双绞线、网卡、交换机、路由器、卫星设备等)、计算机设备(如服务器、工作站、终端等)及其他辅助设备(如打印机、不间断电源、空调等)的集成。

计算机软件系统的集成包括网络操作系统(如 Windows 2000 Server、UNIX、Linux 等)、计算机操作系统(如 Windows 2000 Professional、Windows XP、Windows 95/98、DOS 等)及应用软件(支撑软件和工具软件、IE 浏览器、信息处理—编辑工具、数据库、网络管理和维护工具软件等)的集成。

人员系统的集成包括总体级人员(系统功能的定义人员、可行性分析论证人员、总体设计决策人员和专家)、硬件部分人员(如参与硬件设计、选型、采购、安装及调试的人员等)、软件部分人员(如参与软件设计、选型、采购、安装及调试的人员等)及系统运行与维护人员(维护系统正常运行人员，包括系统维护人员和各类系统应用人员等)。

小型企业网络系统设计的一般步骤是：需求分析、逻辑结构设计及详细设计等。

项目目标

(1) 了解网络规划设计的一般步骤。

(2) 会做需求分析；会进行逻辑结构设计并能进行详细设计。

任务 10.1　某学校校园网需求分析

需求分析是关系到一个网络系统成功与否的重要内容，是组建网络的第一步。组建网络的目的是共享资源和相互通信，而采用何种结构、要达到怎样的应用效果，则是以用户的需求和应用为依据，而不是网络设计人员凭空想出来的。网络结构是否合理、检测网络是否符合要求都是以网络需求分析为基础的。如果没有就需求与用户达成一致，则很难制

定项目计划和预算，也就不能顺利施工。

需求分析主要完成用户系统调查，了解用户的建网需求或用户对原有网络升级改造的要求，包括综合布线系统、网络平台、网络应用的需求分析，为下一步制定网络方案打好基础。需求分析是网络设计全过程的基础，也是难点，要由经验丰富的网络系统分析人员来完成。

本任务是要根据某学校校园网的实际情况，分析所建网络的功能需求、性能需求、环境需求、其他子系统需求及设计约束条件等，为具体设计网络提供可靠依据。

知识要点

(1) 需求调查的内容：① 网络用户调查，就是与未来的有代表性的直接用户进行交流，获得用户的需求信息；② 所建网络要达到的目标；③ 工程预算。

(2) 接入层。各楼层信息点或终端设备与各接入交换机的连接构成网络结构的接入层。

(3) 汇聚层。通过与各接入层交换机互联，并作为各个信息点的网关，实现各个网段间的网络通信，构成网络的汇聚层。

(4) 核心层。各汇聚层交换机通过其上连的光纤端口(或网线端口)连接至核心交换机，核心交换机之间可进行链路聚合技术扩展交互带宽，同时核心交换需连接核心出口路由器(或防火墙)，从而构成网络的核心层。

技能要点

(1) 网络结构设计：主要包括局域网结构中的数据链路层设备互联方式、广域网结构中的网络层设备互联方式等。

(2) 物理层技术选择：主要包括缆线类型、网卡的选用。

(3) 局域网技术选择与应用：主要考虑 STP、VLAN、链路聚合技术、冗余网关协议、线路冗余与负载均衡、服务器冗余与负载均衡等。

(4) 广域网技术选择与应用：根据实际应用情况，目前广域网中主要的相关应用技术，主要包括 PSTN、xDSL、SDH、WDM、MSTP、MPLS_VPN 等。

(5) 地址设计和命名模型：主要明确的内容有是否需要公网 IP 地址、私有 IP 地址、公网 IP 地址如何翻译、VLSM 的设计、CIDR 的设计、DNS 的命名设计等。

(6) 路由选择协议：主要考虑因素有动态路由的协议类型、度量权值排序等；静态路由选择协议；内部与外部路由选择协议分类与无分类路由选择协议等。

(7) 网络管理：主要包括行政管理和技术管理。

(8) 网络安全：主要工作内容有机房及物理线路安全、网络安全(如安全域划分、路由交换安全策略等)、系统安全(如身份认证、桌面安全管理、系统监控与审计等)、数据容灾与恢复、安全运行维护服务体系(如应及预案的制定等)、安全管理体系(如建立安全组织机构等)。

实现任务的方法及步骤

1. 需求分析概述

网络设备应能实现对所有接入端口的管理；核心交换设备原则上应能保持不间断运行

并留有足够的扩展空间；汇聚层采用支持高带宽的交换机，以便未来进行平滑无缝的扩展和升级；关键交换设备要考虑未来 5 年的适用性；网络设备的可靠性、安全能力、延续性、售后服务保障须作为重点指标加以考虑；选型设备应采用在同等规模网络已稳定运行的成熟案例。

2．数字校园建设应用现状

2009 年迁址后，某学校将成为一所现代化寄宿制职业技术学校，市、校领导和各级部门对数字校园建设高度重视，在政策和投资上也给予了极大的关注和支持，教育现代化建设开始进入一个快速发展的阶段。校园建设将要实现为全校所有教室全部配备多媒体投影设备；为全校所有一线任课教师配置笔记本电脑；校园内教学楼、图书馆、办公楼、电教楼的主干网络连接、主服务器连接以及核心交换全面实现千兆连接和交换；办公区域上网全面实现无线覆盖。

学校加强了信息化、无纸化管理，每个教研组及部门均有自己独立的 FTP 空间供教师和学生上传及下载教案，为广大教职工和学生提供了丰富的 Internet 服务和网络应用资源。

学校网络建设的目标是：

(1) 充分实现资源共享。能够根据教育、教学、科研、管理的需要，收集、制作及开发不同类型的媒体素材和多媒体教材，存入多媒体教学信息库的网络存储设备中。这些信息可以随时提供给系统的多个工作站和用户终端，实现教育信息传递、处理、分析、查询的自动化。

(2) 为教育和管理提供支持。学校可以为教育人员、各个学科教师的科研工作提供国内外有关的各种类型的多媒体资料和学术前沿动态信息，供教师和科研人员在进行科学研究时参考选用。同时，网络系统还可为学校的管理提供有力的支持，实现了视频会议、远程互动教学和课件点播。

(3) 为教师备课提供环境。教师在教学准备过程中可以通过网络中的任一台多媒体工作站或用户终端机，在网上搜集有关文、图、声、像资料，进行备课和制作多媒体教材；并可随时存入多媒体教学信息库，以供教学使用；教师、学生也可随时获取各种信息资源，实现信息传输的双向性。

(4) 为多媒体教学提供条件。设置教室里的多媒体工作站和用户终端机，可为开展多媒体课堂教学提供条件，教师可以通过网络选用合适的多媒体素材来配合讲解。

(5) 为学生自学和提高提供方便。学生可利用交互式的多媒体教学工作站和用户终端机，不仅可以进行查询、补课、自学、复习，而且还可以利用各个学科专用软件配上相应的设备开展小组教学，进行教学模拟仿真训练。这些模拟训练环境逼真、交互性强，可以提高学生分析问题和解决问题的能力。

3．校园网网络设施需求

1) 校园网的特点

(1) 高速的局域网连接。校园网的核心为面向校园内部师生的网络，由于参与网络应用的师生数量众多，而且信息中包含了大量多媒体信息，故大容量、高速率的数据传输是网络的一项基本要求。

(2) 信息结构多样化。校园网应用分为电子教学(多媒体教室、电子图书馆等)、办公管理和远程通信(远程教学、互联网接入)三大部分内容：电子教学包含大量多媒体信息；办公管理以数据库为主；远程通信则多为 WWW 方式，因此数据成分复杂，不同类型数据对网络传输有不同的质量需求。

(3) 安全可靠。校园网中同样有大量关于教学和档案管理的重要数据，无论是被损坏、丢失还是被窃取，都将带来极大的损失。

2) 校园网的建设原则

为保障学校新校区校园网项目的安全性、可靠性、实用性，在网络方案设计上应把握以下原则：

(1) 先进性原则。各类网络设备产品要选用业界领先、支持相关国际标准及国家标准、在一定时期内可持续延伸发展的主流设备和产品，确保建成的网络系统有较强的生命周期。

(2) 可靠性原则。选用较为稳定、成熟、应用广泛、兼容性强的网络设备和应用技术等，确保网络系统的稳定性、可靠性。

(3) 可管理性原则。选用与设备配套的专门管理工具，实现对各类设备、节点、通信、信息资源等相关产品进行有效的控制、配置和管理，确保网络系统的有序运行。

(4) 开放性原则。系统的开放性体现在通信系统的可互联性及与国际标准的相容。所建网络系统应拥有良好的兼容性，确保网络系统间的可连接性、可移植性。

(5) 安全性原则。网络系统应具有良好的安全性，按照“同步规划、分步实施”的要求做好网络系统的建设和管理工作。逐步通过网络安全设备、产品的选用和日常管理，确保对网络资源以及对网络设备本身的访问实现有效的安全控制。

(6) 经济性原则。采用最优性能价格比的各类硬件设备，尽量降低系统投资，完善系统功能，提高系统档次，并充分有效利用现有设备，最大限度地保护前期投资。

(7) 实用性原则。系统建设选用成熟的技术和设备，要适合教育行业用户的特点，并具有实际应用价值。系统以满足当前需求为主，同时兼顾与原有系统的兼容性和长远发展的扩充。

(8) 可拓展性原则。系统建设要有一定的冗余，主要设备在满足当前需求的同时，要预留一定的接口和空间，以便今后实现网络系统的升级和扩容，保护原有投资，避免重复投资。

4．网络应用流量及带宽需求分析

依据该学校校园网的各项应用，其流量需求分析如下表 10.1-1 所示。

表 10.1-1　流量需求分析

应　用	带宽需求	说　明
宽带上网	128K～1M 以上	跟网络出口有关
OA 办公	128K～1M 以上	包括日常办公文件、财务、人事管理、设备资产管理、科研管理、教务管理等
多媒体教学	1.5M～6M	跟图像质量有关
网络考试	128K～1M 以上	跟具体内容有关
电子备课	128K～1M 以上	跟具体内容有关

为保证机房、语音室、电子阅览室 500 台主机开课(以使用视频课件来计算)的应用顺畅，其主干网带宽需求为

$$500 \times (1.5\text{M} \sim 6\text{M}) = 750\text{M} \sim 3000\text{M}$$

任务10.2　方 案 设 计

实现任务的方法及步骤

1. 网络设计原则

学校网络要为广大师生提供互联网访问、数字视频应用、课件点播、远程教学等支持，不仅要满足通常的业务需求，还必须符合大量视频服务的基本条件。因此，在系统方案的形成过程中，必须特别关注教育网同城域网络相似的一些重要特征，这也正是总体方案的设计原则。总体设计原则包括：组播支持能力、可管理性、灵活性、扩充性、可靠性，这五个原则从本质上决定了学校网络未来作为一个校园网络的可靠运行能力和平均维护成本(或者间接投资成本)的关系，如图 10.2-1 所示。

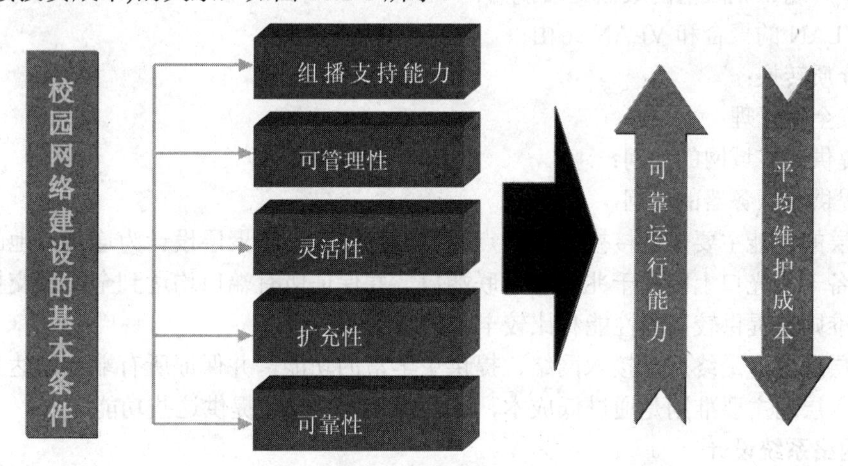

图 10.2-1　良好运行能力和平均维护成本的关系

在学校网络系统要求中，考虑建立一个不只是数据，而且要为视频、音频等多媒体传输的高速网络通信平台。

通过上述分析，学校网络规划的技术条件如下：

(1) 可靠的高速主干；

(2) 有效的 VLAN 划分和管理手段；

(3) 强大的支持组播能力阻止带宽浪费；

(4) 对多媒体数据支持的能力，强大的 QoS 功能；

(5) 系统整体的安全性；

(6) 采用成熟可靠的产品。

2. 网络技术选择

1) 千兆以太网技术

通过对学校网络应用分析，在学校建设中必须考虑采用千兆以太网技术。千兆以太网集价格低廉、联网简单、可扩容和管理简单等优势于一身。三层的交换应用使得新的事务处理，视频、音频等不同类型的应用汇聚在一个骨干网络中。

该学校校园网络作为一个新建的大型的校园网络，要考虑未来升级到万兆的可行性。

2) 星型拓扑结构

根据学校的实际情况，采用星型拓扑结构。星型拓扑结构有以下优势：

(1) 用户端直接访问中心，减少了中间延迟和故障点；

(2) 利于维护和故障排除；

(3) 可快速扩展。

3) 三层架构设计

在学校校园网中整个网络结构采用三层架构：核心层、汇聚层和接入层。

核心层是学校网络的骨干，在该层对密集的数据包进行处理，并提供访问互联网的策略，如 NAT 转发、VPN 接入、端口映射等，做到交换数据，高性能的核心交换将会大大增加整个学校的网络性能。核心层主要提供下列功能：

(1) 全线速、无阻塞的数据处理能力；

(2) VLAN 的聚合和 VLAN 路由；

(3) 介质转换；

(4) 安全性管理；

(5) 提供到广域网的访问；

(6) 提供对服务器的访问。

汇聚层的功能主要是连接接入层节点和核心层中心。汇聚层设计为连接本地的逻辑中心，应具备千兆光口上联和千兆电口下联端口，并保证所有端口均达到全线速交换。汇聚层的主要准则是提供较高的性能和比较丰富的功能。

接入层应保证最终用户接入网络，提供更丰富的功能，并保证所有端口均达到全线速交换。接入层的主要准则是通过低成本、高端口密度的设备提供这些功能。

3. 网络系统设计

根据以上分析，网络拓扑设计如图 10.2-2 所示。

(1) 按照核心、汇聚和接入三个层次对网络系统进行设计。其中，核心交换机位于校园中心机房内，作为全网核心，采用千兆主干，推荐采用端口聚合技术保证带宽。

(2) 核心层采用高端路由交换机 7608 双栈双引擎，保障骨干高可靠；配置万兆模块，实现主干万兆，充分保证网络的先进性。

(3) 安全运行维护方面配置内网安全管理系统，实现终端补丁分发等安全管理功能；配置统一网管系统，实现主机、网元、安全设备、无线设备等统一管理；配置 IDS 入侵检测设备，实现网络攻击实时监控；配置 DCBI-3000W 认证计费系统，实现接入用户的身份认证及计费；配置无线控制器，实现无线网络的统一调度，辐射区域无缝连接；配置 NET-LOG 上网行为监控系统，记录上网行为，实现对网络行为的监控，做到对突发事件有据可循；配置无线控制器，实现各 AP 辐射区域间的无缝过渡。

(4) 服务器区配置千兆高性能防火墙，实现服务器区的安全访问。

(5) 出口配置千兆高性能防火墙，实现多链路接入、网络安全以及VPN连接等多重安全防护；配置流量整形网管DCFS-2000，实现对网络中各种流量进行管理、控制。

(6) 实训教室配置中端路由交换机6804，充分保证实训教学时的带宽需求。

(7) 接入交换机配置4500系列交换机，实现千兆到桌面。

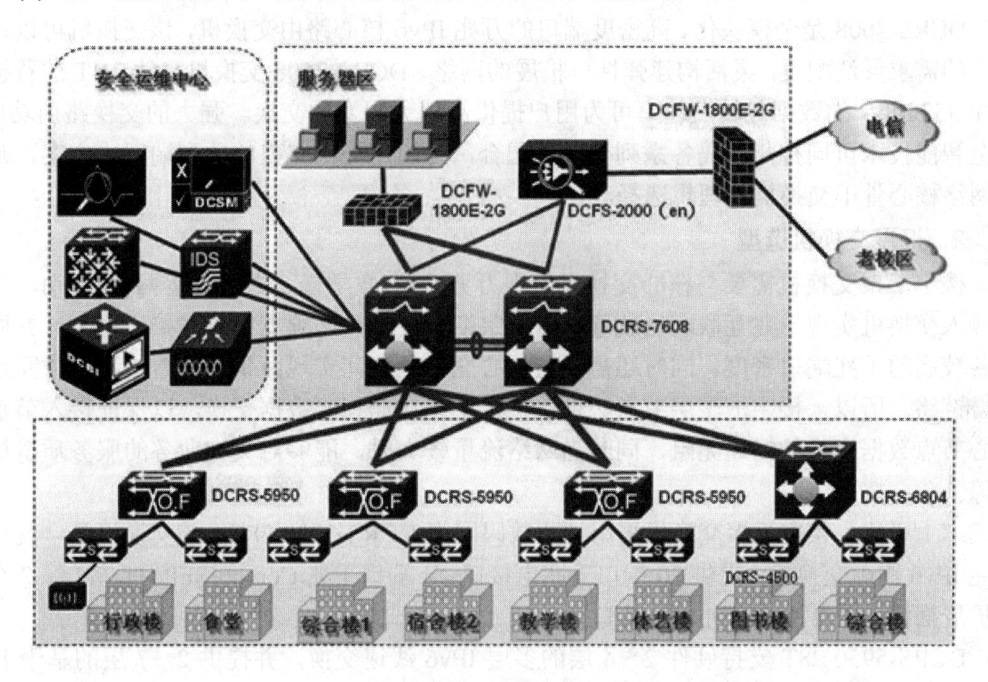

图10.2-2 学校校园网规划拓扑

任务10.3 网络产品选型

实现任务的方法及步骤

1. 核心交换机选型

网络中心节点作为校园网络系统的心脏，必须提供全线速的数据交换，当网络流量较大时，对关键业务的服务质量提供保障。另外，作为整个网络的交换中心，在保证高性能、无阻塞交换的同时，还必须保证稳定可靠的运行。同时，骨干交换机的功能还应具有较强的扩展性，目前网络正处在IPv4向IPv6的过渡期，核心设备必须在一定程度上支持IPv6，同时满足其他功能的扩展。

因此，在网络中心的设备选型和结构设计上必须考虑整体网络的高性能和高可靠性。具体来说，核心节点的交换机有两个基本要求：

(1) 高密度端口情况下，还能保持各端口的线速转发；

(2) 关键模块必须冗余，如管理引擎、电源、风扇。

由于校园网建设最终必将采用万兆技术，因此需要考虑到核心设备对万兆的支持能力。

综上所述，骨干核心交换机属于高端系列的产品，所以在本方案中，核心交换机采用神州数码网络 DCRS-7608 万兆交换机；同时，为提高网络的可靠性和稳定性，配置两台核心交换机，实现双机热备份，保证核心层的可靠稳定运行。

DCRS-7608 是全模块化、高密度端口的万兆 IPv6 核心路由交换机，该交换机可以根据用户的需求灵活配置，灵活构建弹性可扩展的网络。DCRS-7608 交换机高达 2.4T 的背板带宽和 952 Mb/s 的数据包转发速率可为用户提供高速无阻塞的交换。强大的交换路由功能、安全智能技术可同神州数码各系列交换机配合，为用户提供完整的端到端解决方案，是大型网络核心骨干交换机的理想选择。

2. 汇聚交换机选型

楼宇汇聚交换机需要与核心交换机实现万兆互联(教学楼、办公楼等两幢楼宇)、与楼层接入交换机实现千兆互联，也就意味着楼宇汇聚交换机必须支持万兆扩展能力，并同时具备较高的千兆端口密度，同时还需要与核心交换机之间实现两条链路连接，形成冗余的聚合链路。所以，楼宇汇聚层节点必须提供全千兆线速三层数据交换，以保证接入节点和核心节点数据交换的畅通无阻，同时当网络流量较大时，能够对关键业务的服务质量提供保障。

综上所述，楼宇汇聚交换机采用神州数码网络 DCRS-5950-28T，该交换机是一款线速万兆 IPv6 路由交换机，提供 20 端口千兆电接口、4 端口千兆 Combo(SFP/GT)接口、2 个万兆扩展插槽以及 2 端口万兆堆叠接口。

DCRS-5950-28T 支持硬件 2～4 层的多层 IPv6 线速交换，并提供 2～7 层的基于 IPv6 的智能流分类、完善的服务质量(QoS)以及组播管理特性；同时支持完善的高性能路由协议，包括静态路由、RIP Ⅰ/Ⅱ、RIPng、IGMP、MLD 等，并可以实施灵活多样的 ACL 访问控制策略。DCRS-5950-28T 提供线速多层交换、完善的端到端的服务质量、丰富的安全设置和基于策略的网管，最大化满足高速、安全、智能的校园网新需求。

3. 接入交换机选型

对于楼宇接入节点的交换机，必须考虑到安全接入控制、QOS 服务质量保证、组播支持等技术。结合该学校网络的实际情况，针对“千兆接入到桌面”的需求，建议配置神州数码网络 DCS-4500-24T，针对百兆接入到桌面的需求，建议配置 DCS-3950-26C。

DCS-4500-26/50T 提供 26/50 端口千兆电接口、4 口千兆 SFP(Combo)接口，并具备所有端口全千兆线速交换能力，满足该学校“千兆接入到桌面”的高速数据交换需求，保证教学和科研的正常开展。

DCS-3950-26C 提供 24 端口百兆电接口、2 端口千兆 Combo(SFP/GT)接口，并具备所有端口全线速交换能力，满足该学校“千兆接入到桌面”的高速数据交换需求，保证教学和科研的正常开展。

4. 网络产品选型结论

综上所述，该学校的网络系统选型结果如下：

核心交换机：DCRS-7608；

汇聚交换机：DCRS-5950-28T；

接入交换机：DCS-4500-26/50T、DCS-3950-26C；

防火墙：DCFW-1800E-2G；

认证计费系统：DCBI-3000(EN)；

流量整形网关：DCFS-2000(V2)；

上网行为监控系统：DCBI-NetLog(2000)；

无线设备：DCWL-ZD-1025、DCWL-ZF-2942AP。

任务 10.4　网络安全设计

实现任务的方法及步骤

网络平台的安全需要从多方面保证，包括设备管理安全、访问安全、路由安全、设备安全等，针对该学校的网络改造，应从以下几个方面考虑及实施安全策略。

要保证学校网络系统的安全，提升整体安全级别，需要从网络、服务器操作系统、用户、各种应用系统、业务数据以及应用模式等各个方面统筹考虑。信息系统的安全防护需要与实际应用环境、工作业务流程、机构组织形式与机构进行密切结合，从而在信息系统中建立一个完善的安全体系。

在学校网络实施中间重点从以下几个方面考虑校园网安全解决方案，并且这些实施策略和实施结果将形成学校的网络安全文件。

1．保障网络设备的安全

现在网络产品一般都具有两层不同级别的密码保护，用户还可以根据需要制定更多层的安全级别，以保护网络设备自身的安全性。通过指定哪种类型的用户，可以获得何种级别的权限，对网络设备进行哪些方面的修改，最大程度地保护设备的安全。

用户通过 Console 口直接连接到网络设备，或者通过远程 Telnet 到网络，都可以对其进行配置。在两种访问途径上都增加密码保护，为其设置密码，这样即使某用户能够从 Telnet，甚至从物理上直接通过 Console 口连接到网络设备，但如果没有得到授权，仍然无法到配置模式当中。

网管人员在网络设备上正确的设置包括 Enable Password、Telnet Password、Console Password 在内的各级别密码，并且妥善保存及定期的更新。

2．划分基于应用的 VLAN

VLAN 技术能够将一组用户归入到一个广播域当中，缺省情况下不同 VLAN 之间的用户是不能互相访问的，故能够在第二层上保证数据的安全性。由于职能的差异，不同类别用户的数据必然是不能共享的，我们可以将它们划分到不同的 VLAN 当中，这样就不会造成数据的错误传播以及不必要的数据泄漏。

在学校局域网当中，VLAN 的划分应该能够统一进行，各节点的相同职能部门或者相同的应用划分到同一个 VLAN 当中。这样既方便数据的共享，也有利于数据的安全，而且由于在同一 VLAN 内部的数据访问属于第二层，无需经过三层交换机进行转发，可以减轻

三层交换机的负担。

根据学校需求，VLAN 将按照下述八个应用类型进行划分：

(1) 教师办公网段，在每个数字教室前端提供教师笔记本接入，各办公室为每位教师提供一个 100 M 桌面接口；

(2) 机要办公室网段；

(3) 服务器安全区网段；

(4) 学生机房、电子阅览室专用网段；

(5) 数字视频采集网段；

(6) 数字视频广播专用网段；

(7) 无线接入点汇聚网段；

(8) 校园信息综合管理系统网段。

3. 在交换机上进行访问控制

利用路由器、三层交换机、智能型交换机上的 ACL(访问控制)功能，保护那些安全性较高的主机、服务器以及特定的服务。ACLs 是手工配置在路由器、三层交换机、智能型交换机上面的一组判定条件，对于满足条件的数据包，将进行“通过”或者“丢弃”的处理。ACLs 的主要作用有：

(1) 实行对网段和主机的访问控制。通过在三层交换机、智能型交换机上设置 ACLs，办公室的用户可以访问 Web 服务器所在的网段；但是拒绝这些用户对财务网段的访问。ACLs 是交换机在安全方面的重要工具和功能，可以对不同的端口进行不同的访问控制，同时还可以对不同应用使用不同的 TCP 端口进行分类控制。

(2) 实行对网络应用的安全控制。在同一台管理信息系统主机上，同时运行电子邮件和 WWW 应用，通过在网络设备上设置 ACLs，可以控制用户只能访问电子邮件应用，而拒绝访问 WWW 应用。

在该学校校园网中，我们可以根据用户的实际需要，制定不同的策略，在三层交换机上配置相应的 ACLs。由于配置了 ACLs 以后，每一个到达交换机的数据包都必须与每一条判定条件进行比较，这会消耗一定的 CPU 时间，影响设备的性能。所以一般建议不要在数据流量大或处于网络核心的节点上配置 ACLs。在校园网当中，我们建议在网络的核心节点交换机上少做 ACLs 的配置，配置 ACLs 尽量在汇聚交换机及接入交换机上进行。这样既保证了网络的安全性，也不会影响核心交换的性能。

4. 防网络攻击

防火墙可以实现安全策略的集中控制、隔离内外网络进行地址转换、记录网络上的非法活动等强大的功能。充分利用学校原有的两台防火墙，进行功能合理分配，并进行优化配置，从而有效防御各种网络攻击。

5. 防病毒安全

随着诸如冲击波、各种蠕虫病毒的泛滥和快速传播，病毒的安全威胁越来越复杂，进化越来越快，如何面对这些威胁，对校园网的管理是很大的挑战。

该学校已经统一采购防病毒软件，我们将协助学校建立一个集中控管的防病毒系统，包括服务器、工作站及使用者群组，并能够实现集中管控，以简化防毒系统管理，并能够更快地部署解毒方案。

任务 10.5 网络协议及相关建议

实现任务的方法及步骤

1．IP 地址规划

IP 地址的合理规划是网络设计中的重要一环，计算机网络必须对 IP 地址进行统一规划和实施。IP 地址规划的好坏，会影响到网络路由协议算法的效率、网络的性能、网络的扩展、网络的管理，也必将直接影响到网络应用的进一步发展。

IP 地址空间分配，要与网络拓扑层次结构相适应，既要有效地利用地址空间，又要体现出网络的可扩展性和灵活性，同时能满足路由协议的要求，以便于网络中的路由聚类；减少路由器中路由表的长度，并减少对路由器 CPU、内存的消耗，提高路由算法的效率，加快路由变化的收敛速度，同时还要考虑到网络地址的可管理性。IP 地址具体分配时要遵循以下原则：

(1) 唯一性：一个 IP 网络中不能有两个主机采用相同的 IP 地址；

(2) 简单性：地址分配应简单、易于管理，降低网络扩展的复杂性，简化路由表项；

(3) 连续性：连续地址在层次结构网络中要易于进行路径叠合，大大缩减路由表，提高路由算法的效率；

(4) 可扩展性：地址分配在每一层次上都要留有余量，在网络规模扩展时能保证地址的连续性；

(5) 灵活性：地址分配应具有灵活性，以满足多种路由策略的优化，充分利用地址空间。

主流的 IP 地址规划方案分为纯公网地址、纯私网地址和混合网络地址三种。

当网络以纯私网地址分配或采用混合网络地址接入时，网络应提供地址变换功能，过滤掉私网地址。

根据学校的实际情况，IP 地址的具体规划需参照学校信息主管部门的规范，若规范尚未制定，可灵活选择 IP 地址。建议选用 C 类私网(192.168.0.0～192.168.255.255)地址，且 OA 网地址同 Internet 网地址空间不重合。具体的 IP 地址规划内容可在技术联系会上确定，但应遵循上述的原则。

2．路由策略

在不同的 VLAN 间要实现互通必须提供路由，路由的产生可以由管理员指定，也可以由路由器运行动态路由协议而产生。

由管理员指定的路由称为静态路由，它是由管理员手工设置每一个路由器得到的，它的优点是不占用网络的资源，没有路由更新信息所占用的网络开销；缺点是网络中的管理员要对每一条路由都有非常清晰的了解，当一个网络变得规模很大时，系统设置很困难。

由路由器动态产生的路由叫动态路由，它是由路由器运行一定的动态路由协议，彼此通告路由信息，然后在此信息的基础上产生各个路由器的路由表，常见的动态路由协议有

RIP v1/v2、IGRP、EIGRP、OSPF、IS-IS、BGP4 等协议。

从上面介绍的动态路由协议来看，该学校的骨干网络应采用 RIP 动态路由协议，即两台核心交换机与八台汇聚交换机之间互联采用 RIP 动态路由协议。RIP 协议的优点是路由的开销小、收敛速度快，协议是开放的标准协议，并且能够保证以后升级的兼容性。

方案中选择的路由交换机均支持以上两种路由协议，可满足需求。

3. QoS 设计

在多种业务并存且存在资源瓶颈的地方，都应该考虑相应的 QoS 保证机制，以确保时间敏感的、关键的业务报文能够被及时、正确、有效的转发。在设备解决方案中，所有设备都可以支持相应的 QoS/COS 策略，核心路由交换机 DCRS-6808 提供完善的 Diffserv/QoS 支持，并提供多种规则组合条件下的流映射和分类、流量监管(CAR)、拥塞控制方法(RED、WRED、SA-RED)、队列调度和输出流整形等功能，做到业务区分并保证带宽/时延/抖动在限定的范围内，使网管中心可以为工作组用户提供具有不同服务质量等级的服务保证，使骨干网真正成为同时承载数据、语音和视频业务的综合网络。

在网络中应实施面向服务端口的 QoS 保证机制，同时，在核心路由交换机的路由端口设置中，开启 WFQ 功能，通过 WFQ 保证实时、小包即使在最拥挤时仍然能够得到快速的转发。

同时，系统通过 WRED、SA-RED 队列调度和输出流整形等功能，真正做到业务区分并保证带宽/时延/抖动在限定的范围内，确保网络不出现拥塞，始终保持其高吞吐率和区别服务特性。

4. 方案特点

本方案可以充分满足该学校数字化校园系统的需求，并具有如下几大特点：

(1) 万兆 Ready。本方案选择的核心交换机及汇聚交换机均具备万兆扩展能力，使得校园网具备随时向万兆主干网平滑升级的能力。

(2) 千兆接入到桌面。针对视频应用较频繁的接入用户，本方案选择了全千兆接入交换机 DCS-4500-24T 来满足需求。

(3) IPv6 Ready。目前，校园网络正处在 IPv4 向 IPv6 的过渡期，为保证该学校的校园网在将来 3 年内向 IPv6 的平滑升级，本方案选择了能够硬件(ASIC)支持 IPv6 协议的核心交换机和汇聚交换机。

5. 相关建议

1) 性能提升建议

根据学校信息点的分布状况，并通过对学校网络应用的分析，我们可以计算出校园主干网对带宽需求约为 500 × (1.5M～6M) = 750M～3000M。

由此可知，当网络处于高峰运行状态时，1 G 的主干带宽将可能成为整个网络的性能瓶颈。因此，在性能提升方面，本方案的建议如下：在办公楼、教学楼等信息点较多的两幢楼宇的汇聚交换机与核心交换机之间采用万兆互联，构成万兆主干网。

万兆以太网技术说明：万兆以太网技术的研究始于 1999 年底，并于 2002 年 6 月正式发布万兆技术标准。经过五年的发展，万兆技术已经趋于成熟，应用越来越广泛，并且万兆端口拥有成本也越来越低，完全能够作为该学校校园网的主干。

2) 可靠性提升建议

核心交换机是整个校园网系统的心脏，一旦宕机，将导致整个校园网的瘫痪，后果不堪设想。因此，在可靠性提升方面，本方案建议如下：配置两台核心交换机，实现双核心热备份，保障核心层 7×24 小时不间断运行。

双核心热备份实现说明：

(1) 双核心物理连接。两台核心交换机之间通过两条万兆链路连接；两台核心交换机与汇聚交换机之间采用双链路互联。

(2) 双核心热备份协议实现。两台核心交换机以及若干台汇聚交换机之间通过 OSPF 动态路由协议来互联，网络正常工作时，两台核心交换机同时处于工作状态，并且互为备份。当其中任意一台核心交换机 Down 掉后，另一台核心交换机将接管整个网络，实现 7×24 小时不间断运行。当 Down 掉的核心交换机又恢复正常后，那么网络的运行又将回到网络正常工作时的“同时工作，互为备份”的状况。

3) 安全性提升建议

据权威部门调查统计，80%的安全问题来自校园网内部。也就是说，要解决校园网的安全问题，就必须先解决校园网内部用户的安全问题，即身份认证、授权访问、日志查询等。

因此，在安全性提升方面，本方案建议如下：配置用户安全接入综合管理系统 DCBI-3000，配合接入交换机的 802.1X 协议，灵活地实现内网用户的身份认证、授权访问、日志查询等功能，有效提升校园网的安全性。

4) IPv6 建设方面的建议

中国电信、中国网通、中国联通、Cernet2 等国内各大运营商的 IPv6 主干网已经建设完成并通过验收，IPv6 驻地网项目也已经启动，可以说，目前网络正处在 IPv4 向 IPv6 的过渡时期，在可预见的将来，IPv6 的应用也将快速地延伸至更多的校园。

因此，在 IPv6 建设方面，本方案建议如下：核心交换机配置基于 ASIC 的硬件线速 IPv6 模块，汇聚交换机采用基于 ASIC 的硬件线速 IPv6 设计的产品。

需要特别说明的是，本方案在 IPv6 的建设方面绝不仅仅只是建议，而是已经完全能够从核心层到汇聚层均实现基于 ASIC 的硬件线速 IPv6 数据转发，从而保障了当 IPv6 的应用快速普及到该学校时，本方案所构架的校园网能够与 IPv6 网络顺利对接。

课外实践 10

1. 以某小型企业为对象作网络需求分析。
2. 在思科模拟器下根据图 10.2-2 进行网络模拟设计。
3. 根据设计在思科模拟器中模拟配置上题中设计的网络。

附录 A

网络的基本概念

本附录摘自尹建璋主编的、西安电子科技大学出版社出版的《计算机网络技术及应用实例》第 1 章。

A.1 网络的概念及体系

在我国经济快速发展的今天，计算机的应用已相当普及。不论是规模较大的企业还是规模较小的企业，几乎都有用于工作或管理的计算机。在家庭，特别是城市家庭，没有计算机的只是极少数了。这些计算机在不同的地方正发挥着不同的作用。请看以下实例。

例 A-1 某文印室，有计算机一台，打印机一台，复印机一台。打印机与计算机相连，复印机独立工作，如图 A.1-1 所示。这种模式常见于小型单位或家庭。计算机处理的文档通过打印机打印出来一份，再根据所需份数，在复印机上复印。

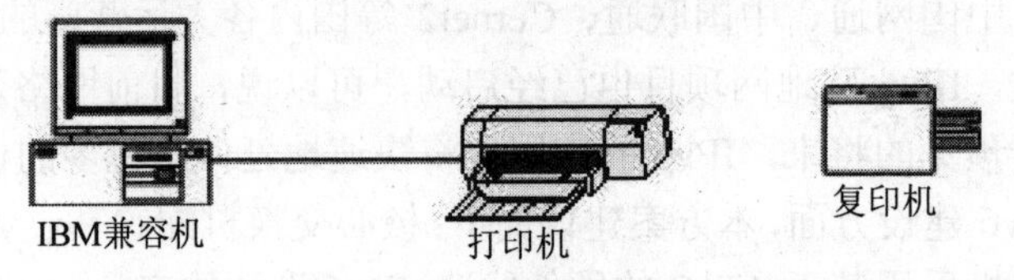

图 A.1-1 打印机、复印机工作模式一

例 A-2 某小型公司，有计算机若干台，打印机一台，复印机一台。打印机安装在某台计算机上，这台计算机与其他所有计算机通过交换机相连，复印机独立工作，如图 A.1-2 所示。这种模式常见于一个办公室或一个小型单位。各计算机操作人员在自己的计算机上处理好文档后，可直接从打印机上打印文档。再根据所需份数，在复印机上去复印即可。

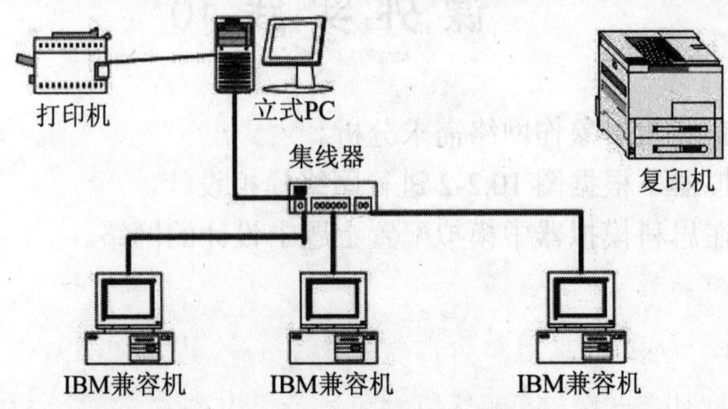

图 A.1-2 打印机、复印机工作模式二

以上两例的原形，大家很容易在某个单位找到。对于例 A-1，能独立工作的计算机只有一台，虽然打印机与计算机相连，但打印机不能独立工作，它的工作离不开计算机。复印机独立于计算机工作，与计算机不相连。没有人把例 A-1 叫网络。而例 A-2 中，能独立工作的计算机有若干台，且它们通过集线器相连，以共用打印机及相互传送资料为目的，复印机仍是独立工作。因此，人们将例 A-2 中除复印机外连在一起的计算机叫计算机网络。那么，到底什么是计算机网络呢？

A.1.1 计算机网络的定义

在不同的教材中，对计算机网络有不同的定义，但归纳起来可表述为：将地理位置不同且能独立工作的多个计算机通过通信线路连接，由网络软件实现资源共享的系统。

这里的计算机可以是微型、小型、大型、巨型等各种类型的计算机，并且每台计算机可以独立工作，即某台计算机发生故障不会影响整个网络及其他计算机的正常工作。

这里的通信线路可以是双绞线、电话线、同轴电缆、光纤等有线通信介质，也可以是微波、通信卫星信道等无线通信介质。这里的网络软件指的是网络协议、信息交换方式、控制程序及网络操作系统等。

网络定义的含义有：① 网络中有两台以上(含两台)计算机系统；② 各计算机系统有独立功能，且以共享资源及信息传递为目的；③ 有一条物理通路，由“有线”或“无线”介质实现；④ 有共同遵守的协议(软件)。

定义中有三个要点：① 有多台能独立工作的计算机，计算机的类型不限；② 有通信线路，有线无线不限；③ 有网络软件。

在例 A-1 中，因为只有一台能独立工作的计算机，所以，它不是计算机网络。在例 A-2 中，因为有多台能独立工作的计算机，通过双绞线将它们按一定的方式相连，且以共用打印机及相互通信为目的，只要安装了网络操作系统及相关协议并作必要的设置，它们就可以实现共用这台打印机及相互通信的目的。因此，例 A-2 是计算机网络(其中复印机除外)。

A.1.2 计算机网络的形成与发展

计算机网络的形成与发展历史，大致可以分成四个阶段，面向终端的计算机网络、计算机通信网络、开放式标准化网络及国际互联网络，如图 A.1-3 所示。

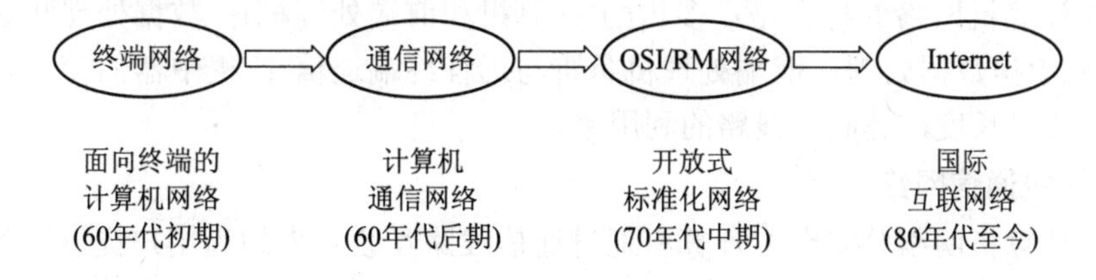

图 A.1-3 计算机网络的发展阶段

1. 面向终端的计算机网络

面向终端的计算机网络是以单台计算机为中心的远程联机系统，人们常称其为第一代计算机网络。自 1946 年第一台计算机问世之后的几年，计算机与网络无关。计算机放在“计算中心”，当多个用户需要计算时，须排队等候，计算机按一定的优先级算法(如先到

的先处理，或紧急的优先处理)处理并输出结果。

20 世纪 50 年代，计算机系统规模庞大、价格昂贵，为了提高计算机的工作效率和系统资源的利用率，将多个终端通过通信设备和线路连接在计算机上，在通信软件的控制下，计算机系统的资源由各个终端用户分时轮流使用。这种系统除了一台中心计算机外，其余的终端都不具备自主处理功能，在系统中主要是终端和计算机间的通信。20 世纪 60 年代初期，美国航空公司投入使用的由一台中心计算机和全美范围内的多个终端组成的飞机票预订系统就是远程联机系统的一个代表。但是，严格地讲，这种系统并不是真正意义上的计算机网络。

在远程联机系统中，随着所连远程终端个数的增多，中心计算机要承担的与各终端间通信的任务也相应增加，使得以数据处理为主要任务的中心计算机增加了很多额外的开销，实际工作效率下降。因此，人们开始将各自独立发展的计算机技术和通信技术结合起来研究，且取得了突破性的成果。当时研究出一种前端处理机，由它来完成通信工作，而让中心计算机专门进行数据处理，这显然大大提高了计算机的工作效率。另外，由于每个远程终端必须有一条专门的通信线路与主机相连，当终端的数量增多时，通信线路的费用也就增加了，通信线路的利用率极低，终端与主机的距离越远这种现象越明显。于是，人们研究了一种称为集中器的通信处理机，放在远程终端较密集的地方，它的一端用多条低速线路与各个终端相连，另一端则用高速线路与前端处理机相连，以提高远程线路的利用率。第一代计算机网络的典型结构如图 A.1-4 所示。

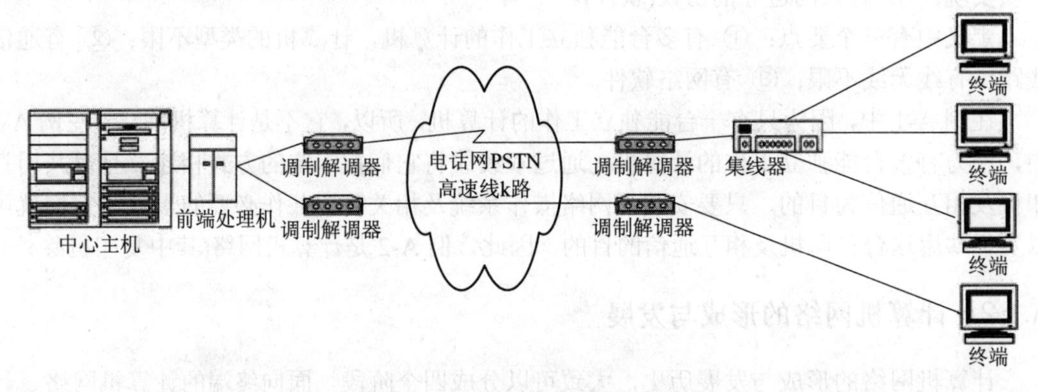

图 A.1-4　面向终端的计算机网络

第一代计算机网络的特点是：多机(主计算机和前端处理机)；数据处理和通信有了分工(主计算机承担数据处理，前端处理机负责与远程终端通信)；集中器的使用降低了系统中线路的总连接长度，提高了线路的利用率。

2．计算机通信网络

第二代计算机网络是多台主计算机通过通信线路互联起来的为用户提供服务的系统。20 世纪 60 年代，计算机开始获得广泛的应用。许多计算机终端网络系统分散在一些大公司、事业部门和政府部门，各系统之间迫切需要交换数据，于是，将多个计算机网络终端连接起来，以传输信息为主要目的的计算机通信网络就应运而生了。

第二代计算机网络的典型代表是 ARPANET。20 世纪 60 年代后期，美国国防部高级研究计划署 ARPA 提供经费给美国许多大学和公司，以促进多台主计算机互联的网络研究，从而使一个实验性的 4 节点网络开始运行并投入使用。ARPANET 后来发展到连接数百台计算机，目前有关计算机网络的许多知识都与 ARPANET 的研究结果有关。ARPANET 中互联的负责运行用户应用程序的计算机称为主机(Host)，但是主机之间并不是通过直接的通信线路互联，而是通过一个称为接口信息处理机(Interface Message Processor，IMP)的设备互联，如图 A.1-5 所示。

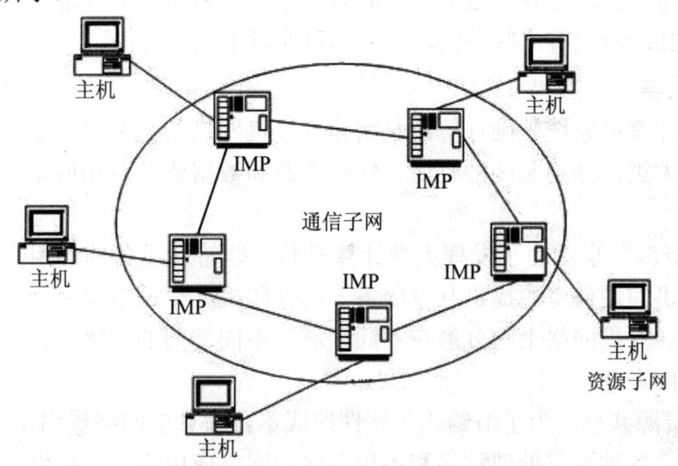

图 A.1-5 计算机通信网络

图 A.1-5 中，接口信息处理机和它们之间互联的通信线路一起负责完成各主机之间的数据通信任务，构成通信子网，通过通信子网互联的主机组成资源子网。

第二代计算机网络的特点是：以通信子网为中心；以传输信息为主要目的。

3．开放式标准化网络

第三代计算机网络是开放式标准化网络。这种网络具有统一的网络体系结构，遵循国际标准化协议。以往的计算机网络大都是由研究所、高校、企业等单位各自研制的，没有统一的标准。各生产厂家的计算机产品和网络产品在技术、结构等方面有着很大的差异，这给用户带来很大的不便，不同厂家的计算机和网络很难互联。而网络的标准化使得不同的计算机能方便地互联在一起，且成本降低。

20 世纪 70 年代后期，人们开始重视计算机网络产品的兼容问题，许多国际组织都成立了专门的研究机构，研究计算机系统的互联、计算机网络协议标准化等问题。70 年代末，国际标准化组织(ISO)制定了“开放系统互联基本参考模型”(OSI/RM)，从此，形成了第三代计算机网络。OSI 标准确保了各厂商生产的计算机和计算机网络产品之间能够互联，推动了 OSI 技术的发展和标准的制定。

4．国际互联网络(Internet)

Internet 是一个全球性的计算机互联网络，中文名称为“国际互联网”、“因特网”、“网际网”或“信息高速公路”等。它是将不同地区而且规模大小不一的网络互相连接而成的。目前，世界上发展最快、最热门且最大的互联网络就是 Internet。

Internet 采用 TCP/IP 协议。由于 Internet 起源于 ARPANET，TCP/IP 协议的使用早于 OSI 标准的制定，因此，TCP/IP 协议并不遵循 OSI 的标准。

由于人们对网络应用需求的日益提高，未来计算机网络将向可以同时承载多媒体信息

及高速度、高安全性的方向发展。

A.1.3　计算机网络的功能

计算机技术和通信技术的快速发展，不仅使计算机技术进入了网络时代，也使计算机的作用范围超越了地理位置的限制，同时增强了计算机本身的功能。计算机网络随着应用环境的不同，其功能也有一些差别，主要体现在以下几个方面。

1．资源共享

充分利用计算机系统软硬件资源是组建计算机网络的主要目的之一。计算机网络中的资源可分为三大类，分别是硬件资源、软件资源和数据资源。相应地，资源共享也可分为三类。

(1) 硬件资源共享。为了发挥大型计算机和一些特殊设备的作用，节约成本，计算机网络对一些昂贵的硬件资源提供共享服务，如打印机共享、磁盘空间共享等。网络用户可以访问或共享计算机网络上的分散在不同区域、不同部门的网络上的计算机、外围设备、通信线路等硬件资源。

(2) 软件资源共享。为了节约购买软件的成本，计算机网络提供了软件资源共享功能，包括系统软件、各种语言处理程序和各种各样的网络应用程序，如网络版杀毒软件、网络版各类管理系统等。

(3) 数据资源共享。在现实的生产和工作中，有很多数据信息是可以在一定范围内共同使用的，没有必要重复建立这些数据信息。比如，一个单位的人事基本信息，人事部门需要使用，培训部门需要使用，财务部门也需要使用等，如果这些部门都各自为政，自己建立自己的数据信息库，将是极大的浪费。一般都会建立一个较系统的数据库，不同的部门准许使用相应的数据信息。事实上，现代计算机网络已把在网络中是否设置了大型数据库、设置了什么样的数据库作为衡量计算机网络水平的重要标志之一。

2．数据通信

分布在不同区域的计算机系统通过网络进行数据传输是网络的最基本功能。该功能实现了计算机与终端、计算机与计算机之间的数据传输，也是实现其他功能的基础。本地计算机要访问网络上的另一台计算机的资源就是通过数据传输来实现的。例如，我们可以通过网络把一个文件、一张图片、一个自己喜欢的音乐文件从网络上的某台计算机上传输到自己的计算机上，供自己随时调用。

3．信息收集与管理

通过网络系统，可以将分散在各地计算机系统中的各种数据收集到一起，进行分类管理，经过综合处理形成各种图表、情报，提供给各种用户使用。如通过计算机网络，向社会提供各种情报、经济和社会信息，并提供各类咨询服务等。

4．提高计算机的性能价格比

由多台计算机组成的计算机系统，采用适当的算法，运行速度可以得到很大的提高，速度可以大大超过一般的小型计算机，相当于一台大型计算机，但比大型机的价格便宜很多，因此，性能价格比较高。

5．分布式处理

由于计算机价格的下降，各用户可以根据情况合理地选择网内资源，对于较大的数据处理任务，可以分别交给不同的计算机来完成，以达到均衡使用资源、实现分布式处理的目的。

A.1.4 计算机网络的分类

计算机网络的分类方法多种多样，从不同的角度分类，可以得到不同的网络类型。

1．按覆盖范围分类

由于网络覆盖的地理范围不同，它们所采用的传输技术也不同，因而形成了不同的网络技术特点与网络服务功能。按网络覆盖的地理范围，可以将其分为局域网、广域网、城域网和因特网。

(1) 局域网(LAN)。局域网是局部地区网的简称，其覆盖范围较小，一般在几公里范围内，可由一个单位或地区组建。局域网组建简单，两台计算机连接起来就能构建局域网。学校的一个机房通常就是一个小型的局域网，而整个学校的校园网络则是较大型的局域网。其特点是：传输距离近；速率高(一般在 4 Mb/s～1000 Mb/s)；传输错误率低及组网方便等。局域网是目前计算机网络技术中最活跃的一个分支。

(2) 广域网(WAN)。广域网又称远程网，其范围可以是几个城市、地区，甚至国家、全球。出于国防、军事、科技研究的需要，广域网发展较早。由于广域网距离远，一般速率较低，常在 9.6 Kb/s～45 Mb/s 之间，而且主要依靠公用传输网，所以广域网误码率较高。

广域网始于20世纪60年代，其典型代表是美国国防部的ARPANET。在我国，与Internet相连的中国公用计算机互联网(CHINANET)、中国金桥网(CHINAGBN)和中国教育科研网(CERNET)都是广域网。由中国电信经营的中国公共数据网(CHINAPAC)和中国数字数据网(CHINADDN)也是广域网。

(3) 城域网(MAN)。城域网的覆盖范围在广域网和局域网之间，其规模限于一个城市范围。它的运行方式类似局域网，其设计目标是满足一个城市范围内的机关、公司、企事业单位的计算机联网需求；其传输速率一般在 45 Mb/s～150 Mb/s 之间；其传输介质一般以光纤为主。现在的城域网已实现数据、语音、图形与视频等多媒体信息的传输功能。

(4) 因特网(Internet)。因特网不是一种具体的网络，它是把全球各种局域网和广域网通过路由器连接起来，采用 TCP/IP 协议实现全球信息服务的网络。因特网的发展非常迅速，目前上网的人数众多，以至于 IP 地址资源紧缺，预计不久的将来，IP 地址就要由目前的32 位升级到 128 位。

2．按拓扑结构分类

计算机网络拓扑结构是指一个网络的通信链路和节点的几何排列或物理布局图形。这里的节点是指网络中的终端、计算机及网络通信设备。计算机网络拓扑通过计算机网络中的各个节点与通信线路之间的几何关系来表示网络的结构，并反映出计算机网络中各实体(通信对象)之间的结构关系。

常用的计算机网络拓扑结构有：总线型、星型、环型、树型、全部互联型和无线蜂窝型等。

(1) 总线型拓扑。在总线型结构中，各节点通过通信线路与一条公共总线相连接，如图 A.1-6 所示。其特点是：有良好的扩展性，增删节点容易；因为共用一条总线，因而线路的利用率高，线路的成本较低。但是，网络的稳定性较差，当一个节点出现故障时，会导致全网故障，而且查找故障较困难。常用的查找故障的方法是排除法，即从服务器开始，逐个节点的排除。

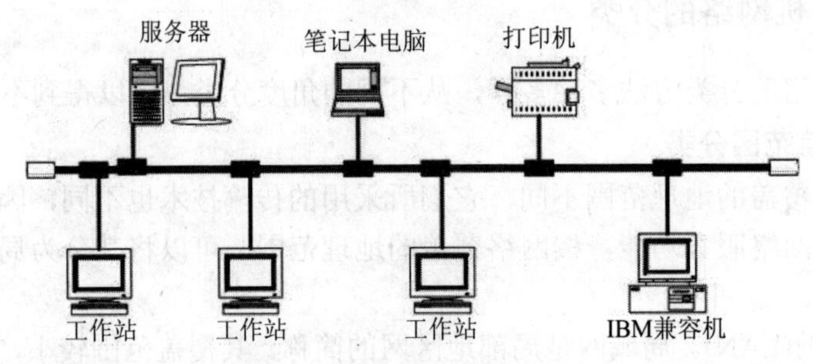

图 A.1-6　总线型结构网络

(2) 星型拓扑。在星型结构中，各节点通过专用通信线路与一个公共节点相连接，任何两个节点通信都必须经过中心节点，如图 A.1-7 所示。中心节点可以是功能强大的计算机，也可以是程控交换机或集线器。星型结构网络的特点是：网络结构简单，组建网络容易，排查网络故障容易。但是，线路的利用率低；中心节点是网络的关键，一旦出现故障，则全网不能正常工作。

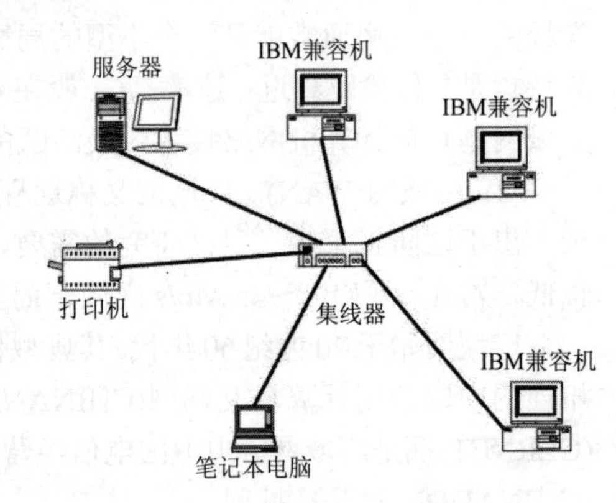

图 A.1-7　星型结构网络

(3) 树型拓扑。树型结构的实质是星型结构的扩展，如图 A.1-8 所示。它具备星型结构的所有特点，与星型结构相比，它延长了两个节点之间的通信长度，而通信线路的总长度减少了。现在，树型拓扑被广泛用于组网实践。

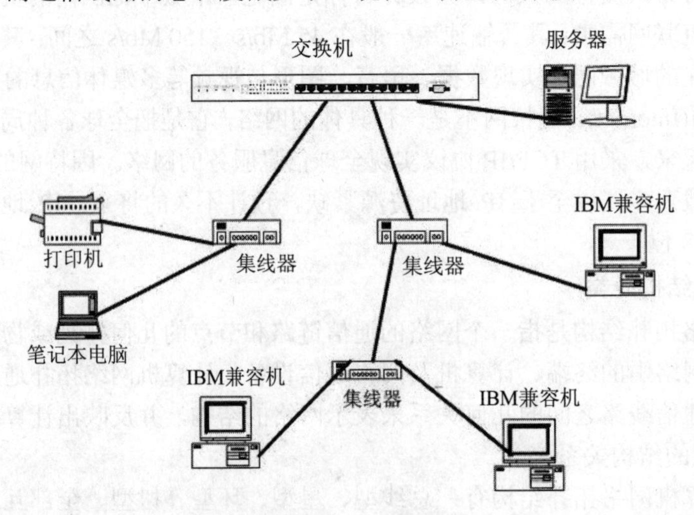

图 A.1-8　树型结构网络

(4) 环型拓扑。环型结构网络中，各节点计算机连成一个闭合环路，如图 A.1-9 所示。在环型线路上，信息的传递是单方向地从一个节点传到另一个节点，任何两个节点通信都要绕环路一周。其特点是：信息在环路上传输时不会发生冲突；但是，一个节点出现故障时，整个环路就不能正常工作。因此，环型结构网络的可靠性差，环的维护复杂，环节点的加入和撤出过程比较复杂。

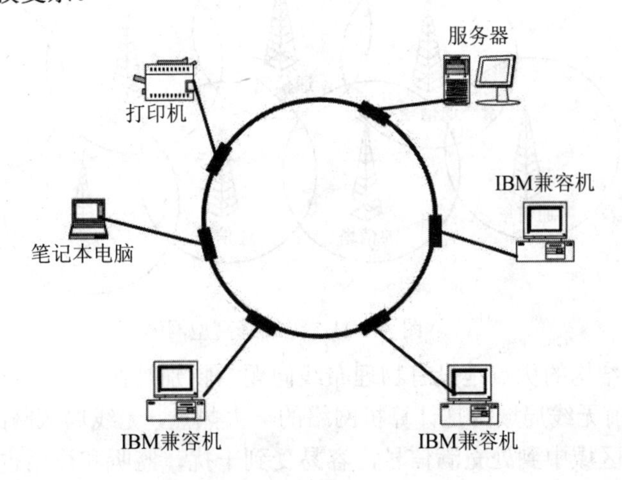

图 A.1-9　环型结构网络

(5) 全部互联型拓扑。在全部互联型网络中，任何两个节点间都有直接的通信介质相连，如图 A.1-10 所示。所以，这种网络的通信速度快，可靠性高，但是组建网络的投资大，灵活性差，当节点数较多时这种不足更加突出。因此，这种结构的网络常用于节点较少、可靠性要求较高的场合。

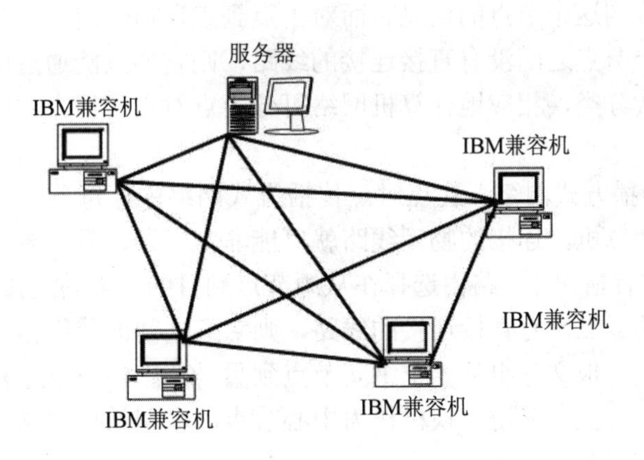

图 A.1-10　全部互联网络

(6) 无线蜂窝型拓扑。在地形比较复杂的山区，架设有线通信介质比较困难，这时可利用无线电、微波和卫星等无线设备进行通信。在较小范围内组建网络时，人们对有线通信介质带来的不便已开始显现。近来，无线局域网正在兴起。无线蜂窝型结构网络正是目前网络研究的热点。

无线蜂窝型拓扑由圆形区域组成，每一区域中心都有一个节点，这些圆形区域将地理区域划分成细胞形地区，形成通信链路，如图 A.1-11 所示。区域中没有物理连接点，只有电磁波，节点可以是移动节点(如笔记本电脑)，也可以是转发节点(如卫星通信或基站)。

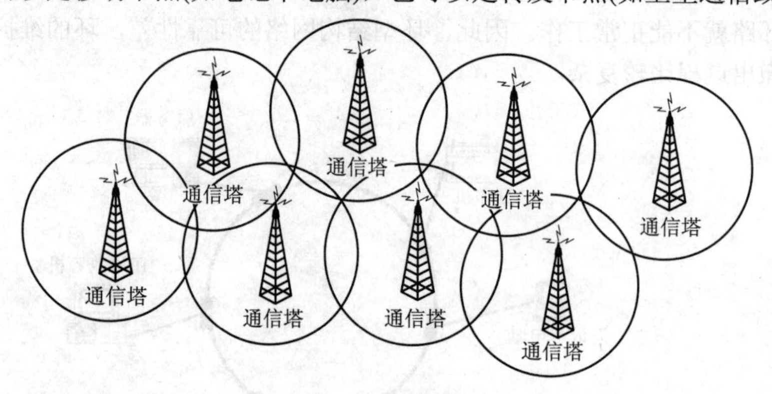

图 A.1-11　无线蜂窝型网络

无线蜂窝型结构的优点是没有物理布线问题，特别是在地形复杂的小范围联网，其优点更为突出。目前无线局域网是计算机网络的一大热点，无线局域网的应用也越来越普遍。但它不足的是，区域中到处充满信号，容易受到干扰，监听和盗用也很容易。由于容易受到干扰，所以实际应用中很少单独使用无线蜂窝型结构的网络，一般将它与其他拓扑结构混用，如将无线通信基站与基站之间使用光纤连接。

3. 按通信传播方式分类

在通信技术中，通信信道有两种类型：点到点通信信道和广播通信信道。在广播通信信道中，多个节点共享一个通信信道。在信道中，一个节点发送广播信息时，其他任何一个节点都可以接收到这个节点的信息。而对于点到点通信信道，一条通信线路只能连接两个节点，若这两个节点之间没有直接连接的线路，则它们只能通过中间节点转接。根据网络的通信传播方式分类，相应地计算机网络可分为点对点传播方式网络和广播传播方式网络两种类型。

(1) 点对点传播方式网络。在点对点传播方式网络中，每条物理线路都连接着两台计算机。若有多台计算机，连接的物理线路就可能非常复杂，且从源节点到目的节点可能存在多种连接。在这种情况下，路由选择在从源节点到目的节点的连接过程中显得十分重要。若从源节点到目的节点没有直接连接的线路，则它们之间的分组传输就需要通过中间节点接收、存储和转发，报文分组从一个中间节点到另一个中间节点重复接收、存储和转发，直到到达目的节点为止。采用交换机作为中心节点的星型结构网络就是典型的点对点传播方式网络。

(2) 广播传播方式网络。在广播传播方式网络中，所有的计算机都使用一个公共的通信信道。它的工作过程是：当一台计算机发送报文分组时，其他的计算机就会通过公共的通信信道接收到这个分组。因为报文分组中自带有目的地址和源地址，接收到该分组的计算机会检查自己的节点地址和分组中的目的地址是否一致，若一致，则接收该分组，否则丢弃该分组。总线型拓扑结构网络就是典型的广播传播方式网络。

A.2　计算机网络的组成

计算机网络按逻辑功能分为通信子网和资源子网两部分，而在物理结构上，计算机网络由网络软件和网络硬件组成。网络软件包括网络操作系统和应用软件；网络硬件包括计算机、网络设备、传输介质和外围设备。计算机网络的组成结构如图 A.2-1 所示。

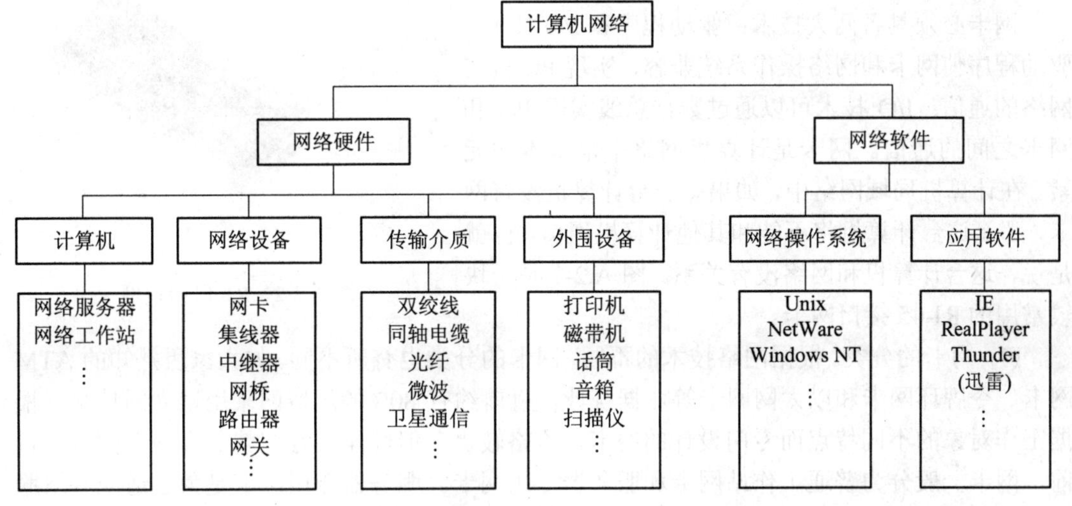

图 A.2-1　计算机网络的组成结构

A.2.1　网络硬件

计算机网络硬件是计算机网络系统的物质基础。一个计算机网络系统，最基本的就是将分布在不同区域的计算机及其外部设备通过通信线路及网络连接设备首先实现物理上的连接。计算机网络硬件由能独立工作的计算机、网络设备、传输介质及外围设备等组成。

1．计算机

计算机是计算机网络中的主要资源。根据用途不同，常将其分为网络服务器和网络工作站。

(1) 网络服务器是提供各种网络服务的能独立工作的计算机。一般网络服务器由功能强大的、运算速度较快的计算机担任。在大型网络中，服务器由专业服务器级计算机担任。这种计算机能提供服务功能并 24 小时连续不断地工作。网络服务器的特点是：运算速度快，存储容量大，有较高的可靠性和稳定性。

(2) 网络工作站是网络上的一个节点，是一台供用户使用网络资源的本地计算机。用户通过网络工作站访问计算机网络中服务器上的各种资源。

网络工作站与网络服务器的主要区别是：在网络中的地位及作用不同；硬件配置及安装的软件不同。

2．网络设备

网络设备是构成网络的部件，如网卡、集线器、中继器、网桥、路由器、网关、交换

机和调制解调器等。

1) 网卡

网卡(NIC，Network Interface Card)，即网络适配器，又称为网络接口卡。它是使计算机联入网络的设备。网卡插在计算机主板插槽中，负责将用户要传递的数据转换为网络上其他设备能够识别的格式，通过网络介质传输。它的基本功能为：从并行到串行的数据转换；数据包的装配和拆装；网络存取控制；数据缓存等。目前主要有 8 位和 16 位网卡。

网卡必须具备两大技术：驱动程序和 I/O 技术。驱动程序使网卡和网络操作系统兼容，实现 PC 机与网络的通信；I/O 技术可以通过数据总线实现 PC 和网卡之间的通信。网卡是计算机网络中最基本的元素。在计算机局域网络中，如果有一台计算机没有网卡，那么这台计算机将不能和其他计算机通信，也就是说，这台计算机和网络没有关系。图 A.2-2 是一块较常用的 RJ-45 接口网卡。

图 A.2-2　RJ-45 接口网卡

(1) 网卡的分类。根据网络技术的不同，网卡的分类也有所不同。如大家所熟知的 ATM 网卡、令牌环网卡和以太网网卡等。据统计，目前约有 80%的局域网采用以太网技术。根据工作对象的不同特点而专门设计的网卡，价格较贵，但性能很好。就兼容网卡而言，目前，网卡一般分为普通工作站网卡和服务器专用网卡。服务器专用网卡是为了适应网络服务种类较多而设计的，其性能也有差异。网卡还可按以下的方法进行分类。

按网卡所支持带宽的不同分类，可分为 10 M 网卡、100 M 网卡、10/100 M 自适应网卡、1000 M 网卡几种。

根据网卡总线类型的不同分类，主要分为：① ISA(Industry Standard Architecture，工业标准结构)网卡，是老式扩展总线设计，支持 8 位、16 位数据传输，速率为 8 Mb/s。② EISA(Extended Industry Standard Architecture，扩展工业标准)网卡，是新型总线设计，支持 32 位数据传输，因价位偏高而未能推广。③ PCI(Peripheral Computer Interface，外围计算机接口)网卡，是一种现代总线设计，支持 32 位和 64 位数据通信。④ USB(Universal Serial Bus，通用串行总线)网卡，是新一代总线标准，具有高扩展性、即插即用、支持热插拨等优点。⑤ PCMCIA(the Personal Computer Memory Card International Association，笔记本电脑的附加卡工业标准)网卡，用于笔记本电脑，也称其为 PC 卡。

其中，ISA 网卡和 PCI 网卡较常使用。ISA 总线网卡的带宽一般为 10 M；PCI 总线网卡的带宽从 10 M 到 1000 M 都有。同样是 10 M 网卡，因为 ISA 总线为 16 位，而 PCI 总线为 32 位，所以 PCI 网卡要比 ISA 网卡快。目前，多数用户使用 PCI 网卡，ISA 总线网卡在市面上已很少看到。

按网卡有无线缆区分，又可分为有线网卡和无线网卡两大类。

(2) 网卡的 MAC 地址。MAC(Media Access Control)是介质访问控制的简称。对网卡而言，MAC 地址是唯一的。目前 MAC 地址由 6 个字节组成，共有 2^{48} 个地址，由 IEEE 组织分配。网卡生产厂商要向该组织购买，该组织负责前 3 个字节，这 3 个字节组成的每一个数字称为一个地址块，共有 2^{24} 个地址块。剩下的 3 个字节由厂商自行分配。

因此，全世界任何两块网卡的 MAC 地址都是不一样的，既使是同一厂家、同一型号、同一批次的两块网卡，MAC 地址也不一样。计算机上安装的网卡，其 MAC 地址可以在命令提示符下输入 IPCONFIG/ALL 得到。“Physical Address…”后显示的即是该网卡的 MAC 地址。如某块网卡的 MAC 地址为 00-13-D4-39-4D-96(其中的数字为十六进制表示)。

(3) 无线网卡。无线网卡是终端无线网络的设备。计算机可在无线局域网覆盖范围内通过无线网卡连接到网络上。或者说，无线网卡就是使你的电脑可以在没有可见线的情况下接入网络的一个装置。但是有了无线网卡还不够，还需要一个可以连接的无线网络，如果你所处位置在无线路由器的覆盖范围内，你就可以通过无线网卡以无线的方式连接到网络。无线网卡可接照标准及接口类型来分类。

按网卡标准区分，无线网卡可分为 IEEE 802.11b、IEEE 802.11a、IEEE 802.11g 标准网卡。从频段上区分，802.11a 标准为 5.8 GHz 频段；802.11b、802.11g 标准为 2.4 GHz 频段。从传输速率上来分，802.11b 的传输速率为 11 Mb/s；而 802.11g 和 802.11a 的传输速率是 802.11b 的 5 倍，也就是 54 Mb/s。从兼容性上来区分，802.11a 不兼容 802.11b，但是可以兼容 802.11g；而 802.11g 和 802.11b 两种标准可以相互兼容使用，但在使用时仍需注意，802.11g 的设备在 802.11b 的网络环境下使用只能使用 802.11b 标准，其数据速率只能达到 11 Mb/s。

按网卡接口区分，无线网卡有 PCI 接口无线网卡、笔记本电脑专用的 PCMICA 接口无线网卡、USB 无线网卡等。USB 无线网卡，不管是台式机用户还是笔记本电脑用户，只要安装了驱动程序，都可以使用。在选择时要注意的一点就是，只有采用 USB 2.0 接口的无线网卡才能满足 802.11g 或 802.11g+的需求。

图 A.2-3～图 A.2-6 是几种常见的无线网卡。

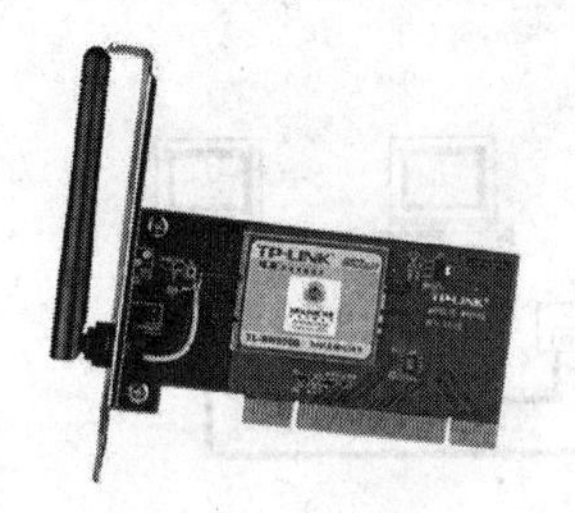

图 A.2-3 PCI 接口无线网卡

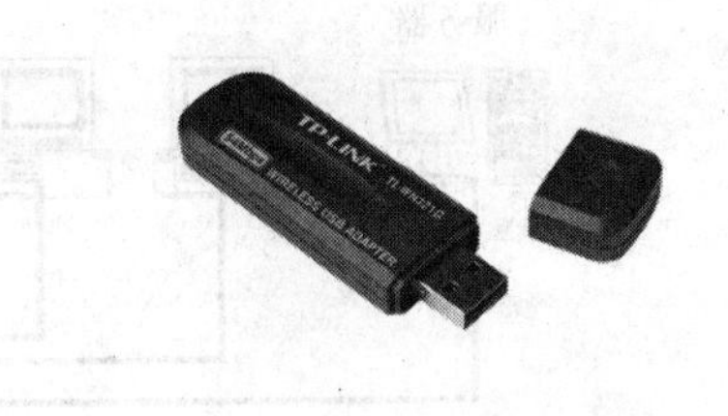

图 A.2-4 USB 接口无线网卡

图 A.2-5 无线笔记本电脑网卡 CDMA/PCMCIA

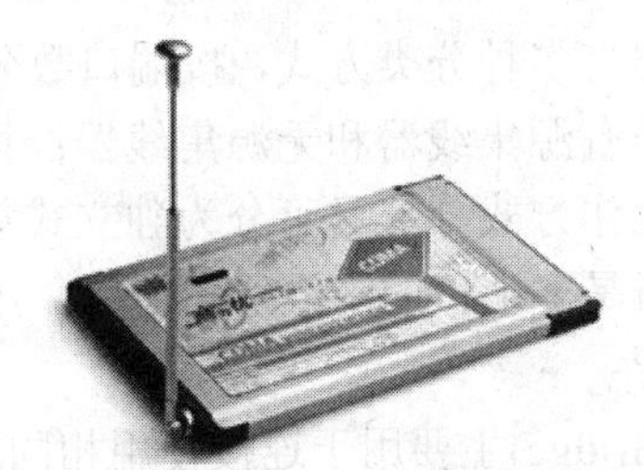

图 A.2-6 无线上网卡

2) 中继器

中继器(Repeater)的主要功能是对传输介质上的信号进行整形、放大，以便信号在网络上传输得更远，达到扩展网络长度的目的。中继器在网络中的应用如图 A.2-7 所示。

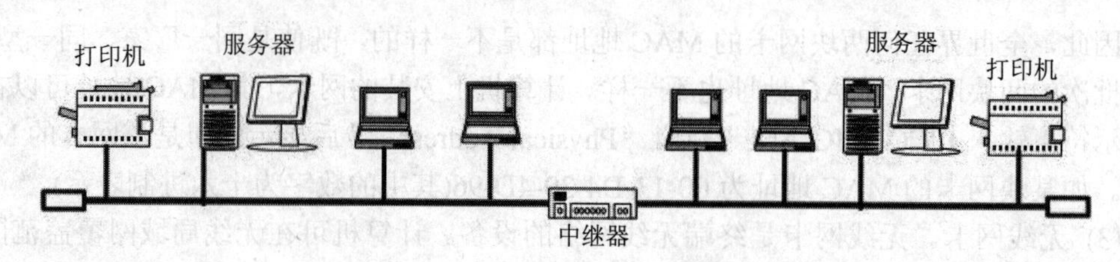

图 A.2-7　中继器在网络中的应用

用中继器实际组建网络时应注意以下几点：

(1) 不能形成环路。

(2) 必须遵循 MAC 协议的定时特性。MAC 协议的定时特性是指：用中继器扩展以太网的范围时必须符合中继规则。具体地讲，对于 10 Mb/s(即网络中数据传输的速率为每秒 10 Mb)以太网，其中继规则可概括为 5-4-3-2-1。其中："5"表示网络中两站点之间通信最多经过 5 条电缆；"4"表示网络中两个站点通信经过的整个信道上最多连接 4 个中继器；"3"表示 5 个网段中 3 个网段可以连接网站；"2"表示 5 个网段中 2 个网段只用来延长网络的距离，不连接网站；"1"表示以上规则合起来构成一个共享式以太网。

对于 100 Mb/s 以太网，其中继规则可概括为 3-2-1。其中："3"表示网络中两站点之间通信最多经过 3 条电缆；"2"表示网络中两个站点通信经过的整个信道上最多连接 2 个高速中继器；"1"表示以上规则合起来构成一个共享式高速以太网。

3) 集线器

集线器(HUB)的实质是多端口的中继器。其主要功能除了中继器的功能外，还有集中管理网络、提高网络的稳定性和可靠性等功能。集线器是组建星型网络的中心节点设备。集线器在网络中的应用如图 A.2-8 所示。

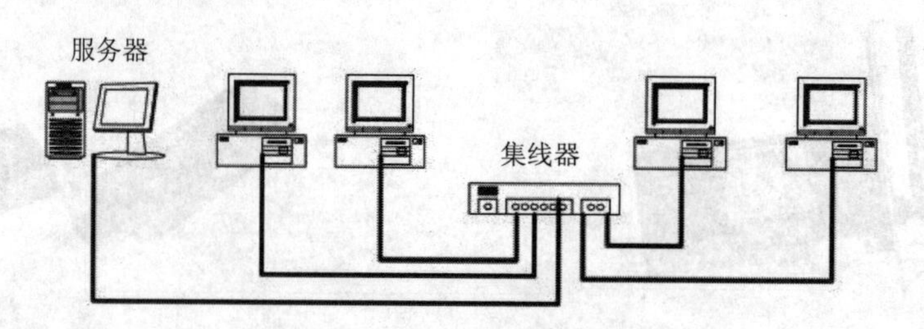

图 A.2-8　集线器在网络中的应用

集线器有多种分类方式，按端口数分，可分为 8 口、16 口、24 口集线器；按有无电源分，可分为有源集线器和无源集线器；按可否堆叠分，可分为可堆叠集线器和不可堆叠集线器；按工作方式分，又可分为独立式集线器、交换式集线器、智能式集线器等。因为集线器的实质是多端口的中继器，所以，用集线器组建网络时也需符合上述中继规则。

4) 网桥

网桥(Bridge)主要用于连接使用相同通信协议、传输介质和寻址方式的网络。它是一种存储转发设备，广泛用于局域网的互联。其主要功能有两点：

(1) 过滤和转发。网络中各设备及工作站都有一个地址。当网桥接到信息包时，检查其源地址和目标地址。若目标地址与源地址不在同一网络，则转发至另一网络；若目标地址与源地址在同一网络，则不转发。因而网桥起到了对信息的过滤作用，进而提高了整个网络的传输效率。

(2) 对地址的学习功能。当网桥收到一个信息包时，将源地址与网桥中的路由表对比，若查不到该地址，就将新的源地址加入到路径表中(这就是网桥对地址的学习功能)。此后，网桥对比目标地址和路径表，若目标地址与源地址在同一网络中，就自动废除信息包(这就是过滤功能)；否则，转发至另一网络中。网桥在网络中的应用如图A.2-9所示。

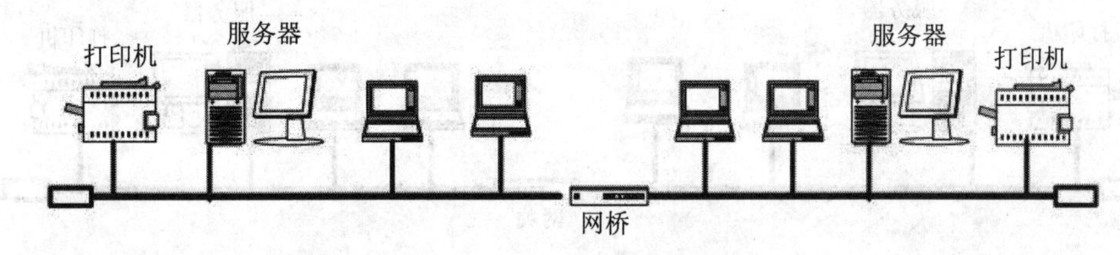

图A.2-9 网桥在网络中的应用

从硬件配置上来分，网桥可分为内部网桥和外部网桥。组成内部网桥的网卡安装在服务器内；外部网桥硬件则安放在专门用作网桥的PC或其他设备上。

按地理位置来分，网桥可分为近程网桥(也称为本地网桥)和远程网桥。连接两个邻近的局域网只需一个本地网桥；但连接低速传输介质(如电话线)间隔的两个网络时要使用两个远程网桥。

5) 路由器

路由器(Router)主要用于连接局域网和广域网，它有判断网络地址和选择路径的功能。它的主要工作就是为经过路由器的报文寻找一条最佳路径，并将数据传送到目的站点。路由器在网络中的应用如图A.2-10所示。

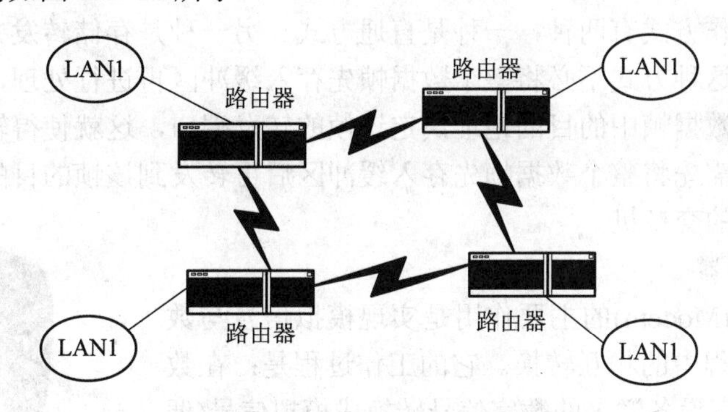

图A.2-10 路由器在网络中的应用

路由器可分为近程路由器和远程路由器；内部路由器和外部路由器；静态路由器和动态路由器；单协议路由器和多协议路由器等。

从硬件配置位置来分，路由器常分为内部路由器和外部路由器。组成内部路由器的多个网卡安装在网络服务器内，网络服务器除了服务器的功能外，还担负了多个局域网的互联功能；外部路由器硬件则放在专门用作路由器的PC或其他设备上。

路由器在工作时需要有初始路径表，它使用这些表来识别其他网络以及通往其他网络的路径和最有效的选择方法。路由器与网桥的工作原理不同，网桥是根据路径表来转发或过滤信息帧的；而路由器是使用路径表的信息来为每一个数据分组选择最佳路径的。静态路由器需要管理员来修改所有网络的路径表，它一般用于小型网间互联；而动态路由器能

根据指定的路由器协议来修改路由器信息，所以一般大型网间连接使用动态路由器。

6) 网关

网关(Gateway)又称信关，它用于不同网络之间的连接，为网络间提供协议转换，并将数据重新分组后再传送。网关在网络中的应用如图 A.2-11 所示。

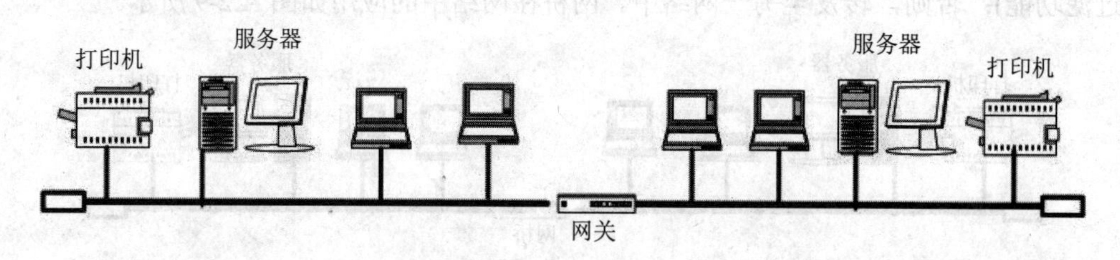

图 A.2-11　网关在网络中的应用

7) 交换机

交换机(Switch)又称为交换式集线器，它是网络互联的重要设备。交换机有二层交换机(功能相当于网桥)、三层交换机(功能相当于路由器)和高层交换机(功能相当于网关)，其外形如图 A.2-12 所示。

图 A.2-12　交换机

交换机的外形与集线器非常相似。其主要特点是：所有端口平时都不联通。当工作站需要通信时，交换机能联通许多对端口，使每一对相互通信的工作站能像独占通信信道一样，无冲突地传输数据，通信完成后断开连接。

交换机的工作方式有两种，一种是直通方式，另一种是存储转发方式。直通方式并非简单直接联通，这种方式不必将整个数据帧先存入缓冲区再进行处理，而是在接收数据帧的同时就立即按数据帧中的目的地址决定该帧的转发端口，这就使得转发速度大大提高；而存储转发方式需先将整个数据帧先存入缓冲区后再转发到该帧的目的端口。现在已有支持两种交换方式的交换机。

8) 调制解调器

调制解调器(Modem)的主要作用是实现模拟信号与数字信号在通信过程中的相互转换。它的工作过程是：在数据发送端，将数字设备送来的数字信号转换成模拟信号(调制)，通过电话线路传输，在电话线路的另一端(数据接收端)，将模拟信号还原成数字信号(解调)。常见的调制解调器外观如图 A.2-13 所示。

图 A.2-13　Modem 外观图

3．传输介质

传输介质是网络通信中信息传输的物理通道，是网络通信的物质基础之一。传输介质可根据其物理形态分为有线介质和无线介质两大类。有线介质常用的有双绞线、同轴电缆和光纤等；无线介质常用的有微波、卫星通信、红外线和激光等。

1) 双绞线

双绞线(Twisted)是最常用的一种传输介质，它由两根绝缘的金属导线扭在一起而成，如图 A.2-14 所示。通常把若干对双绞线(2 对或 4 对)组合在一起用护套包裹。两根绝缘的金属导线扭在一起的目的是减少各线对之间的电磁干扰。一对双绞线中，每英寸的缠绕越多，抗噪性就越好；但是缠绕率高也将导致更大的衰减。因此，生产厂商常取适当的缠绕率。

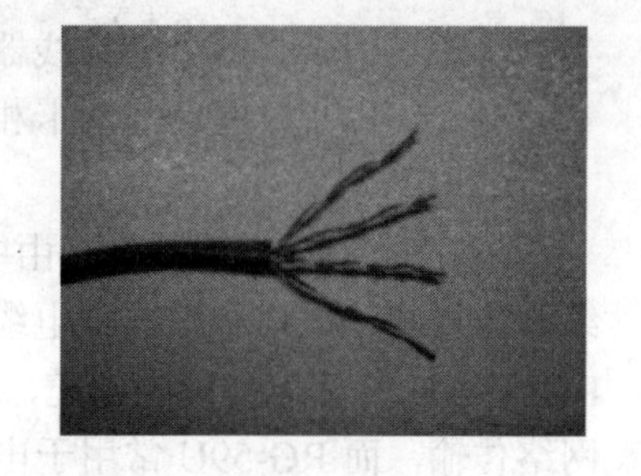

图 A.2-14 双绞线

双绞线可分为屏蔽双绞线(STP)和非屏蔽双绞线(UTP)两大类。屏蔽双绞线外面被一种金属制成的屏蔽层所包围，内有一根漏电线，且每对电线绝缘。非屏蔽双绞线没有金属保护膜，对电磁干扰的敏感性较大，电气特性较差，但其优点是价格便宜。

现在使用的 UTP 双绞线可分为 3 类、4 类、5 类和超 5 类四种，这四种 UTP 双绞线的主要参数如表 A.2-1 所示。

表 A.2-1 UTP 双绞线的主要性能参数

UTP 类别	最高工作频率/MHz	最高数据传输率/(Mb/s)	主要用途
3 类	16	10	10 Mb/s 网络
4 类	20	16	10 Mb/s 网络
5 类	100	100	10/100 Mb/s 网络
超 5 类	100	155	10/100/100 Mb/s 网络

在以太网中使用 UTP 双绞线时，要注意电缆长度不要超过 100 m。双绞线的两端与 RJ-45 水晶头相连。RJ-45 连接口引脚序号和双绞线线序如图 A.2-15 所示。

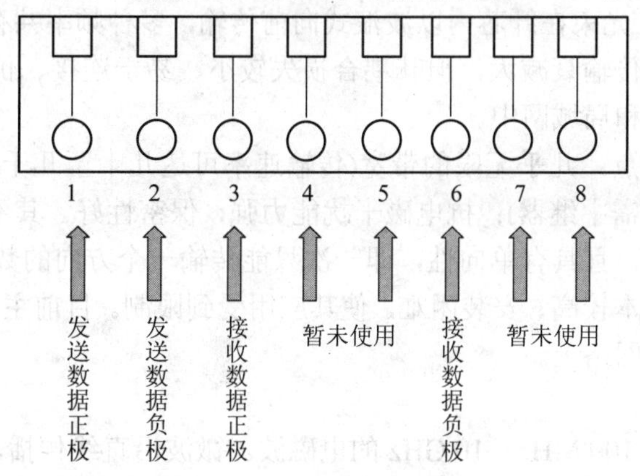

图 A.2-15 RJ-45 连接口引脚序号和双绞线线序

双绞线在使用前需要制作，也就是先将双绞线两端与水晶头相连接，再将接好的水晶头插入要连接的设备的 RJ-45 接口上。双绞线的制作有两个标准，即 T568A 和 T568B 标准。

T568A 标准规定的线序(从左至右)为：绿白、绿、橙白、蓝、蓝白、橙、棕白、棕；T568B 标准规定的线序(从左至右)为：橙白、橙、绿白、蓝、蓝白、绿、棕白、棕。

在工程中常常习惯使用 T568B 标准。

双绞线的制作有三种：A—A、B—B 及 A—B。A—A、B—B 在工程上习惯称为平行线；A—B 在工程上习惯称为交叉线。平行线和交叉线根据连接的网络设备不同在用法上也不同。

平行线用于：网卡与集线器(交换机)相连；集线器与集线器(交换机)相连(级连)。

交叉线用于：网卡与网卡相连；集线器与集线器(不级连)。

2) 同轴电缆

同轴电缆(Coaxial Cable)由中心导体、透明绝缘管、金属屏蔽网和保护套组成。同轴电缆分为粗同轴电缆和细同轴电缆。常用的同轴电缆型号有：RG-58A/U、RG-11 和 RG-59U。RG-58A/U 又称为细同轴电缆，RG-11 又称为粗同轴电缆。RG-58A/U、RG-11 用于计算机网络传输，而 RG-59U 常用于电视电缆。

3) 光纤

光导纤维电缆(Optical Fiber)简称为光纤，它是一种柔软的、能传导光波的介质，一般由玻璃制造。在光纤的中心有一根或多根石英玻璃拉成的细丝(纤维)。从激光器或发光二极管发出的光波穿过这些纤维来进行数据传输。光纤的外面也是一层玻璃，称为包层。包层折射率较低，当光线从中心纤维向包层传输时，将发生折射现象，在大入射角的情况下，将发生全反射，即光信号在中心纤维中不断全反射地传输，不会透射到纤维外。包层外是一层塑料的网状的聚合纤维，最外层是塑料外封套。

光纤主要分为单模光纤和多模光纤两类。

(1) 单模光纤。单模光纤(Single Mode Fiber)是指能传输一路光信号的光纤。其纤芯直径很小(小于 10 μm)，光束在纤芯内以直线方式传输，其频率单一，没有折射。单模光纤具有传输频带宽、容量大、传输损耗小等特点，多用于长距离数据传输。

(2) 多模光纤。多模光纤(Multi Mode Fiber)是指能传输多路光信号的光纤。其纤芯直径较大(50 μm 以上)，光束在纤芯内以波浪式向前传输，多种频率共存。与单模光纤相比，多模光纤频带较窄、传输衰减大，但其耦合损失较小、易于连接、价格较便宜，常用于中、短距离的数据传输和局域网中。

光纤通信的优点：几乎无限的带宽(传输速率可达几十至几千兆位每秒)；低损耗，误码率低(6～8 km 无需中继器)；抗电磁干扰能力强，保密性好。其不足是：成本高。光纤的连接需用专用设备，且具有单向性，即一次只能传输一个方向的数据。

由于光纤的成本较高、安装困难，使其应用受到限制。目前主要用于要求传输速率高、抗干扰性强的主干网络上。

4) 微波

微波是频率在 100 MHz～10 GHz 的电磁波。微波沿直线传播，由于地球表面是曲面，故每隔几千米就需要进行中继，一般间距 25～30 英里要设一个微波中继站。微波线路的成本比同轴电缆和光缆低，但是误码率高、保密性差。

5) 卫星通信

为了增加微波的传输距离，就应提高微波收发器或中继站的高度。当微波中继站放在人造卫星上时，便形成了卫星通信系统。因此，卫星通信是一种特殊的微波中继系统。它用卫星上的中继站接收从地面发来的信号后，加以放大整形再发回地面。一个同步卫星可以覆盖地球 1/3(120°)以上的地表，这样，利用 3 个相距 120° 的卫星便可覆盖整个地球上的全部通信区域。

卫星通信的特点是，通信距离远，费用与距离无关，覆盖面积大，没有地理条件的限制，通信信道带宽大，可进行多址通信和移动通信等；但卫星成本高，传播延迟时间长，受气候影响大，保密性较差。随着科技水平的不断发展，卫星通信是现代通信的主要手段之一。

A.2.2 网络软件

网络软件是合理调度、分配和控制网络系统资源，采取一系列措施保证网络安全，保证网络系统稳定、可靠地运行的软件。它包括网络操作系统和网络应用软件等。

网络操作系统(Network Operation System，NOS)是使网络上各计算机能方便而有效地共享网络资源，为网络用户提供所需的各种服务的软件和有关规程的集合，是网络环境下用户与网络资源的接口。网络操作系统是计算机网络系统的核心部分。网络操作系统的主要部分运行在网络服务器上，它的主要功能是提供网络通信能力、共享资源管理、提供网络服务、管理网络等。

典型的网络操作系统一般具有以下特征：① 硬件独立性，即网络操作系统独立于具体的计算机硬件平台，它可以运行于各种硬件平台之上。当用户作系统迁移时，不必修改系统。② 网络特性，即网络操作系统具有管理计算机资源的能力并为用户提供良好的界面。③ 可移植性和可集成性。④ 多用户、多任务。多任务就是操作系统不等待某一线程完成，就可将系统控制交给其他线程。支持对称多处理技术是现代网络操作系统的基本要求。

目前，网络操作系统的三大主流是：UNIX、NetWare 和 Windows NT。

1. UNIX

UNIX 属于集中式处理的操作系统，它具有多任务、多用户、集中管理、安全保护性能好等优点，因此，在讲究集成、通信能力的现在，它在市场上仍占有一定的份额，在 Internet 中较大的服务器上大多使用了 UNIX 操作系统。众多的 Internet 服务提供商站点也在使用 UNIX 操作系统。

由于普通用户不易掌握 UNIX 系统，因此，在局域网中很少使用 UNIX 网络操作系统。

2. NetWare

NetWare 是以文件服务器为中心的操作系统。它有三个基本组成部分：文件服务器内核、工作站外壳和低层通信协议。NetWare 提供了文件和打印服务、数据服务、通信服务及开放式网络服务等功能。NetWare 以其先进的目录服务环境，集成、方便的管理手段，简单的安装过程等特点，受到用户的好评。但是，随着 Windows 系列操作系统的广泛使用，NetWare 的市场份额正在逐步减少。

3. Windows NT

Windows NT 是 Microsoft 公司的产品。Microsoft 公司 1995 年 10 月推出了 Windows NT Server 3.51 网络操作系统，它的可靠性、安全性及较强的网络功能受到许多网络用户的欢迎。1996 年 Microsoft 公司推出了界面和 Windows 95 基本相同而内核是以 NT Server 3.51 为基础的 Windwos NT 4.0 版本。它是全 32 位的操作系统，提供了多种功能强大的网络服务，如文件服务器、打印服务器、远程访问服务器以及 Internet 信息服务器等。Windows NT 内置了建立 Web 服务器、FTP 服务器的工具。因此，它的性能比 UNIX、NetWare 更优越，且操作界面友好，已经广泛占有市场。目前广泛使用的是 Windows NT 4.0 的升级产品 Windows 2000 Server，更新的产品 Windows 2003 已在较新的计算机硬件上广泛应用。

A.2.3　资源子网和通信子网

计算机网络从功能上可分为两大部分：资源子网和通信子网。通信子网是网络中的数据通信系统，它由用于信息交换的网络节点处理机和通信链路组成，主要负责通信处理工作，如网络中的数据传输、加工、转发和变换等。不同类型的网络，其通信子网的物理组成也不尽相同，局域网最简单，它的通信子网由物理传输介质和主机网络接板(网卡)组成；而广域网，除了物理传输介质和主机网络接板(网卡)外，必须靠通信子网的转接节点传递信息。

资源子网是网络中信息资源的来源和发送信息的目的地。资源子网一般由主机系统、终端、相关的外部设备和各种软硬件资源、数据资源组成。资源子网负责整理网络中的数据，并向网络用户提供各种网络资源和服务。

通信子网和资源子网都由网络单元组成。随着计算机网络技术的发展，网络单元也日益增多。

例 A-3　在一个学校实训机房中，通常有一台服务器，若干台交换机(或集线器)，几十台计算机(工作站)，各计算机通过双绞线与交换机(或集线器)相连。这里的服务器、工作站就属于资源子网，而双绞线、交换机就属于通信子网。

A.3　网络协议与网络体系结构

A.3.1　网络的层次结构

计算机网络是一个涉及通信系统和计算机系统的复杂的系统。为了简化问题，减少协议设计及实现的复杂性及难度，人们将计算机网络要实现的功能人为地分成较小的相对独立的模块，每一个模块实现较少的功能，将整个系统结构化、模块化。各模块按功能划分层次，各层次间进行有机的连接，下层为其上层提供必要的功能服务，上层调用下层的功能服务。这种层次结构的设计称为网络层次结构模型。

A.3.2　网络协议

在计算机网络系统中包含多种计算机系统，它们的硬件和软件各不相同，要实现在网络中交换信息，共享计算机网络的资源，就需要实现不同系统的实体间的相互通信。这里的实体是指各种应用程序、文件传送软件、数据库管理系统、电子邮件系统及终端等。这里的系统包括计算机、终端和各种设备等。一般来说，实体是指能发送和接收信息的任何个体；而系统是指物理上存在的物体，它包括一个或多个实体。两个实体要想实现通信，它们就必须具有相同的通信双方都能理解的语言，必须说明交流什么、怎样交流及何时交流等。两个实体间通信，必须遵守有关实体间相互都能接受的一些规则，这些规则的集合称为协议。因此，为进行网络中数据交换而建立的规则、标准或约定即称为网络协议。

网络协议一般由语法、语义和时序三要素组成。语法包括数据与控制信息的结构或格式；语义包括用于协调同步和差错处理的控制信息；时序包括速度匹配和事件实现顺序的详细说明。

1) 局域网协议

局域网常用的三种通信协议分别是：TCP/IP 协议、NetBEUI 协议和 IPX/SPX 协议。

(1) TCP/IP 协议。TCP/IP(Transmission Control Protocol/Internet Protocol,传输控制协议/网际协议)是这三大协议中最重要的一个，作为互联网的基础协议，没有它就根本不可能上网，任何与互联网有关的工作都离不开 TCP/IP 协议。但是 TCP/IP 协议也是这三大协议中配置最麻烦的一个，若需要通过局域网访问互联网，就要详细设置 IP 地址、网关、子网掩码、DNS 服务器等参数。

(2) NetBEUI 协议。NetBEUI(NetBios Enhanced User Interface，网络基本输入输出增强用户接口)，是由 IBM 于 1985 年提出的，是 NetBIOS 协议的增强版本，曾被许多操作系统采用，例如 Windows for Workgroup、Windows 9x 系列、Windows NT 等。

NetBEUI 是一种短小精悍、通信效率高的广播型协议，安装后不需要进行设置，特别适合于通过“网络邻居”传送数据。在局域网中的计算机，一般除了 TCP/IP 协议之外，最好也配置 NetBEUI 协议。另外还有一点要注意，如果一台计算机只装了 TCP/IP 协议的 Windows 98 机器要想加入到 WINNT 域，也必须安装 NetBEUI 协议。

NetBEUI 协议主要是为拥有 20～200 个工作站的小型局域网设计的，用于 NetBEUI、LanMan 网、Windows For Workgroups 及 Windows NT 网。NetBEUI 是一个紧凑、快速的协议，但由于 NetBEUI 没有路由能力，即不能从一个局域网经路由器到另一个局域网，已不能适应较大的网络需求。如果需要路由到其他局域网，则必须安装 TCP/IP 或 IPX/SPX 协议。

(3) IPX/SPX 协议。IPX/SPX(Internetwork Packet eXchange/Sequential Packet eXchange，互联网包交换/顺序包交换)，它是由 Novell 提出的用于客户/服务器相连的网络协议。使用 IPX/SPX 协议能运行通常需要 NetBEUI 支持的程序，通过 IPX/SPX 协议可以跨过路由器访问其他网络。

在网络应用中，IPX/SPX 主要用于 NetWare 操作系统，为了使其他操作系统与 NetWare 能够通信，我们必须在 NetWare 以外的操作系统上安装 IPX/SPX 协议。例如利用 Microsoft 系统与 NetWare 互联，我们必须安装 SPX/IPX 协议(在基于 NT 的操作系统上是 NWlink 协议，因为 NWlink 协议已经包括了 SPX/IPX 协议)。

IPX 协议是一个对等的网络协议，它在网络内部或它们之间提供了非连接数据报传输、控制地址以及数据路由包服务。在非连接传输中，每次数据包被传送时，一个会话不需要被配置就发出去了。因此，当数据被断断续续地传输时，无连接传输是最有效的。

因为 IPX 是一个非连接协议，所以它不提供数据流控制或者已经接收到数据包的任何信息。相反地，单个数据包独立地到达它们的目的地，而 IPX 是假想它们能够完整无缺地到达的，而不担保它们能够到达目的地时完整无缺或者它们是按照一定的顺序到达的。然而，在 LAN 上传输的数据是非常容易出错的，所以 IPX 在 LAN 上传输非连续的数据是非常有效率的。

SPX是一个基于IPX的提供导向连接服务的协议。虽然导向连接服务需要配置会话，但是，一旦一个会话被建立后，这个服务不再需要在数据传输上花费时间。因此，对于一个连续的连接来说，它是非常有效率的。SPX提供了可靠的数据传输服务。

2) 广域网协议

常用的广域网协议有：HTTP、FTP、SMTP。

(1) HTTP。HTTP(HyperText Transfer Protocol，超文本传输协议)，它用于传送WWW(World Wide Web，全球互联网)方式的数据。HTTP协议采用了请求/响应模型。客户端向服务器发送一个请求，请求包含请求的方法、协议版本以及包含请求修饰符、客户信息和内容的类似于MIME(Multpurpose Internet Mail Extensions，将非文本文件捆绑在标准Internet 邮件上的标准)的消息结构。服务器以一个状态行作为响应，相应的内容包括消息协议的版本、成功或者错误编码加上包含服务器信息、实体元信息以及可能的实体内容。

(2) FTP。FTP(File Transfer Protocol，文件传送协议)，是一个用于从一台主机到另一台主机传送文件的协议。FTP的主要作用就是让用户连接上一个远程计算机(这些计算机上运行着FTP服务器程序)，查看远程计算机有哪些文件，然后把文件从远程计算机复制到本地计算机，或把本地计算机的文件送到远程计算机去。与大多数Internet服务一样，FTP也是一个客户机/服务器系统。用户通过一个支持FTP协议的客户机程序，连接到在远程主机上的FTP服务器程序。用户通过客户机程序向服务器程序发出命令，服务器程序执行用户所发出的命令，并将执行的结果返回到客户机。比如说，用户发出一条命令，要求服务器向用户传送某一个文件的一份拷贝，服务器会响应这条命令，将指定文件送至用户的机器上。客户机程序代表用户接收到这个文件，将其存放在用户目录中。

(3) SMTP。SMTP(Simple Mail Transfer Protocal，简单邮件传输协议)，是一个向用户提供高效、可靠的邮件传输的协议。SMTP 的一个重要特点是它能够在传送中接力传送邮件，即邮件可以通过不同网络上的主机接力式传送。SMTP 工作在两种情况下：一是电子邮件从客户机传输到服务器；二是从某一个服务器传输到另一个服务器。SMTP是个请求/响应协议，它监听25号端口，用于接收用户的邮件请求，并与远端邮件服务器建立SMTP连接。

SMTP通常有两种工作模式：发送SMTP和接收SMTP。具体工作方式为：发送SMTP在接到用户的邮件请求后，判断此邮件是否为本地邮件，若是，就直接投送到用户的邮箱，否则，就向DNS(域名系统)查询远端邮件服务器的MX(Mail Exchanger，邮件交换)记录，并建立与远端接收SMTP之间的一个双向传送通道，此后SMTP命令由发送SMTP发出，由接收SMTP接收，而应答则反方向传送。一旦传送通道建立，SMTP发送者发送MAIL命令指明邮件发送者。如果SMTP接收者可以接收邮件则返回OK应答。SMTP发送者再发出RCPT命令确认邮件是否接收到。如果SMTP接收者接收，则返回OK应答；如果不能接收到，则发出拒绝接收应答(但不中止整个邮件操作)，双方将如此重复多次。当接收者收到全部邮件后会接收到特别的序列，如果接收者成功处理了邮件，则返回OK应答。

(4) PPP。PPP(Point to Point Protocol，点对点协议)，是计算机通过电话线和调制解调器来建立TCP/IP连接的协议，现在广泛应用于Internet中。它是TCP/IP网络协议集合中的一个子协议，主要用来创建电话线路以及ISDN(Integrated Services Digital Network，综合业务数字网)拨号接入ISP(Internet Service Provider)的连接，具有多种身份验证方法、数据压缩和加密以及通知IP地址等功能。

A.3.3 网络体系结构

网络体系结构，即计算机网络的层次及各层协议的集合。或者说，网络体系结构是关于计算机网络应设置哪几层，每个层次又应提供哪些功能的准确定义。至于各层的功能应如何实现，则不属于网络体系结构的内容。网络体系结构只是从层次结构及功能上来描述计算机网络的结构，并不涉及到每层硬件和软件的组成，更不涉及这些硬件和软件本身的实现问题。由此可见，网络体系结构是抽象的、存在于书面上的描述。而对于为完成各层规定的功能所用的硬件和软件，这些具体实现问题，不属于网络体系结构的范畴。因此，对于同样的网络体系结构，可采用不同的方法设计出完全不同的硬件和软件来为相应层次提供完全相同的功能和接口。

网络体系结构的标准化是网络技术发展的非常重要的问题。世界上主要的标准化组织在这方面做了大量的工作，研究和制定了一系列有关计算机网络和数据通信的国际标准。国际标准化组织(ISO)制定的开放系统互联(OSI)参考模型、国际电信联合会(ITU，原名为国际电报电话咨询委员会CCITT)的X系列和V系列建议书、美国电气电子工程师学会(IEEE)的IEEE 802局域网协议标准以及美国电子工业协会(EIA)的RS系列标准等都是著名的国际标准。这些标准的制定为计算机网络技术的应用和发展起到了积极的推动作用。

A.3.4 ISO/OSI参考模型

网络体系结构中，最著名的是国际标准化组织(ISO)于1981年颁布的开放系统互联参考模型(Open System Interconnection Reference Model，简称OSI模型)。ISO/OSI参考模型将整个网络分为七个层次，它们是：物理层、数据链路层、网络层、传输层、会话层、表示层和应用层，如图A.3-1所示。

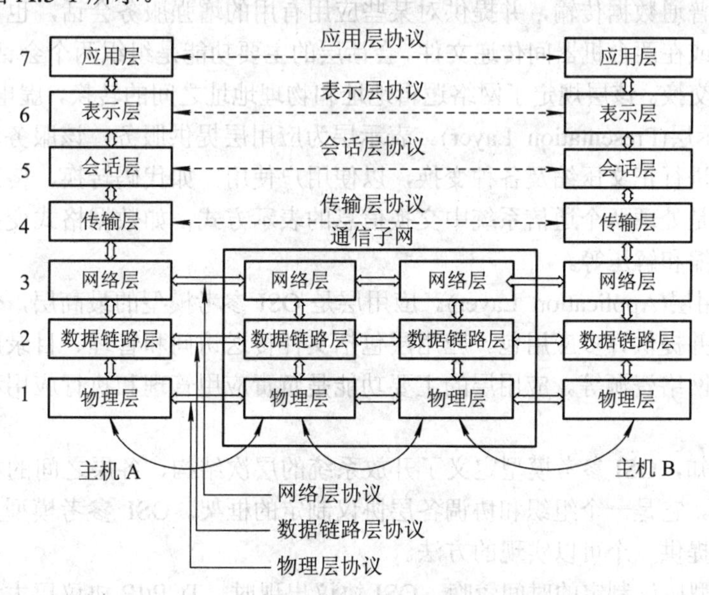

图A.3-1 ISO/OSI参考模型及协议

开放系统互联参考模型中的“开放”是指一系统能按OSI标准与另一系统进行通信。该模型中各层的主要功能如下：

(1) 物理层(Physical Layer)。物理层位于OSI参考模型的最低层，涉及到通信在信道上传输的原始比特流，设计上必须保证一方发出二进制“1”时，另一方收到的也是“1”而不是“0”。物理层的主要功能是利用物理传输介质为数据链路层提供物理连接，实现二进制数据的传送。物理层对线路类型、传输速率、信号电平等参数进行描述。在物理层，数据传输的单位是比特(Bit)。

(2) 数据链路层(Data Link Layer)。数据链路层位于OSI参考模型的第二层，主要任务是加强物理层传输原始比特的功能，以帧为单位进行数据传输，使之对网络层显现一条无差错的链路。数据链路层的主要功能是在物理层的基础上，在网络中节点之间建立数据链路连接，并且规定传送单位帧的格式、差错控制方法和流量控制方法等。在数据链路层，数据传输的单位是帧(Frame)。

(3) 网络层(Network Layer)。网络层位于OSI参考模型的第三层，该层关系到子网的运行与控制，其中一个关键问题是确定以分组或包为单位的数据从源端到目的端如何选择路由。网络层的主要功能是通过选择路径的算法，为分组通过通信子网选择最适当的路径，防止通信子网信息流量过大造成网络阻塞，并建立和管理网络连接等。在网络层，数据传输的单位是分组或包。

(4) 传输层(Transport Layer)。传输层的主要任务就是负责主机中两个进程之间的通信，其数据传输的单位是报文段(Segment)。传输层从会话层接收数据，并且在必要的时候把它分成较小的报文段以方便传输，确保到达对方的各段信息正确无误，这些任务都必须高效率地完成。传输层的主要功能是为用户进程提供可靠的端到端的服务并传输数据，分割和重组报文，进行传输层的流量控制。它是通信体系结构中最关键的一层。

(5) 会话层(Session Layer)。会话层允许不同机器上的用户建立会话关系，允许进行类似传输层的普通数据传输，并提供对某些应用有用的增强服务会话，也可被用于远程登录到分时系统或在两台机器间传递文件。会话层的主要功能是组织两个会话进程之间的通信，并管理数据交换。该层规定了网络逻辑地址和物理地址之间的转换，虚电路的建立和拆除。

(6) 表示层(Presentation Layer)。表示层为应用层提供服务，该服务可以解释所交换数据的意义，进行正文压缩及各种变换，以便用户使用，如代码转换、格式转换等。表示层的主要功能是处理两个通信系统中交换信息的表示方式，如数据格式变换、数据加密和解密、数据压缩和解压等。

(7) 应用层(Application Layer)。应用层是OSI参考模型的最高层，包含大量人们普遍需要的协议并提供许多应用包。应用层包括文件传送访问和管理、目录服务、事务处理、提供和管理网络资源等。应用层的主要功能是负责应用管理和执行应用程序以满足用户的需要。

由此可知，OSI参考模型定义了开放系统的层次结构、各层之间的相互关系及各层所包括的服务。它是一个组织和协调各层协议制定的框架。OSI参考模型只是描述了一些概念，并没有提供一个可以实现的方法。

OSI模型协议制定的时间较晚，OSI协议出现时，TCP/IP协议已大量应用在大学和科研机构。由于OSI标准制定的周期太长、协议实现过于复杂及OSI层次划分不太合理等原因，Internet 已抢先在全世界覆盖了相当大的范围，因此，网络体系结构得到广泛应用的并不是国际标准 OSI，而是应用在 Internet 上的非国际标准的 TCP/IP 体系结构。这样，TCP/IP 就成了事实上的国际标准。

A.3.5 TCP/IP 体系结构

TCP/IP(Transmission Control Protocol/Internet Protocol，传输控制协议/网际协议)，源于 ARPANET(Advanced Research Project Agency NET，高级研究计划局网络)，最早是 1957 年由美国国防部成立的高级研究计划局制定并加入到 Internet 中的。TCP/IP 后来进入商业领域，以实际应用为出发点，支持不同厂商、不同机型、不同网络的互联通信，并成为当前公认的工业标准。这里的 TCP/IP 并不是仅仅指 TCP 和 IP 这两个具体的协议，而是表示 Internet 所使用的体系结构中的整个协议簇。

虽然 TCP/IP 协议没有采用 ISO/OSI 参考模型结构，但也采用了分层体系结构，所涉及的层次结构包括网络接口层、互联层、传输层和应用层。TCP/IP 分层结构与 OSI 体系结构的对比如图 A.3-2 所示。

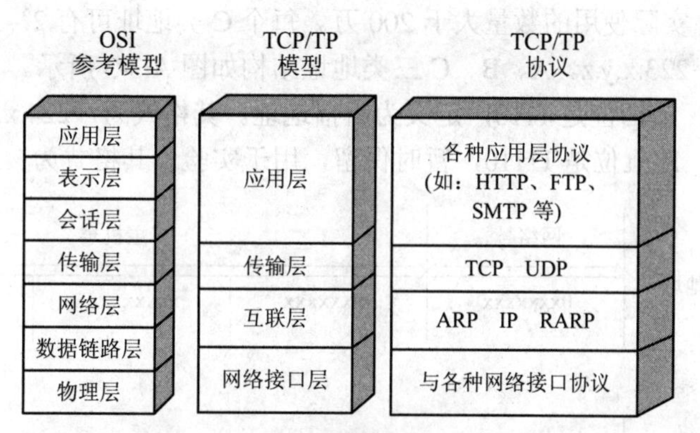

图 A.3-2 TCP/IP 协议模型

下面介绍 TCP/IP 协议各层实现的具体功能和作用。

1. 网络接口层

网络接口层是 TCP/IP 协议模型的最低层，负责通过网络发送和接收 IP 数据包，提供 TCP/IP 协议与各种物理网络的接口，为数据报的传送和校验提供了可能。这些物理网络包括各种局域网和广域网，如 Ethernet、Token Ring、X.25 公共分组交换网等。

2. 互联层

互联层(又称网间网层)位于网络接口层之上，主要功能是负责将源节点的报文分组发送到目的节点，包括处理来自传输层的分组发送请求、处理接收的数据包和处理互连的路径、流量控制及拥塞问题等。而在 Internet 中网络与网络之间的数据传输主要依赖于互联层的 IP 协议。

IP(Internet Protocol, 网际协议)是构成网间网层的一个主要部分。IP 负责将数据报由一台主机传输到另一台主机。其功能包括管理 Internet 中的地址、路由选择及数据报的分片与重组。

Internet 中的地址，即 IP 地址，也即“符合 IP 协议的地址”，目前采用的版本是 IPv4

(IP 地址的第 4 个版本，以下简称 IP 地址)。IP 地址具有固定、规范的格式，它由 32 位二进制数组成，分成四段，其中每 8 位构成一段，一般用十进制数表示，段与段之间用英文的“.”隔开。如某台计算机的 IP 地址可设为 192.168.1.18。

1) IP 地址的分类

IP 地址根据适用的范围不同分为五类：A 类地址、B 类地址、C 类地址、D 类地址和 E 类地址。分类的方法是根据地址二进制数的前几位，并将一个地址分为网络号和主机号两部分。

A 类地址：第一位是 0，第一个字节为网络号，后三个字节为主机号。A 类地址的网络共有 2^7(128)个，但规定 IP 地址不能是全“0”和全“1”，因此，实际使用的只有 1～126 共 126 个。每个 A 类地址可有 $2^{24}-2$(1 677 214)台主机，其格式为：1.x.y.z～126.x.y.z。

B 类地址：前两位是 10，前两个字节为网络号，后两个字节为主机号。B 类地址的网络共有 2^{14} 个，实际使用的只有 16 320 个。每个 B 类地址可有 $2^{16}-2$(65 534)台主机，其格式为：128.x.y.z～191.x.y.z。

C 类地址：前三位是 110，前三个字节为网络号，后一个字节为主机号。C 类地址的网络共有 2^{21} 个，实际使用的数量大于 200 万。每个 C 类地址可有 2^8-2(254)台主机，其格式为：192.x.y.z～223.x.y.z。A、B、C 三类地址结构如图 A.3-3 所示。

D 类地址：前四位是 1110，定义为组播地址。其格式为：224.x.y.z～239.x.y.z。

E 类地址：前五位是 11110，暂时保留，用于实验。其格式为：240.x.y.z～255.x.y.z。

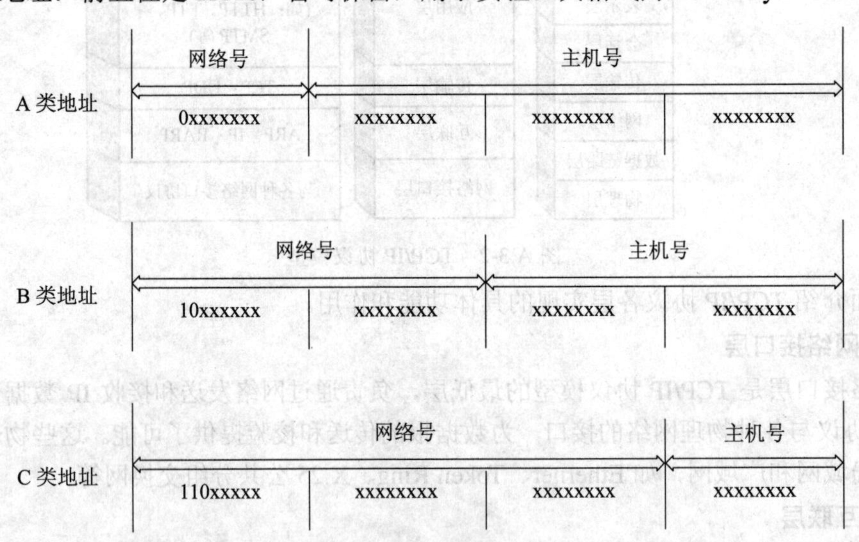

图 A.3-3　基本的 IP 地址

在五类 IP 地址中，只有 A 类、B 类、C 类地址可供一般主机使用。网络号不能用 127，127 是用来进行循环测试的地址，如在 IE 浏览器地址栏输入http://127.0.0.1，可以检查本机上的 Web 主页；用 ping 127.0.0.1 命令进行循环测试，可以检查网卡与驱动程序是否工作正常。网络号和主机号的二进制数不可以全部是 1，也不可以全部是 0(其对应的每个字节中十进制数是 255 和 0)，如 255.255.255.255 为广播地址，给这个地址发送信息，则表示将信息发送(广播)给网络上的所有主机；如果给 192.168.0.255 这个地址发送信息，则表示将信息发送(广播)给网络号为 192.168.0 的网络内的所有主机。要让自己的计算机联入公网中，就要到管理机构申请公用 IP 地址。如果只是在内部联网，则可使用私有 IP 地址。私有 IP 地址范围有：10.x.y.z、169.254.y.z、172.16.0.0～172.31.255.255、192.168.y.z。这些地址不能联入 Internet，只能供 Intranet 使用。

2) 子网掩码

子网掩码同 IP 地址一样，是一个 32 位的二进制数，只是网络部分全为“1”，主机部分全为“0”。IP 地址中的主机号可继续划分为“子网号”和“主机号”。当一个 IP 地址中主机数量较大时(比如一个 B 类地址可以有 65534 台主机)，为了便于隔离和管理网络，同时防止网络内由于主机数量太多出现“广播风暴”问题，可采用划分子网的方法。判断两个 IP 地址是否在同一个子网中，只需判断这两个 IP 地址与子网掩码作逻辑“与”运算的结果是否相同，相同则说明在同一子网中。

例 A-4 设有两台计算机，一台计算机的 IP 地址为 193.100.0.18，子网掩码为 255.255.255.0；另一台计算机的 IP 地址为 193.100.0.20，子网掩码为 255.255.255.0。判断两台计算机是否在同一子网中。

将两台计算机的 IP 地址与子网掩码作逻辑与运算。先将十进制转换为二进制表示，然后再计算。第一台计算机：

193.100.0.18	11000001	01100100	00000000	00010010
255.255.255.0	11111111	11111111	11111111	00000000
与的结果	11000001	01100100	00000000	00000000
十进制结果	255	255	255	0

第二台计算机：

193.100.0.20	11000001	01100100	00000000	00010100
255.255.255.0	11111111	11111111	11111111	00000000
与的结果	11000001	01100100	00000000	00000000
十进制结果	255	255	255	0

两个“与”的结果是一样的，都是 255.255.255.0，说明两台主机在同一子网内。

例 A-5 设有两台计算机，一台计算机的 IP 地址为 193.100.0.129，子网掩码为 255.255.255.192；另一台计算机的 IP 地址为 193.100.0.66，子网掩码为 255.255.255.192。判断两台计算机是否在同一子网中。

将计算机 IP 地址与子网掩码作逻辑与运算。先将十进制转换为二进制表示，然后再计算。第一台计算机：

193.100.0.129	11000001	01100100	00000000	10000001
255.255.255.192	11111111	11111111	11111111	11000000
与的结果	11000001	01100100	00000000	10000000
十进制结果	255	255	255	128

第二台计算机：

193.100.0.20	11000001	01100100	00000000	01000010
255.255.255.192	11111111	11111111	11111111	11000000
与的结果	11000001	01100100	00000000	01000000

十进制结果　255　255　255　64

两个“与”的结果不一样，说明两台主机不在同一子网内。

3) 与IP配合使用的协议

与IP配合使用的协议还有：Internet控制报文协议(ICMP，Internet Control Message Protocol)，用于报告差错和传输控制信息；地址转换协议(ARP，Address Resolution Protocol)，用于将IP地址转换为物理地址；反向地址转换协议(RARP，Reverse Address Resolution Protocol)，用于将物理地址转换成IP地址。

物理地址是网卡上固有的地址。两台计算机通信的根本依据是其上的物理地址。物理地址就像人的身份证号码一样是唯一的，任何两块网卡的物理地址都不会一样。物理地址常用十六进制数表示，如某台计算机上网卡的物理地址为00-E0-4C-ED-0E-D3，该地址可在DOS命令提示符下键入IPCONFIG/ALL得到。Physical Address后显示的就是网卡的物理地址。

3．传输层

传输层的功能是提供应用程序之间的端对端的通信服务。这里定义了两个端到端的协议：TCP和UDP(User Datagram Protocol，用户数据报协议)。TCP是一个传输控制协议，它是一个面向连接的协议，它负责将二进制序列无差错地从源节点发送到目的节点；而UDP是一个不可靠的、无连接协议，用于不需要分组按顺序到达的数据传输。

TCP和UDP都使用了端口(Port)进行寻址。一个主机里往往有多个进程在运行，为区分是哪个进程在通信，就必须在传输层上设置一些端口。一个端口是一个16位的地址，一些最常用的应用层服务都各有一个对应的端口号，这种端口号叫做数字端口，端口号在0～255之间，如应用层提供的WWW服务端口为80，FTP服务端口为21等。

4．应用层

应用层是TCP/IP协议模型的最高层，包括OSI模型的所有高层协议。应用层目前主要的服务有：用于远程登录的网络终端服务Telnet、用于交互式文件传输服务的FTP、用于电子邮件服务的SMTP、用于把主机名映射到网络地址的域名系统服务DNS、用于在万维网(WWW)上获取主页的协议HTTP和用于交换网络设备之间的路由信息协议RIP等。随着网络技术的不断发展，新的高层服务还会不断加入。

A.3.6　OSI与TCP/IP参考模型的比较

OSI参考模型与TCP/IP参考模型相比各有优劣。二者的共同点是，都采用分层结构，且各对应层的功能大体相似。二者的不同点有：

(1) OSI模型有三个主要概念：服务、接口与协议，OSI模型对这三个概念之间的区分十分明确；而TCP/IP参考模型最初没有明确区分服务、接口和协议，后来人们试图改进它，以便接近OSI。OSI模型中的协议比TCP/IP参考模型中的协议具有更好的隐藏性，在技术发生变化时能相对较容易地替换掉。

(2) OSI参考模型产生在具体协议之前，而TCP/IP参考模型却正好相反，首先出现的是协议，模型实际上是对已有协议的描述。因此，不会出现协议不能匹配模型的情况。问题只是该模型不适合于任何其他协议栈，不能描述其他非TCP/IP网络。

(3) 两个模型间明显的不同是层数。OSI模型有七层，而TCP/IP模型只有四层。两者都有网络层(网间网层)、传输层和应用层，但其他层都不相同。

(4) OSI模型在网络层支持无连接和面向连接的通信，在传输层仅有面向连接的通信；而TCP/IP模型在网间网层仅支持无连接通信，却在传输层支持无连接和面向连接的通信。

练习题A

练习A-1 单项选择题

1．广域网的英文缩写为(　　)。

A．LAN　　B．WAN　　C．ISDN　　D．MAN

2．一座大楼内的一个计算机网络系统属于(　　)。

A．LAN　　B．PAN　　C．MAN　　D．WAN

3．在计算机网络中负责节点间的通信任务的那一部分称为(　　)。

A．工作站　　B．资源子网　　C．用户网　　D．通信子网

4．在计算机网络中负责信息处理的那一部分称为(　　)。

A．通信子网　　B．交换网　　C．资源子网　　D．工作站

5．若网络形状是由站点和连接站点的链路组成的一个闭合环，则称这种拓扑结构为(　　)。

A．环型拓扑　　B．总线型拓扑　　C．星型拓扑　　D．树型拓扑

6．若网络形状是由中央节点和通过点到点通信链路接到中央节点的各个站点组成的，则称这种拓扑结构为(　　)。

A．环型拓扑　　B．总线型拓扑　　C．星型拓扑　　D．树型拓扑

7．若网络形状是由一个信道作为传输媒体，所有站点都通过相应的硬件接口直接连接到这一公共传输媒体上，则称这种拓扑结构为(　　)。

A．星型拓扑　　B．树型拓扑　　C．环型拓扑　　D．总线型拓扑

8．下列拓扑结构中，只允许数据在媒体中单向流动的是(　　)。

A．环型拓扑　　B．总线型拓扑　　C．星型拓扑　　D．树型拓扑

9．在物理层上采用总线结构，而在逻辑层上采用令牌环工作原理的网络是(　　)。

A．竞争环网　　B．令牌总线网　　C．以太网　　D．IBM令牌环网

10．以下通信子网的拓扑结构中，不属于广播信道的传输结构是(　　)。

A．卫星或无线广播　　B．星型结构

C．环型结构　　D．总线型结构

11．UNIX是一种(　　)。

A．单用户多进程系统　　B．多用户单进程系统

C．单用户单进程系统　　D．多用户多进程系统

12．以下关于计算机网络的说法中，不正确的是(　　)。

A．在点到点的通信中，两个通信的节点必须有直接的连线，不能通过其他节点的转换

B．广播式传播方式一般用于广域网，而在局域中很少采用

C．在广播传输方式网络中，可用总线或环型的拓扑结构

D．一般来说，广域网的错误率比局域网低

13．网络协议主要要素为(　　)。

A．数据格式、编码、信号电平　　B．数据格式、控制信息、速度匹配

C．语法、语义、同步　　D．编码、控制信息同步

14．在OSI的七层模型中，主要功能是在通信子网中实现路由选择的层次为(　　)。

A．物理层　　B．网络层　　C．数据链路层　　D．运输层

15．在OSI的七层模型中，主要功能是协调收发双方的数据传输速率，将比特流组织成帧，并进行校验、确认及反馈重发的层次为(　　)。

A．物理层　　B．网络层　　C．数据链路层　　D．运输层

16．在OSI的七层模型中，主要功能是提供端到端的透明数据运输服务、差错控制和流量控制的层次为(　　)。

A．物理层　　B．数据链路层　　C．运输层　　D．网络层

17．在开放式系统互联参考模型中，把传输的比特流划分为帧的层次是(　　)。

A．网络层　　B．数据链路层　　C．运输层　　D．分组层

18．在OSI的七层模型中，物理层是指(　　)。

A．物理设备　　B．物理媒体　　C．物理连接　　D．物理信道

19．物理层的基本作用是(　　)。

A．规定具体的物理设备

B．规定传输信号的物理媒体

C．在物理媒体上提供传输信息帧的逻辑链路

D．在物理媒体上提供传输原始比特流的物理连接

20．数据链路层中的数据块常被称为(　　)。

A．信息　　B．分组　　C．比特流　　D．帧

21．在OSI七层模型中，负责总体数据传输和控制的一层为(　　)。

A．数据链路层　　B．网络层　　C．传输层　　D．物理层

22．在OSI七层模型中，主要功能是对源站内部的数据结构进行编码，使之形成适合于传输的比特流的层次为(　　)。

A．运输层　　B．会话层　　C．应用层　　D．表示层

23．在OSI七层模型中，主要功能是提供一种建立连接并有序传输数据的方法。该层次称为(　　)。

A．运输层　　B．表示层　　C．会话层　　D．应用层

24．网络之间的路由信息协议为(　　)。

A．RIP　　B．UDP　　C．ARP　　D．RARP

25．以下哪个不是数据链路层的功能(　　)。

A．流量控制　　B．差错控制　　C．帧同步　　D．路由选择

26．在OSI/RM中，同层对等实体间进行信息交换时所必须遵守的规则是(　　)。

A．接口　　B．服务　　C．连接　　D．协议

27．在TCP/IP协议模型中，以下属于网间网层提供的协议是(　　)。

A．UDP　　B．IP　　C．HTTP　　D．FTP

28．以下的协议中不属于TCP/IP的网络层协议的是(　　)。

A．ICMP　　B．ARP　　C．PPP　　D．RARP

29. 在TCP/IP协议簇中，负责将计算机的互联网地址变换为物理地址的协议是(　　)。

A．ARP　　B．ICMP　　C．RARP　　D．PPP

30. 在TCP/IP协议簇中，用户在本地机上对远程机进行文件读取操作所采用的协议是(　　)。

A．DNS　　B．SMTP　　C．TELNET　　D．FTP

31．(　　)是A类IP地址。

A．168.96.96.202　　B．202.96.96.68

C．192.168.0.1　　D．127.196.130.198

32．IP地址由一组(　　)的二进制数字组成。

A．8位　　B．16位　　C．32位　　D．64位

33．数据链路层上信息传输的基本单位称为(　　)。

A．段　　B．数据包　　C．帧　　D．数据报

34．在TCP/IP协议模型中，以下属于应用层提供的协议是(　　)。

A．TCP　　B．IP　　C．HTTP　　D．ARP

35．TCP的主要功能是(　　)。

A．进行数据分组　　B．保证信息可靠传输

C．确定数据传输路径　　D．提高传输速度

36．双绞线中共有八根线。在网络通信中，起作用的线序号为(　　)。

A．1　2　3　4　　B．1　2　3　5

C．1　2　3　6　　D．1　2　3　8

37．双绞线中共有八根线。在网络通信中，起作用的共有(　　)根线。

A．8　　B．6　　C．5　　D．4

38．IP地址195.100.8.200是(　　)类IP地址。

A．A　　B．B　　C．C　　D．D

39．若某台计算机的IP地址是192.168.8.20，子网掩码是255.255.255.0，则网络号和主机号分别是(　　)。

A．网络号：199；主机号：168.8.20　　B．网络号：192.168；主机号：8.20

C．网络号：192.168.8；主机号：20　　D．网络号：255.255.255；主机号：0

40．将两台计算机用双绞线直接联网，双绞线的制作方法是(　　)。

A．568A—568A　　B．568B—568B

C．568B—568A　　D．两端线序一致即可

练习A-2　填空题

1. 计算机网络是把分布在不同地点且具有独立功能的多个计算机系统通过通信设备和线路连接起来，在功能完善的网络软件和协议的管理下，以实现网络中________为目标的

系统。

2．计算机网络的分类方式有多种，如按交换方式分类、按_________分类、按通信信道类型分类、按地理位置范围分类等。

3．常用的计算机网络的基本拓扑结构有：总线型、________、环型、树型、不规则型、全部互联型和无线蜂窝型等。

4．按计算机网络覆盖的地理范围，可以将其分为__________、城域网、广域网和因特网。

5．网络协议包含三要素，这三要素分别是语义、时序和________。

6．OSI 的体系结构定义了一个七层模型，从下到上分别为物理层、数据链路层、网络层、运输层、会话层、________和应用层。

7．数据通信有信息源、________和信息目的地三大基本要素。

8．与 IP 配合使用的三个协议是：ICMP(Internet 控制报文协议)、_________及 RARP(反向地址转向协议)。

9．TCP/IP 的层次模型由下至上是：网络接口层、________、传输层和应用层。

10．TCP/IP 的网络层最重要的协议是________，它可将多个网络连成一个互联网。

11．互联网协议 IP 的基本任务是通过互联网传送____________。

12．TCP 在 IP 的基础上，提供端到端的_____________的可靠传输。

13．IP 地址由网络标识和___________标识组成。

14．子网掩码的作用是____________________________。

15．IP 地址与域名通过______________进行转换。

16．在 TCP/IP 参考模的传输层上，_______实现的是不可靠、无连接的数据报服务，而 TCP 协议被用来在一个不可靠的互联网络中为应用程序提供可靠的端对端的字节流服务。

17．常用的三种有线传输媒体为双绞线、同轴电缆和________。

练习 A-3　概念解释

1．计算机网络；
2．局域网；
3．广域网；
4．点对点传播方式网；
5．广播式传播方式网；
6．ARP 和 RARP；
7．网络服务器；
8．网络工作站；
9．中继器(Repeater)；
10．路由器(Router)；
11．网络操作系统；
12．IP 地址、子网掩码。

练习 A-4 简答题

1．计算机网络可以从哪几方面分类？怎样分类？

2．简述 ISO/OSI 参考模型中物理层的主要功能。

3．简述 ISO/OSI 参考模型中数据链路层的主要功能。

4．简述 ISO/OSI 参考模型中网络层的主要功能。

5．简述 TCP/IP 模型的四层结构及其主要功能，并指出以下网络协议分别属于 TCP/IP 的哪个层次：TCP、IP、UDP、FTP。

6．简述 OSI 参考模型与 TCP/IP 协议的共同点及不同点。

练习 A-5 判断题(对的打“√”，错的打“×”)

1．TCP/IP 是一组协议。 (　　)

2．设有两台计算机，一台计算机的 IP 地址为 193.100.0.18，子网掩码为 255.255.255.0；另一台计算机的 IP 地址为 193.100.0.88，子网掩码为 255.255.255.0。这两台计算机在同一子网中。 (　　)

3．设有两台计算机，一台计算机的 IP 地址为 193.100.1.18，子网掩码为 255.255.0.0；另一台计算机的 IP 地址为 193.100.0.88，子网掩码为 255.255.0.0。这两台计算机在同一子网中。 (　　)

4．设有两台计算机，一台计算机的 IP 地址为 193.100.1.18，子网掩码为 255.255.255.0；另一台计算机的 IP 地址为 193.100.0.88，子网掩码为 255.255.255.0。这两台计算机在同一子网中。 (　　)

5．设有两台计算机，一台计算机的 IP 地址为 193.100.0.33，子网掩码为 255.255.255.224；另一台计算机的 IP 地址为 193.100.0.66，子网掩码为 255.255.255.224。这两台计算机在同一子网中。 (　　)

附录 B

局 域 网 技 术

本附录摘自尹建璋主编、西安电子科技大学出版社出版的《计算机网络技术及应用实例》第 2 章。

B.1　局域网基础知识

B.1.1　局域网概述

局域网(Local Area Network，LAN)就是局部区域的计算机网络。连接在局域网中的计算机分布范围一般较小，如在一个或几个办公室内、一幢楼内、一个家庭内等。决定局域网特性的主要技术要素是：网络拓扑结构、传输介质及传输介质访问控制方法。

按传输介质访问控制方法来分，局域网可以分为共享介质局域网与交换局域网；按用途和传输速率的不同，局域网又可分为程控小交换机管理的局域网、局部区域网络、高速局部区域网络和宽带网。

局域网的主要特点有：

(1) 覆盖的地理范围较小，一般在几公里的地理范围内。

(2) 局域网一般为个人、一个单位或一个部门所有，易于组建、维护与扩展。

(3) 传输速率高，一般可达到 10 Mb/s～1000 Mb/s。

(4) 可支持多种传输介质，如同轴电缆、双绞线、光缆及无线介质等。

局域网的主要功能是方便高效地提供计算机、外设及各种软、硬件网络资源的共享和网络中计算机之间的相互通信。局域网是现代办公和企业管理的基础。

B.1.2　局域网协议

计算机局域网遵循 OSI 模型，但采用广播通信方式，其体系结构与 OSI 参考模型有很多区别。OSI 有物理层，局域网显然也需要物理层，因为物理连接以及按比特在媒体上传输数据都需要物理层。OSI 的第二层是数据链路层，由于局域网采用广播通信技术，需要较好地解决信道争用问题，为使局域网数据链路层不至于过分复杂，一般将局域网的数据链路层划分为两个子层，即媒体访问控制(MAC，Medium Access Control)子层和逻辑链路控制(LLC，Logical Link Control)子层，将局域网数据链路层中与物理媒体有关的问题都放在 MAC 子层，与物理媒体无关的问题都放在 LLC 子层。由于局域网不存在路由选择问题，所以，局域网可以不要网络层。对于 OSI 的高层协议，局域网用相应的标准完成其功能。

局域网的标准主要是由 IEEE 802 委员会制定的。IEEE(the Institute of Electrical and Electronic Engineer，电气电子工程师协会)802 委员会成立于 1980 年，它专门负责制定不同工业类型的网络标准。在局域网中，由于采用了 802 标准协议，因而几乎所有的局域网都可以实现互联。对于使用不同传输介质的不同局域网，IEEE 802 委员会分别制定了不同的标准，以适用于不同的网络环境。

IEEE 80Ⅱ.1：局域网体系结构及网络互联标准，负责处理 802 与其他各标准之间的互操作性、网络互联及系统管理。

IEEE 802.2：逻辑链路控制子层协议，是高层协议与任何一种局域网 MAC 子层的接口。

IEEE 802.3：定义使用 CSMA/CD(Carrier Sense Multiple Access with Collision Detection)协议和总线拓扑的网络，采用载波监听多路访问控制方法和物理技术规范。

IEEE 802.4：定义了令牌总线(Token Bus)网的 MAC 子层和物理层的规范。

IEEE 802.5：定义了令牌环(Token Ring)网的 MAC 子层和物理层的规范。

IEEE 802.6：定义了城域网 MAN 的 MAC 子层和物理层的规范。

IEEE 802.7：用于宽带传输网，负责制定使用宽带技术的网络标准。

IEEE 802.8：用于光纤电缆网中，作为 802.3～802.5 这几种标准中定义的电缆的替代标准。

IEEE 802.9：用于数据和语音综合网中。

IEEE 802.10：负责处理局域网中如加密、与 OSI 参考模型相兼容的安全结构问题。

IEEE 802.11：处理无线网络的安全、网络协议和接口标准问题。

IEEE 802.12：定义新型高速局域网(100 Mb/s 以太网)标准。

现在 IEEE 标准 802.1～802.6 已成为 ISO 的国际标准 ISO8802.1～8802.6。

在 IEEE 802 标准中，最常用的标准是 IEEE 802.3、IEEE 802.4、IEEE 802.5，它们的介质访问控制方法分别为带有冲突检测的载波监听多路访问方法(CSMA/CD)、令牌总线(Token Bus)方法及令牌环(Token Ring)方法。

B.1.3 典型局域网的标准

1. 以太网和 CSMA/CD 方法

以太网(Ethernet)是目前应用最广泛的基带总线局域网。它的核心技术是 IEEE 802.3 标准定义的 CSMA/CD 总线介质访问控制方法。CSMA/CD 是带有冲突检测的载波监听多路访问方法，是一种随机争用性介质访问控制方法，主要用来解决多节点共享公用总线传输介质的问题。在以太网中，传输介质是公共的，任何一个节点发送数据时，所有节点都可以接收到，而网中没有控制中心，所以会有冲突发生。CSMA/CD 技术有效控制了这种冲突。它包含两方面的内容：载波监听多路访问(CSMA)和冲突检测(CD)。

CSMA/CD 方法的工作过程是：某站点要发送数据，先侦听信道(传输信号的通道)。若信道空闲，立即发送数据并进行冲突检测；若信道忙，继续侦听信道，直到信道变为空闲才发送数据并进行冲突检测。若站点在发送数据过程中检测到冲突，它将立即停止发送数据，并等待一个随机长时间再侦听信道。

在 CSMA/CD 中，引起信息冲突的原因有：

(1) 两站点同时侦听网络信道，同时得知信道空闲，因而同时发送数据。

(2) 网上已有站点发送数据，因传输有延迟，另一站点未检测到载波而发送数据。

解决冲突的方法是采用退避算法计算各站点的等待重发时间。

CSMA/CD 方法的优点是：方法简单，容易实现；缺点是：有冲突发生，通信负荷重时，传输延迟大。

2．令牌环(Token Ring)网

令牌环(Token Ring)网是一种在环型网络结构中利用“令牌”作为控制节点访问介质的介质访问控制方法。这里的“令牌”是一种特殊结构的控制帧，用来控制节点对总线的访问权。Token Ring 由 IEEE 802.5 来定义。令牌环网是采用 Token Ring 介质访问控制方法的环网。

Token Ring 的工作过程是：在正常工作状态下，令牌沿着物理环顺序单向逐站传送。某节点要发送数据，当获得空闲令牌时，先将令牌标志改为忙，然后沿着物理环顺序传送数据帧，网络中的节点按物理环顺序依次接收数据帧。若某节点地址是数据帧上的目的地址，则该节点在正确接收数据帧之后，在数据帧上标志此数据帧已被正确接收和复制。令牌持有节点重新收到自己发送并被目的节点正确接收的数据帧时，它将回收这个数据帧，并将令牌改为空闲标志，再将空闲令牌按物理环顺序向下一个节点传递。

令牌环网的优点是：传输介质访问延迟时间确定，通信信道利用率高，信息在环路单向流动，因而无路径选择问题；不足是：可靠性较差，一个节点故障时，整个环路无法正常工作。

3．令牌总线(Token Bus)网

令牌总线(Token Bus)是一种在总线网络结构中利用“令牌”作为控制节点访问公共传输介质的介质访问控制方法。和令牌环一样，这里的“令牌”是一种特殊结构的控制帧，用来控制节点对总线的访问权。Token Bus 由 IEEE 802.4 来定义。令牌总线网是采用 Token Bus 介质访问控制方法的总线网络。

Token Bus 的工作过程是：在正常工作状态，令牌由高地址向低地址传递，最后由最低地址向最高地址依次循环传递。接收到令牌帧的节点在令牌持有的时间内发送数据帧。若没有数据帧发送、数据帧发送完毕或令牌持有时间到了，则持有令牌的节点按令牌上的地址传递令牌。

Token Bus 的特点是：传输介质访问延迟时间确定，通信信道利用率高，支持优先级服务；不足的是：该方法比较复杂，实现较困难。

令牌总线局域网的物理结构为总线结构，而信息在网络中的传递过程却形成了一个逻辑环，如图 B.1-1 所示，因此，其逻辑结构为环型。

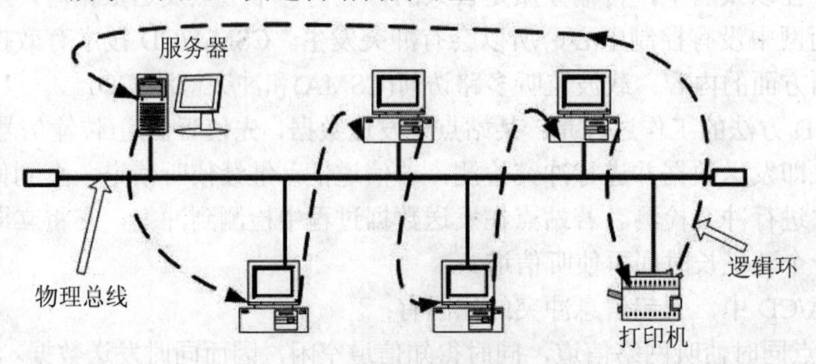

图 B.1-1　令牌总线网拓扑结构

B.1.4 局域网的工作模式

局域网的工作模式是指在局域网中各个节点之间的关系。按照工作模式的划分可以大致将局域网分为专用服务器结构、客户机/服务器模式和对等模式三种。

1. 专用服务器结构

专用服务器结构又称为“工作站/文件服务器”结构。专用服务器结构由若干台微机工作站与一台或多台文件服务器通过通信线路连接起来组成，工作站存取服务器文件，共享存储设备。

服务器是网络的控制核心部件，一般由高档微机或具有大容量硬盘的专业服务器担任。文件服务器以共享磁盘文件为主要目的。对于一般的数据传递来说文件服务器结构已经够用了，但是，在有大量的数据存储且有大量的用户时，专用服务器就不能胜任了，因为随着用户的增多，为每个用户服务的程序也会相应增多，每个程序都是独立运行的大文件，给用户的感觉是极慢的。因此，现在这类网络的应用不是太多。

2. 客户机/服务器模式

客户机/服务器(Client/Server)模式简称C/S模式，如图B.1-2所示。其中一台或几台较大的计算机集中进行共享数据库的管理和存取，称为服务器，而将其他的应用处理工作分散到网络中其他微机上去做，构成分布式的处理系统。服务器控制管理数据的能力已由文件管理方式上升为数据库管理方式，因此，C/S结构的服务器也称为数据库服务器，注重于数据定义、存取安全、备份及还原、并发控制及事务管理，执行诸如选择检索和索引排序等数据库管理功能，它把通过其处理后用户所需的那一部分数据而不是整个文件通过网络传送到客户机上去，减轻了网络的传输负荷。C/S模式中，用户请求的任务由服务器端程序与客户端应用程序共同完成，不同的任务要安装不同的客户端软件。

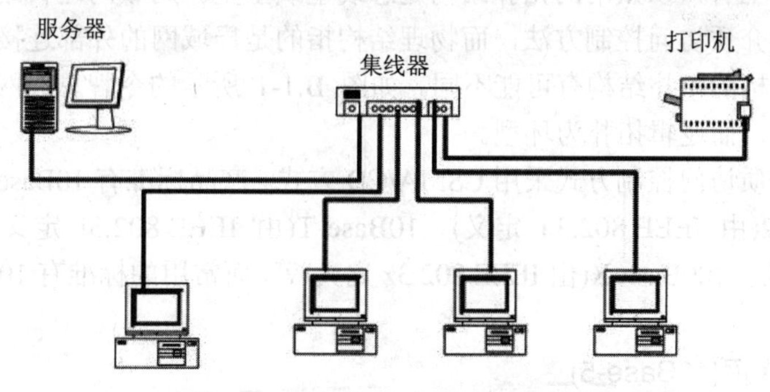

图B.1-2 客户机/服务器连接示意图

浏览器/服务器(B/S，Browser/Server)模式是一种特殊形式的C/S模式，在这种模式中客户端使用一种特殊的专用软件——浏览器。这种模式由于对客户端的要求很少，不需要另外安装附加软件，在通用性和易维护性上具有突出的优点。这也是目前各种网络应用提供基于Web的管理方式的原因。

3. 对等模式

对等模式(Peer-to-Peer)如图B.1-3所示。与C/S模式不同的是，在对等式网络结构中，每一个节点之间的地位对等，没有专用的服务器，在需要的情况下，每一个节点既可以起

客户机的作用也可以起服务器的作用。

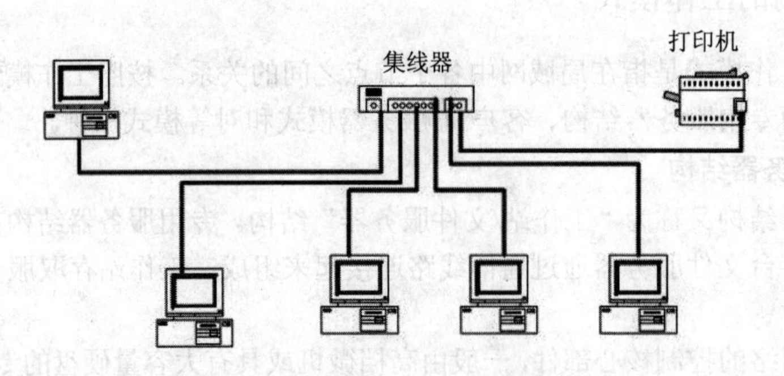

图 B.1-3　对等连接示意图

对等网络也常常被称做工作组。对等网络常采用星型网络拓扑结构，最简单的对等网络就是使用双绞线直接相连的两台计算机。在对等网络中，计算机的数量通常不会超过 10 台，网络结构相对比较简单。

对等网络除了共享文件之外，还可以共享打印机以及其他网络设备。也就是说，对等网络上的打印机可被网络上的任一节点使用，如同使用本地打印机一样方便。因为对等网络不需要专门的服务器来支持网络，也不需要其他组件来提高网络的性能，因而对等网络的价格相对其他模式的网络来说要便宜很多。由于对等网络的这些特点，使得它在家庭或者其他小型网络中应用很广泛。

B.1.5　以太网的产品标准

1. 以太网的拓扑结构

从逻辑结构上看，以太网的拓扑结构是总线型或星型。局域网逻辑结构指的是局域网内的节点关系与介质访问控制方法，而物理结构指的是局域网的外部连接形式，因此，逻辑结构和物理结构的拓扑结构有可能不同。如图 B.1-1 所示的令牌总线网的拓扑结构，物理拓扑为总线型，而逻辑拓扑为环型。

以太网的介质访问控制方式采用 CSMA/CD 方式。产品标准有 10Base-5(由 IEEE 802.3 定义)、10Base-2(由 IEEE 802.3a 定义)、10Base-T(由 IEEE 802.3i 定义)、100Base-T(由 IEEE 802.3u 定义)、100Base-X(由 IEEE 802.3z 定义)等，而常用的标准有 10Base-5、10Base-2 和 10Base-T。

2. 粗缆以太网(10Base-5)

粗缆以太网也即标准以太网，它由 IEEE 802.3 定义，采用 RG-11、50 Ω 同轴电缆为传输介质，工作站通过网络接口板(AUI 接口)、收发器电缆和收发器与总线相连，如图 B.1-4 所示。

根据中继规则，在粗缆以太网中，当不使用中继器时，每段粗缆的最远传输距离为 500 m。如果使用中继器，一个粗缆以太网中两个站点通信，中间最多允许经过 4 个中继器，最多可经过 5 个网段(总长不超过 5×500=2500 m)。每个以太网段中最多可以连入的节点数为 100 个，最多有 3 个网段可接入工作站，最大节点数为 300 个，两个相邻的收发器之间的最小距离为 2.5 m，收发器电缆长度小于 50 m。10Base-5 以太网的中继规则可以归纳为：

5-4-3-2-1。这里的“5”表示：一个粗缆以太网中两个站点通信，全信道最多可经过 5 个网段；“4”表示一个粗缆以太网中两个站点通信，中间最多允许经过 4 个中继器；“3”表示其中 3 个网段可以接入工作站；“2”表示其中 2 个网段只用来延长网络距离；“1”表示按以上规则组成一个共享式以太网。10Base-5 中，“10”表示传输速率为 10 Mb/s，“Base”表示为基带传输，“5”表示一个网段最长为 500 m。

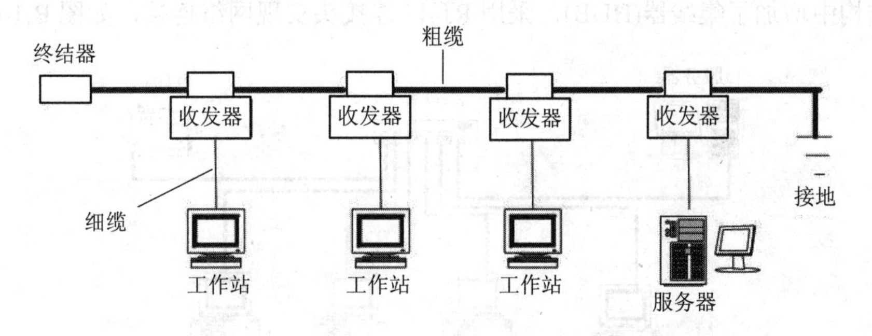

图 B.1-4 10Base-5 以太网

粗缆以太网的优点是可靠性高，抗干扰能力强，作用距离长，因此适合用于干扰较大的环境；但因为粗缆线价格较高，而且要求每个工作站都配置一个外部收发器和收发器电缆，因此，网络投资成本高，现在一般的组网中较少用到。

3. 细缆以太网(10Base-2)

采用 50 Ω 细同轴电缆作为传输介质的以太网被称为细缆以太网，由 IEEE 802.3a 定义。其工作站通过 BNC-T 型连接头与网卡的 BNC 接口相连，如图 B.1-5 所示。

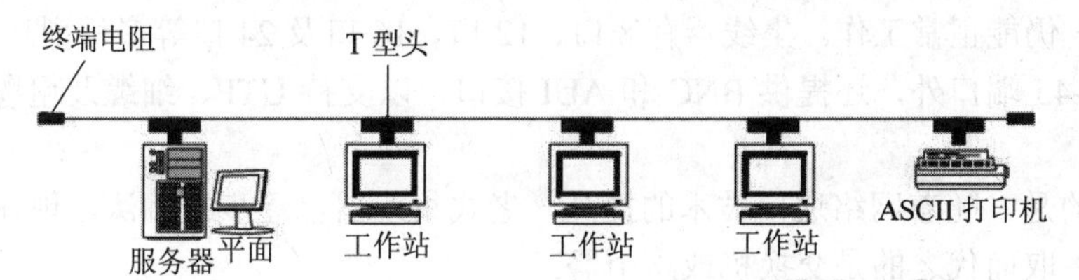

图 B.1-5 10Base-2 以太网

根据中继规则，在细缆以太网中，当不使用中继器时，每段细缆的最远传输距离为 185 m，如果使用中继器，一个细缆以太网中两个站点通信，中间最多允许经过 4 个中继器，最多可经过 5 个网段(总长不超过 5×185=925 m)，每个以太网段中最多可以连入的节点数为 100 个，最多有 3 个网段可接入工作站，最大节点数为 300 个，两个相邻的 BNC-T 型连接器之间的最小距离为 0.5 m。10Base-2 以太网的中继规则可以归纳为：5-4-3-2-1。这里的“5”表示：一个细缆以太网中两个站点通信，全信道最多可经过 5 个网段；“4”表示一个细缆以太网中两个站点通信，中间最多允许经过 4 个中继器；“3”表示其中 3 个网段可以接入工作站；“2”表示其中两个网段只用来延长网络距离；“1”表示按以上规则组成一个共享式以太网。10Base-2 中，“10”表示传输速率为 10 Mb/s，“Base”表示为基带传输，“2”表示一个网段最长为 185 m(近似 200 m)。

与粗缆相比，细缆系统的造价较低，安装较容易。但网段中因为存在多个 BNC-T 型连接器与 BNC 型接头的连接，连接处易出现故障，某个站点接头出现故障，则全网瘫痪，而且故障点不易查找出来。因此，系统可靠性较差。细缆以太网在90年代常用于小型网络或资金不太充足的小型单位，现在已很少有人用细缆组建网络了。

4. 双绞线以太网(10Base-T)

10Base-T是采用无屏蔽双绞线(UTP)作为传输介质的以太网，由IEEE 802.3i定义，是IEEE 802.3标准的直接扩展，T(Twisted-pair)是双绞线电缆的英文缩写。双绞线以太网在网络拓扑结构中增加了集线器(HUB)，采用RJ-45连接头实现网络连接，如图B.1-6所示。

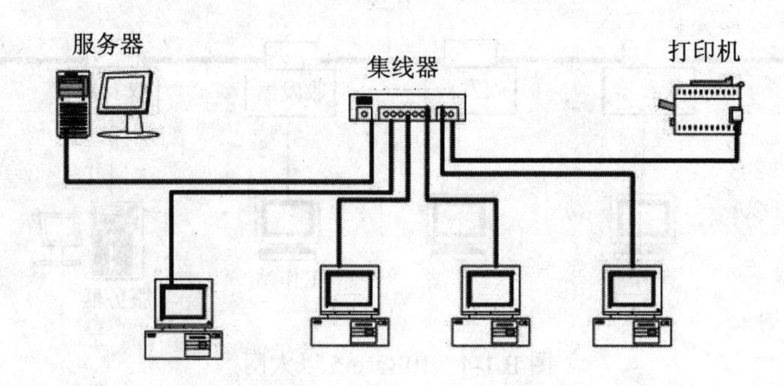

图B.1-6 10BASE-T网络结构

1) 10BASE-T以太网的基本配置

(1) 集线器(HUB)。集线器是10BASE-T网络技术的核心，它是一个具有中继特性的有源多端口转发器，其功能是接收从某一端口发送来的信号，经过重新整形后再转发给其他的端口。HUB具有故障自动隔离功能，当网络出现异常情况，如冲突次数过多或某个网络分支发生故障时，HUB会自动阻塞相应的端口，删除特定的网络分支，使网络的其他分支不受其影响，仍能正常工作。集线器有8口、12口、16口及24口等多种型号，有的HUB除了提供RJ-45端口外，还提供BNC和AUI接口，以支持UTP、细缆及粗缆的混合网络连接。

要注意的是，随着网络通信技术的提高，老式集线器已逐步被淘汰，现在已很少有人用集线器了，取而代之的是交换机或路由器。

(2) 3类或5类UTP，电缆两端各压接一个RJ-45连接头。

(3) 带有RJ-45接口的以太网卡。

(4) RJ-45连接头(俗称水晶头)。

2) 双绞线以太网结构

(1) 单集线器结构。这种结构如图B.1-6所示，其结构十分简单，所有节点均通过HUB连入网络中，传输介质采用UTP，物理拓扑结构为星型。节点(工作站)到集线器的最大距离为100 m，因此，两个节点间最大的通信距离为200 m。这种单集线器结构适合小型工作组规模的局域网，网中节点数受集线器端口数的限制。

(2) 多集线器级联结构。当规模较大或节点数超过单集线器的端口数目时，通常采用多集线器级联或堆叠结构。集线器之间可以使用双绞线通过专门的RJ-45级联口(UP-link端口)级联，如图B.1-7所示；也可以使用同轴电缆、光纤，通过集线器提供的向上连接的端口实现级联。

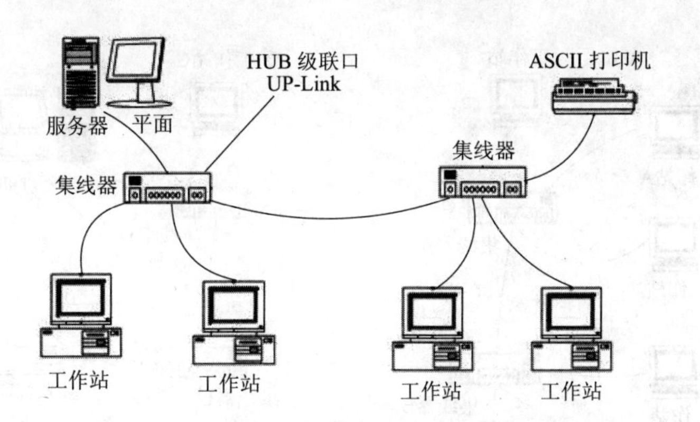

图 B.1-7 双集线器级联的 10BASE-T 网络结构

当使用双绞线级联时，两个集线器构成三个网段。网中两节点通信，最大距离为300(100+100+100)m。根据 10 Mb/s 以太网中继规则(5-4-3-2-1)，用双绞线及集线器组建网络，两个站点通信最多经过 4 个中继器(集线器的实质就是中继器)，最大距离为500(100+100+100+100+100)m。

如果在图 B.1-7 中改用细同轴电缆级联，则网中两个节点通信，最大距离为385(100+185+100)m。

例 B-1 试计算图 B.1-8 中 10BASE-T 网络的最大通信距离。

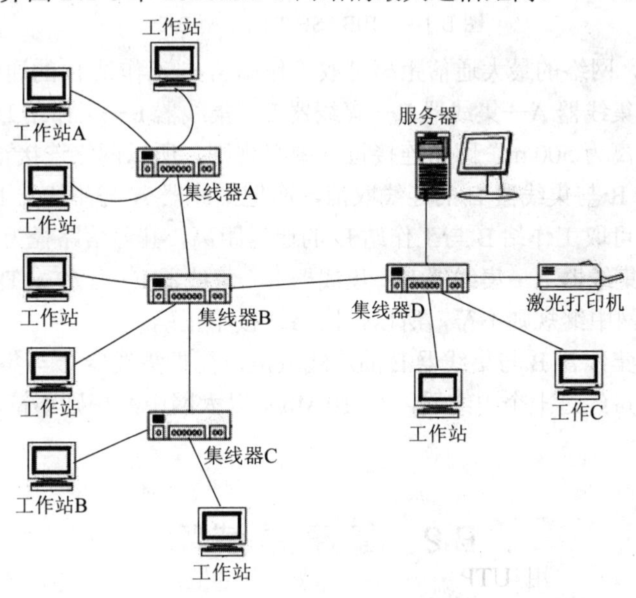

图 B.1-8 10BASE-T 网络例 B-1

在图 B.1-8 中，网络的最大通信距离可取工作站 A 与工作站 C 的通信距离，其通信路径为：工作站 A—集线器 A—集线器 B—集线器 D—工作站 C，共有四个网段，因此，最大通信距离为 400 m。

例 B-2 试分析图 B.1-9 中 10BASE-T 网络，判断网络连接是否正确。如果将集线器 B 与集线器 E 的连线取消，而把集线器 A 与集线器 D 或集线器 C 与集线器连接起来，网络连接正确否？

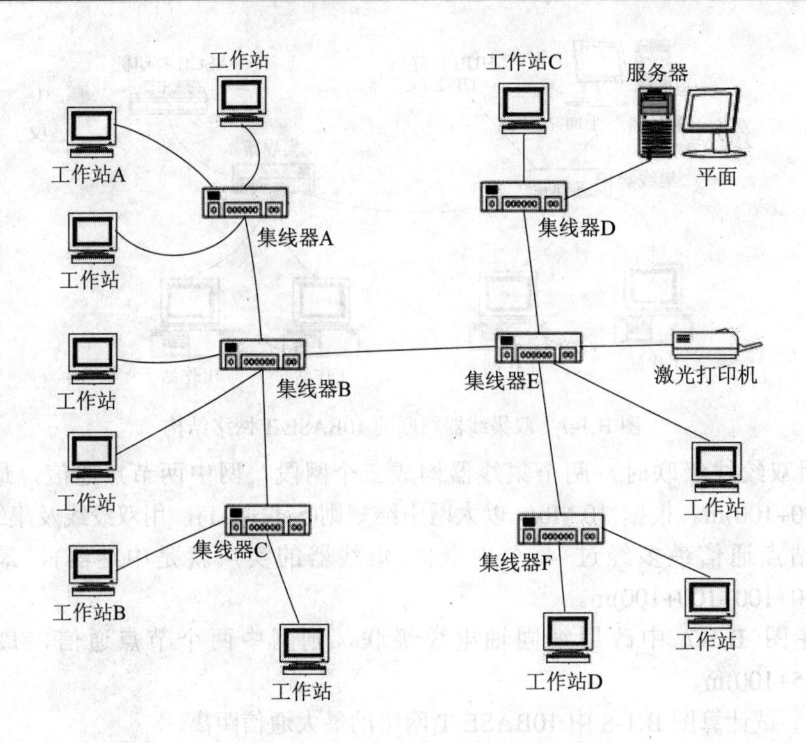

图 B.1-9　10BASE-T 网络例 B-2

在图 B.1-9 中，网络的最大通信距离可取工作站 A 与工作站 D 的通信距离，其通信路径为：工作站 A—集线器 A—集线器 B—集线器 E—集线器 F—工作站 D，共有五个网段，因此，最大通信距离为 500 m。网络连接符合中继规则，所以网络连接正确。

如果将集线器 B 与集线器 E 的连线取消，而把集线器 A 与集线器 D 连接起来，则网络的最大通信距离可取工作站 B 与工作站 D 的通信距离，其通信路径为：工作站 B—集线器 C—集线器 B—集线器 A—集线器 D—集线器 E—集线器 F—工作站 D，共有七个网段，这与 10 Mb/s 以太网中继规则不符，所以，网络连接不正确。

同理，如果将集线器 B 与集线器 E 的连线取消，而把集线器 C 与集线器 F 连接起来，两站点通信，最多可经过七个中继器，与 10 Mb/s 以太网中继规则不符，所以，网络连接不正确。

B.2　高速局域网

B.2.1　FDDI

光纤分布数据接口(FDDI，Fiber Distributed Data Interface)标准是在 20 世纪 80 年代开发的，它提供了快于以太网或令牌环的高速数据通信，数据吞吐率为 100 Mb/s。FDDI 在单一光纤线缆段上支持 50 个节点，最终的传输能力是每秒传输 450000 个帧，这个速率是以太网的 30 倍(以太网的最大传输速率是每秒传输 15000 个帧)。FDDI 支持由音频、视频和实时应用组成的网络通信。

FDDI 采用双环结构，数据传输具有冗余度，这种冗余带来了很强的可靠性。其中一个环被定义为信息传输的主路由，另一个环则为被传输的数据提供备份路由。当主环出现故障时，次环变为主环。在次环上运行的数据与主环上运行的数据方向相反，如图 B.2-1 所示。

如果在 FDDI 主环上发生故障，线缆的逻辑体系结构则提供绕接功能，信号被导向备份路由，由此曲折迂回形成一个单环，如图 B.2-2 所示。

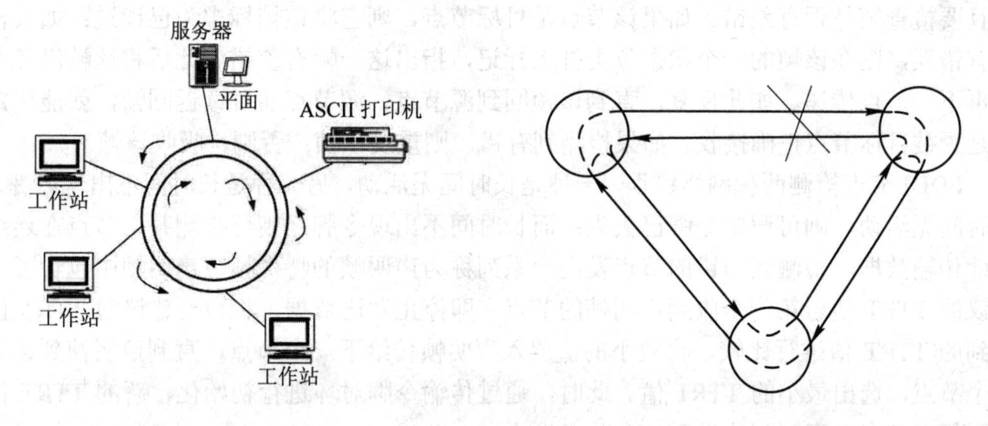

图 B.2-1　FDDI 双环　　图 B.2-2　FDDI 容错绕接

FDDI 可连接两类节点。A 类节点同时连接到两个网络环上，它们是由网络设备组成的(如集线器)，网络发生故障时可以重新配置环以便绕接成单环，该类节点称为双连接站(DAS，Dual Attachment Station)。B 类节点为单连接站(SAS，Single Attachment Station)，这些节点通过 A 类设备连接到 FDDI 网络上，是服务器或工作站，只能连接到一个方向的环路之中。当某个站点出现故障时，由 DAS 将它旁路，使主环继续工作，如图 B.2-3 所示。

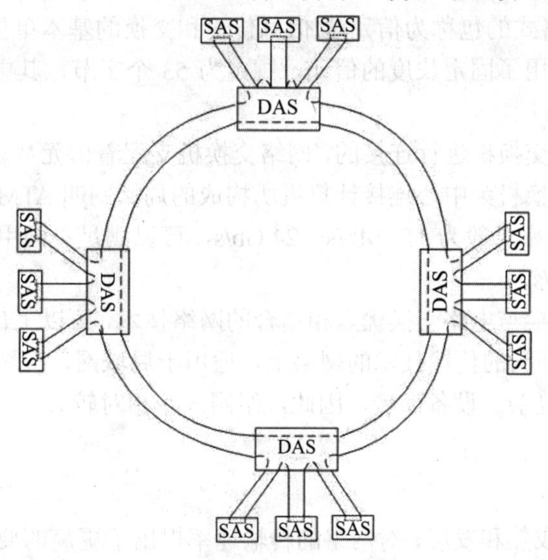

图 B.2-3　用集中器 DAS 组成 FDDI

FDDI 在网络通信中采用令牌传递，这一点与令牌环网的访问方法类似。FDDI 与标准令牌环的不同之处在于采用了计时的令牌访问方法。FDDI 令牌沿网络环从一个节点传递到另一个节点。节点收到令牌后，如果没有数据需要传输，则它将其发给下一个节点；如果有数据需要传输，则在固定的时间内发送尽可能多的帧，这段固定的时间称为目标令牌轮转时间(TTRT，Target Token Rotation Time)。因为FDDI采用计时令牌方法，所以在给定的时间内网络上有可能存在由多个节点发送的多个帧，这种能力使得FDDI成为高吞吐量体系结构。

当某个节点向下一节点发送了一帧，下一节点就接收该帧并确定该帧是否发给自己，并且要检查帧是否有差错。如果该节点是目标节点，则它将该帧标志为已读过；如果检测到有错误，则在该帧的一个状态位上打上标记，指出这一帧有差错。此后将该帧沿环顺序向再下一节点传递。如此反复，直到该帧回到源节点。源节点通过读返回帧，就能确定该帧是否被目标节点正确接收。如果检测到有错，则重发该帧；否则，吸收该帧。

FDDI节点检测两种网络错误，一种是长时间无活动，另一种是长时间不出现令牌。若长时间无活动，则可假定令牌已丢失；而长时间不出现令牌，则可推测某一节点在连续不断地传输数据。检测到出错的节点发出一系列称为声明帧的特殊帧，声明帧中包含了一个建议的TTRT值。第一个收到声明帧的节点立即停止发送数据，将自己建议的TTRT值与收到的TTRT值进行比较，将较小的值放入声明帧传给下一个节点，直到声明帧到达最后一个节点，选出最小的TTRT值。此时，通过传输令牌对环进行初始化，新的TTRT值将传到每个节点，直到到达最后一个节点为止。

B.2.2 ATM

ATM(Asynchronous Transfer Mode，异步传输模式)组网技术是一种用于局域网与广域网通信的技术，它能在单一网络媒体上处理音频、视频和数据。ATM是一种快速分组交换技术，以信元(ATM格式的包称为信元)为信息传输和交换的基本单位，是一种面向连接的交换技术。ATM中采用了固定长度的信元，规定为53个字节，其中5个字节为信元头，48个字节为用户数据。

ATM是通过网络交换机进行连接的，网络交换机支配着信元从源节点到达目的节点所取的路径。以ATM交换机为中心连接计算机所构成的局域网叫ATM局域网。ATM交换机和ATM网卡支持的速率一般为155 Mb/s～24 Gb/s，可以满足不同用户的需要，标准ATM的组网速率是622 Mb/s。

ATM是将分组交换与电路交换优点相结合的网络技术，可以工作在任何一种不同的速度、不同介质和使用不同的传输技术的网络上，适用于局域网、广域网场合。ATM组网技术的不足是协议过于复杂，设备昂贵，因此，组网成本相对较高。

B.2.3 快速以太网

随着信息技术的成熟和发展，对网络的传输速率提出了更高的要求，10 Mb/s网络所能提供的网络带宽已难以满足人们的要求。特别是多媒体技术的发展，对网络速率的要求更高。100 Mb/s 局域网正是在这种背景下出现的。目前，典型的 100 Mb/s 局域网技术有：100BASE-T技术和100VG-AnyLAN技术。

1. 100BASE-T 快速以太网

100BASE-T 是在双绞线上传送 100 Mb/s 基带信号的以太网，使用 IEEE 802.3 的 CSMA/CD 协议，它又称为快速以太网。用户只要更换一个网卡，配备一个 100 Mb/s 的集线器，就可以由 10BASE-T 以太网直接升级到 100 Mb/s，而不必改变网络的拓扑结构，所有在 10BASE-T 上的应用软件和网络功能都可保持不变。100BASE-T 的网卡有很强的自适应性，它能够自动识别 10 Mb/s 和 100 Mb/s 工作模式。

快速以太网标准除了使用双绞线外，还可使用光缆。根据所使用的网络传输介质的不同，它有以下三个标准：100BASE-T、100BASE-T4 及 100BASE-FX。

100BASE-T 使用两对 5 类 UTP 或 STP 双绞线，网段长度为 100～150 m。该标准与 IEEE 802.3 的协议和数据帧结构基本相同，仅仅是速度上的升级。其拓扑结构仍采用星型拓扑结构，支持全双工模式，并提供 100 Mb/s 的数据传输速率。100BASE-T 快速以太网保留了 10BASE-T 的介质访问控制 CSMA/CD 协议与数据帧格式。

100BASE-T4 使用 4 对 3～5 类 UTP 双绞线，网段长度为 100～150 m。它是为已使用 UTP3 类线的大量用户而设计的，是一项新的信号发送技术。其中三对线用于数据传输，一对线用于冲突检测；每对线的传输速率为 33.3 Mb/s，三对线的总传输速率为 100 Mb/s。这样，用户在现有的 3 类 UTP 电缆的基础上，由 10BASE-T 升级到 100BASE-T，保护了用户的投资。

100BASE-FX 使用光缆，多模光纤网段长度 2000 m，单模光纤网段长度 10000 m。它使用两束 62.5/125 μm 光纤，每束都可用于两个方向，因此它也是全双工的，并且每个方向上的速率均为 100 Mb/s。100BASE-FX 特别适用于长距离或易受电磁波干扰的环境，站点与集线器之间的最大距离可以达到 2 km。

2. 100VG-AnyLAN 技术

100VG-AnyLAN 也是 100 Mb/s 局域网，支持 802.3 帧格式(还可支持 802.5 帧格式)，在物理层提供 100 Mb/s 的传输速率。IEEE 为此技术制定了国际标准 802.12。100VG-AnyLAN 常简写为 100VG。

100VG 是一种无冲突局域网，用户可以在此网络上获得高达 95%的吞吐量。它在 MAC 层采用的是一种优先级访问协议。各工作站有数据要发送时，要向中心集线器发出请求，每个请求都标有优先级。一般数据为普通优先级，而对时间敏感的多媒体应用数据(如话音、活动图像等)则可定为高级优先级。中心集线器使用一种循环仲裁过程来管理网络的节点。它对各节点的请求连续进行快速循环扫描，检查来自节点的服务请求。高级优先级的请求可在普通优先级请求之前优先接入网络。集线器接收输入的数据帧，并将它导向具有匹配目的地址的端口。

B.2.4 千兆以太网

快速以太网具有高可靠性、易扩展性、低成本等优点，并已成为高速局域网的首选技术。但是，在多媒体技术的应用中，要求更高带宽的局域网，从而产生了千兆位以太网(也称千兆以太网)。千兆位以太网仍保留着 10BASE-T 的帧格式，具有相同的媒体访问控制方法 CSMA/CD 和组网方法，只是把每个比特的发送时间由 100 μs 降到了 1 μs。为了适应高速

传输，千兆位以太网的传输媒体采用光纤或短距离双绞线，并定义了一种千兆位媒体专用接口，用以将MAC子层和物理层分隔开，使物理层在出现1000 Mb/s速率时所使用的传输媒体和信号编码方式的变化不影响MAC子层。

1. 千兆以太网标准

在100 Mb/s的快速以太网基础上，IEEE 802委员会又制定了支持多种传输介质的千兆以太网标准。

(1) 1000BASE-LX(802.3z)：传输介质有62.5 μm多模光纤(传输距离550 m)、50 μm多模光纤(传输距离550 m)、10 μm单模光纤(传输距离5000 m)。

(2) 1000BASE-SX(802.3z)：传输介质有62.5 μm多模光纤(传输距离275 m)、50 μm多模光纤(传输距离550 m)。

(3) 1000BASE-CX(802.3z)：传输介质采用屏蔽双绞线，其长度可以达到25 m。

(4) 1000BASE-T(802.3ab)：采用四对5类UTP，其长度可以达到100 m。

2. 千兆以太网的优点

目前，千兆以太网技术是网络技术发展的方向之一，是对高度成功的10 Mb/s和100 Mb/s以太网的扩展，千兆以太网具有以下优点：

(1) 提供高传输速率。千兆以太网可提供1 Gb/s的数据传输速率。在不久的将来，主干网中，有可能达到10 Gb/s的传输速率。

(2) 性能价格比高。相对于其他组网技术，千兆以太网是最经济和高效率的一种组网技术。

(3) 兼容性好。由于千兆以太网采用IEEE 802.3标准，与以太网、快速以太网向下兼容，因而客户能够在保留现有的应用程序、操作系统等的同时，方便地升级到千兆以太网。

(4) 组网方式灵活。千兆以太网方式可以通过共享集线器、交换机或路由器相互连接来实现。

B.3 交换局域网和虚拟局域网

B.3.1 交换局域网

交换局域网的核心部件是局域网交换机。局域网交换机一般有多个端口，每个端口可以直接和网络中的一般节点连接，也可以和集线器连接。

交换机中有个地址映射表，在映射表中，每个端口号和节点的MAC地址有对应关系。其工作过程是，若同时有两个节点要发送数据，交换机通过两个发送数据中的目的地址，通过地址映射表分别将数据发送到相应的端口。

局域网交换机主要是针对以太网设计的，可以分为只支持10 Mb/s端口的以太网交换机、只支持100 Mb/s端口的以太网交换机和同时支持10 Mb/s和100 Mb/s端口的以太网交换机。

把交换局域网与共享式局域网进行比较，可以得出如下结论：

(1) 中心控制设备不同。共享式局域网的中心控制设备是共享式集线器；交换局域网

的中心设备是交换机。

(2) 使用带宽方式不同。共享式集线器保证各节点公平地使用传输介质，如共享式以太网上的数据传输速率为 10 Mb/s，当 10 个节点同时使用时，每个节点平均分配的带宽只有 1 Mb/s。如果节点数目继续增加，网络的传输速率和质量将明显下降。

交换机能为所有节点建立并行、独立和专用带宽的连接。不管有多少个工作站，各工作站均可以得到并行、独立的带宽。如在交换式以太网上使用一个 16 口 100 Mb/s 交换机，当 16 个节点同时使用时，每个端口的流量都可达到 100 Mb/s，网络的总流量为 1600 Mb/s。

例 B-3 图 B.3-1 是一个有 4 个 8 口集线器级联共有 22 台计算机的 10BASE-T 网络。其中有两台服务器，共享 10 Mb/s 带宽，分配给每台计算机的带宽平均约为 455 kb/s(10 Mb/s 除以 22)。现在若增加一台 8 口 10 Mb/s 的网络交换机，让网络交换机接上原有的集线器和服务器，这样将网络分成六个网段，两台服务器各占有 10 Mb/s 带宽，每个集线器上的五台工作站占有 10 Mb/s 带宽，则整个网络为 60 Mb/s 带宽，每台工作站平均拥有 2 Mb/s (10 Mb/s 除以 5)的带宽，是原来网络的 4.5(2 × 1024/455)倍，如图 B.3-2 所示。

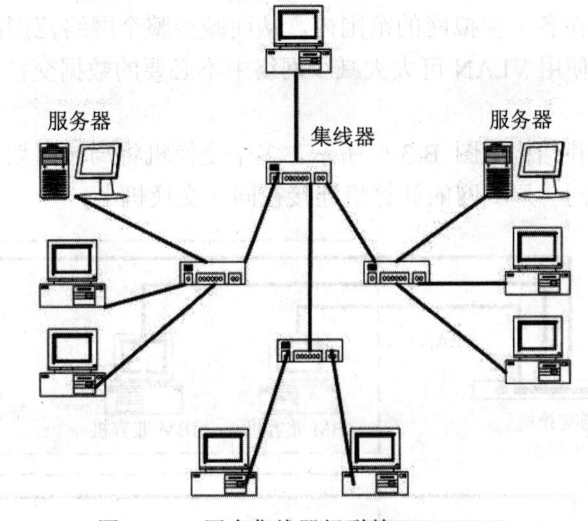

图 B.3-1 四个集线器级联的 10BASE-T

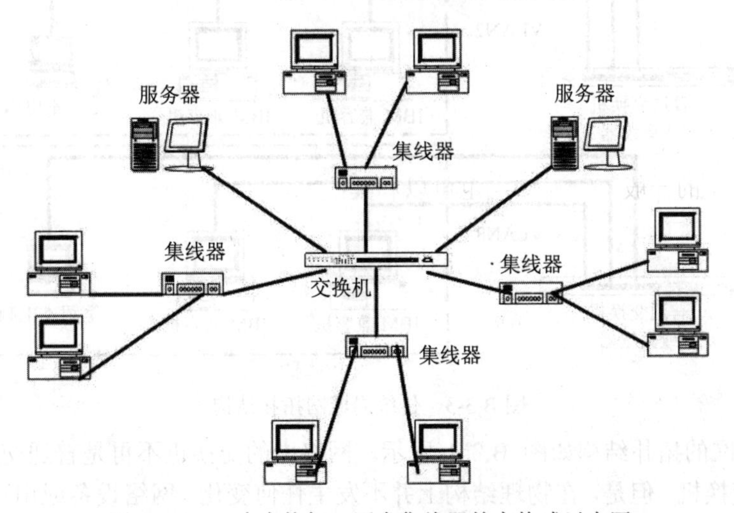

图 B.3-2 一个交换机、四个集线器的交换式以太网

网络交换机的使用，给我们改造原有的低速网络带来了很大的方便。一台好的、功能较强的交换机，能给网络组建带来事半功倍的效果。

B.3.2　虚拟局域网

VLAN(Virtual Local Area Network，虚拟局域网)是指不管设备或用户物理位置在哪里，都将按照设备的功能、用户所属的部门或所使用的应用程序来分组，将既有的物理连接结构重新分配形成新的分组网段，每一个网段分别自成一个广播域，可以把它看成是一个新的局域网。因为这个局域网并不是按物理布线的结构形成的，所以称为虚拟局域网。虚拟局域网是建立在局域网交换机或 ATM 交换机的基础上的，以软件来实现逻辑工作组的划分与管理，逻辑工作组的节点组成不受物理位置的限制。同一逻辑组的成员不一定连接在同一个物理网段上，它们可以处于一个局域网交换机，也可以不在同一个局域网交换机，只要这些交换机是互联的。逻辑组的节点之间的通信就好像是在一个局域网中一样。

VLAN 的划分有三种方式：基于端口、基于 MAC 地址及基于 IP 地址。通过划分 VLAN，可以把数据交换限制在各个虚拟网的范围内，从而减少整个网络范围内的广播包传输，提高网络的传输效率。使用 VLAN 可大大减少网络中不必要的数据交换，杜绝广播风暴，提升网络传输性能。

传统的局域网拓扑结构如图 B.3-3 所示。多个交换机将局域网划分成多个子网，每个子网是一个广播域，同一局域网的计算机连接在同一交换机上。

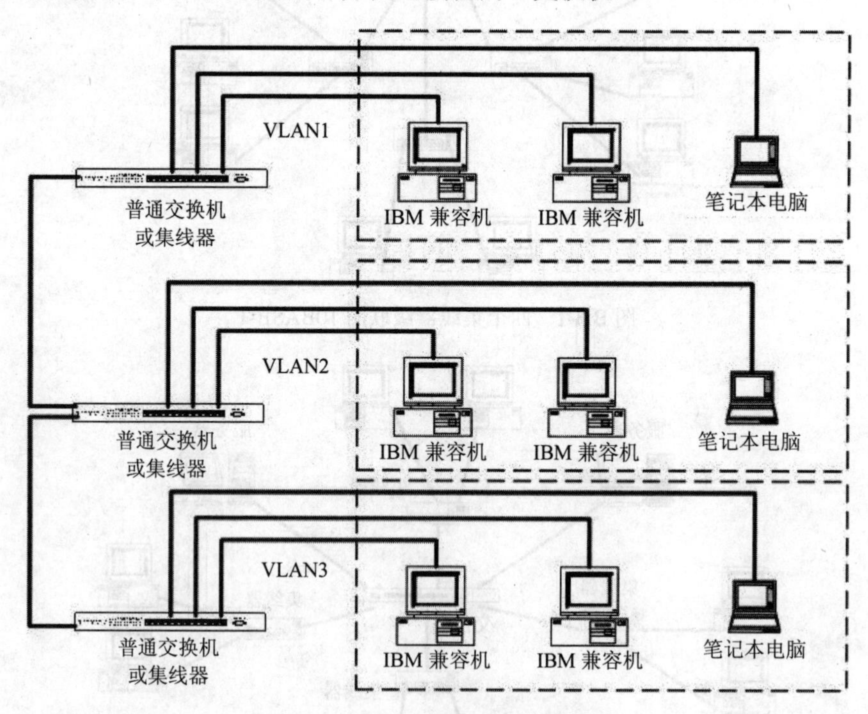

图 B.3-3　传统局域网拓扑结构

虚拟局域网的拓扑结构如图 B.3-4 所示。网络中的交换机不再是普通交换机，而是支持 VLAN 的交换机。但是，在物理结构上并不发生任何变化。网络设备或用户的逻辑分组，不受物理交换机网段的限制。虚拟局域网的设置是在交换机中通过软件来完成的，它建立了一个不受物理区段限制且被视为子网的单一广播域，广播帧只会在相同的虚拟局域网内的连接端口之间交换。

虚拟局域网有以下优点：

(1) 提高网络传输效率。虚拟局域网通过划分 VLAN，减少整个网络中的广播通信量，从而提高了网络的传输效率。

(2) 方便员工上网位置变化较大的部门。在一个单位，由于工作需要或部门发展的需要，一个部门的员工会分散在不同的办公室，而这些办公室的网络可以不在一个物理网段内，为了交换信息(如最常见的是一个部门共用一台打印机)，VLAN 是一个较好的解决方案。

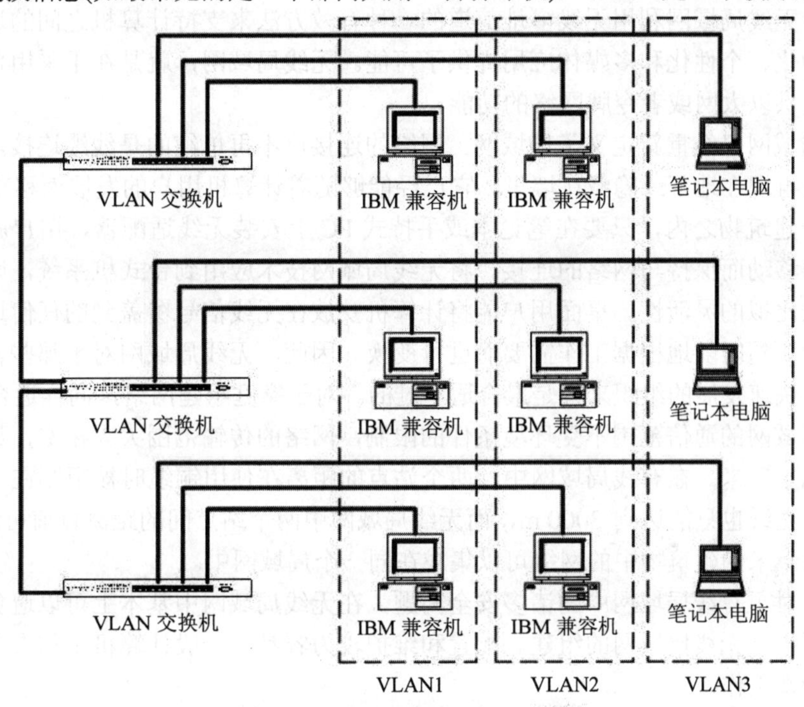

图 B.3-4 虚拟局域网拓扑结构

(3) 提高网络的安全性。传统的共享式局域网的问题是很容易被渗透，只要接入可使用的端口，接入的用户就可以访问区段中所有的共享资源。VLAN 可以让网络管理员限制组中用户的数量，预防没有从网络管理员处得到权限的用户入网，不在同一分组的用户进入网络会受到设定的限制等。

虚拟局域网的划分方式常见的有三种：基于端口、基于 MAC 地址和基于 IP 地址。

基于端口的虚拟局域网中，在交换机上通过将端口划分成多个分组来形成多个虚拟局域网。一个分组中的端口可以不在同一个交换机上，即一个分组中可以包含多个交换机中的端口。如果一个虚拟局域网中的用户变换端口，则需重新设置 VLAN。

基于 MAC 地址的虚拟局域网中，在交换机上通过将 MAC 地址划分为多个分组来形成多个虚拟局域网。由于网卡的 MAC 地址是唯一的，用户可以在整个网络内任意端口接入网络而不需重新设置 VLAN。这对工作位置变化频繁的用户特别适用。

基于 IP 地址的虚拟局域网中，在交换机上通过将 IP 地址划分为多个分组来形成多个虚拟局域网。交换机通过内部路由功能实现虚拟局域网之间的通信。

B.4 无线局域网

B.4.1 无线局域网(WLAN)的概念

WLAN(Wireless Local-Area Network，无线局域网)是计算机网络与无线通信技术相结合的产物。无线局域网利用无线多址信道的一种有效方法来支持计算机之间的通信，并为通信的移动化、个性化和多媒体应用提供了可能。无线局域网，就是在不采用传统缆线的情况下，提供以太网或者令牌网络的功能。

无线局域网已经重新定义了局域网。网络的连接已不再单纯的是线缆连接，网络基础设施不需要再埋在地下或隐藏在墙里，它已经能够随着计算机用户的发展而移动或变化。

在同一建筑物之内，只要在笔记本或手持式 PC 上安装无线适配器，用户就能够在办公室内自由移动而保持与网络的连接。将无线局域网技术应用到台式机系统，则具有传统局域网无法比拟的灵活性。桌面用户能将计算机安放在无线信号覆盖到的任何地方，台式机的位置能够随时随地根据工作需要而进行变换。因此，无线局域网对于那些暂时性的工作小组或者快速发展的组织来说是最合适不过的。对于家庭组建网络，同样适合。

无线局域网的通信范围不受环境条件的限制，网络的传输范围大大拓宽，最大传输范围可达到几十千米。在有线局域网中，两个站点的距离在使用铜缆时被限制在 500 m，即使采用单模光纤也只能达到 3000 m，而无线局域网中两个站点间的距离目前可达到 50 千米，距离数千米的建筑物中的网络可以集成在同一个局域网中。

此外，对于有线局域网中的诸多安全问题，在无线局域网中基本上可以避免。而且相对于有线网络，无线局域网的组建、配置和维护较为容易，一般计算机工作人员都可以胜任网络的管理工作。

所有这些特点使无线局域网可广泛应用于下列领域：

(1) 网络信息系统，如电子邮件、文件传输和终端仿真等。

(2) 难以布线的环境，如老建筑、布线困难或昂贵的露天区域、城市建筑群、校园和工厂等。

(3) 经常变化的环境，如经常更换工作地点和改变位置的零售商、野外勘测人员、试验人员、军队等。

(4) 使用便携式计算机等可移动设备快速接入网络。

(5) 办公室和家庭用户，以及需要方便快捷地安装小型网络的用户。

目前，无线局域网已经在教育、金融、零售业、家庭等各方面有了广泛的应用。

B.4.2 WLAN 的拓扑结构

WLAN 有两种主要的拓扑结构，即自组织网络(也就是对等网络，即人们常称的 Ad-Hoc 网络)和基础结构网络(Infrastructure Network)。

自组织型 WLAN 是一种对等模型的网络，它的建立是为了满足暂时需求的服务。自组织网络是由一组有无线接口卡的无线终端，特别是移动电脑组成的。这些无线终端以相同的工作组名、扩展服务集标识号(ESSID)和密码等以对等的方式相互直连，在 WLAN 的覆盖范围之内，进行点对点或点对多点之间的通信，如图 B.4-1 所示。

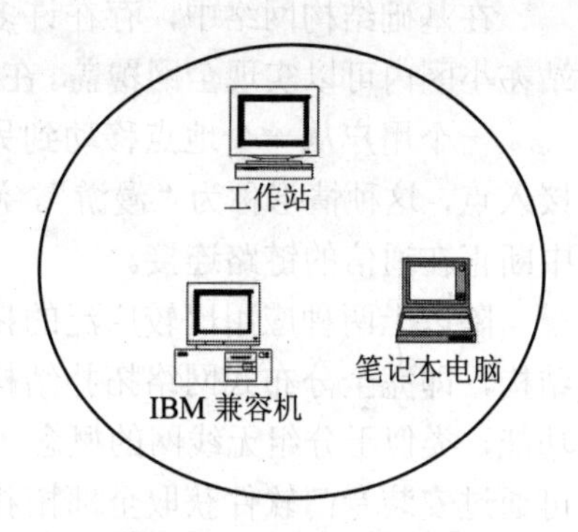

图 B.4-1 自组织网络结构

组建自组织网络不需要增添任何网络基础设施，仅需要移动节点及配置一种普通的协议。在这种拓扑结构中，不需要有中央控制器的协调。因此，自组织网络使用非集中式的 MAC 协议，例如 CSMA/CA(Carrier Sense Multiple Access with Collision Avoidance，载波侦听多点接入/避免冲撞)。但由于使用该协议的所有节点具有相同的功能，因此实施复杂并且造价昂贵。

自组织型 WLAN 另一个重要方面，在于它不能采用全连接的拓扑结构。原因是对于两个移动节点而言，某一个节点可能会暂时处于另一个节点的传输范围以外，它接收不到另一个节点的传输信号，因此无法在这两个节点之间直接建立通信。

基础结构型 WLAN 利用了高速的有线或无线骨干传输网络。在这种拓扑结构中，移动节点在基站(BS)的协调下接入到无线信道，如图 B.4-2 所示。

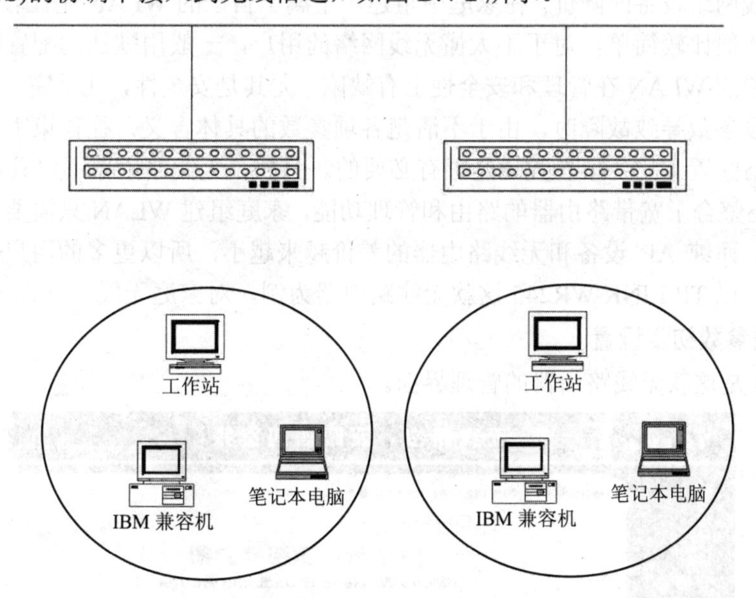

图 B.4-2 基础结构网络结构

基站的另一个作用是将移动节点与现有的有线网络连接起来，被称为接入点 AP(Access Point，无线访问节点)。基础结构网络虽然也会使用非集中式 MAC 协议，如基于竞争的 802.11 协议可以用于基础结构的拓扑结构中，但大多数基础结构网络都使用集中式 MAC 协议，如轮询机制。由于大多数的协议过程都由接入点执行，移动节点只需要执行一小部分的功能，所以其复杂性大大降低。

在基础结构网络中，存在许多基站及基站覆盖范围下的移动节点形成的蜂窝小区。基站在小区内可以实现全网覆盖。在目前的实际应用中，大部分 WLAN 都基于基础结构网络。

一个用户从一个地点移动到另一个地点，应该被认定为离开一个接入点，进入另一个接入点，这种情形称为“漫游”。漫游功能要求小区之间必须有合理的重叠，以便用户不会中断正在通信的链路连接。

除以上两种应用比较广泛的拓扑结构之外，还有另外一种正处于理论研究阶段的拓扑结构，即完全分布式网络拓扑结构。这种结构要求相关节点在数据传输过程中完成一定的功能，类似于分组无线网的概念。对每一节点而言，它可能只知道网络的部分拓扑结构(也可通过安装专门软件获取全部拓扑知识)，但它可与邻近节点按某种方式共享对拓扑结构的认识，来完成分布路由算法，也就是路由网络上的每一节点要互相协助，以便将数据传送至目的节点。

分布式结构抗损性能好，移动能力强，可形成多跳网，适合较低速率的中小型网络。对于用户节点而言，它的复杂性和成本较其他拓扑结构高，并存在多径干扰和“远—近”效应。同时，随着网络规模的扩大，其性能指标下降较快。但分布式 WLAN 将在军事领域中具有很好的应用前景。

B.4.3　WLAN 参数及设置

随着无线网络设备的降价，在家庭中组建一个属于自己的 WLAN 是比较容易的。无线设备的设置一般比较简单，对于不太懂无线网络的用户，一般用默认的配置即可。但是，使用默认配置的 WLAN 在管理和安全性上有缺陷，尤其是安全性，几乎完全没有保障。而且当用户误设参数导致故障时，由于不清楚各项参数的具体含义，往往束手无策。所以，了解无线网络配置中的各项参数还是很有必要的。另外，无线路由器不仅具备 AP 的全部功能，而且还整合了宽带路由器的路由和管理功能，家庭组建 WLAN 只需要一个无线路由器就可以了。而纯 AP 设备和无线路由器的差价越来越小，所以更多的用户会选择无线路由器。在此，以 TP-LINK WR245 这款无线路由器为例，对家庭无线网络设置进行讲解。

1. 无线参数初步设置

图 B.4-3 是这款无线路由器的管理界面。

图 B.4-3　无线路由器管理界面

从图 B.4-3 中可以看出，这款无线宽带路由器除多了一项无线设置外，其他设置项都跟同档次的有线路由产品一样，其设置方法也都雷同，这里只说明无线设置部分。

首次上网设置可以使用“设置向导”，其中参数的设置与有线路由器相比多了“无线设置”一项，如图 B.4-4 所示。

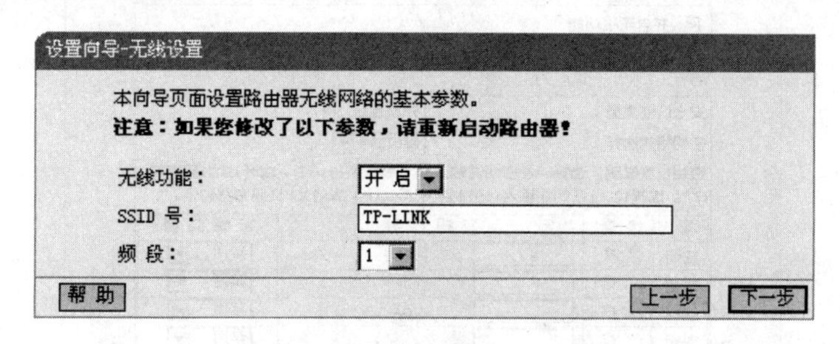

图 B.4-4 路由器无线设置

图 B.4-4 中，“无线功能”选项可决定其 AP 的功能是否启用。“SSID 号”也有写为“ESSID”的，是 AP 的标识字符，有时也翻译成“服务集标识符或服务区标识符”，是作为接入此无线网络的验证标识(可以想象成在 Windows 文件共享环境中的工作组名)。无线客户端要加入此无线网络，必须拥有相同的 SSID 号，否则就会被“拒之门外”。此项默认为 TP-LINK，可以改成自己喜欢的任何名称，作为一种最简单的安全保障措施，还需要禁止 SSID 广播的配合使用，这将会在后面讲到。

图 B.4-4 中的“频段”，即“Channel”，也叫信道，该选项以无线信号作为传输媒体的数据信号传送通道。IEEE 802.11b/g 工作在 2.4～2.4835 GHz 频段(中国标准)，这些频段被分为 11 或 13 个信道。在 WR245 这款无线路由器可以选择 11 个频段，当使用环境中有两个以上的 AP 或者与邻居的 AP 覆盖范围重叠时，需要为每个 AP 设定不同的频段，以免冲突。这步设置完成后，最基本的网络参数就都设置完成了。如果用户对安全方面没有任何要求，则客户机无线网卡在默认状态下即可联入网络了。

2. 无线参数高级设置

一般的无线路由器和 AP 都会有表 B.4-1 所示的三种设置项。

表 B.4-1 无线路由器和 AP 的设置项

中文名称	英文名称	功 能 简 介
无线基本设置	Wireless Settings	无线网络参数，包括 SSID、信道、安全认证、密钥等
MAC 地址过滤	MAC Filters	接入安全机制的一个措施，可以限制未经许可的主机加入无线网络(仅针对无线网络部分)，是基于网卡 MAC 地址筛选的
主机状态	Client State	显示连接到本无线网络的所有主机的基本信息，包括 MAC 地址等

(1) 无线网络的基本设置，如图 B.4-5 所示。

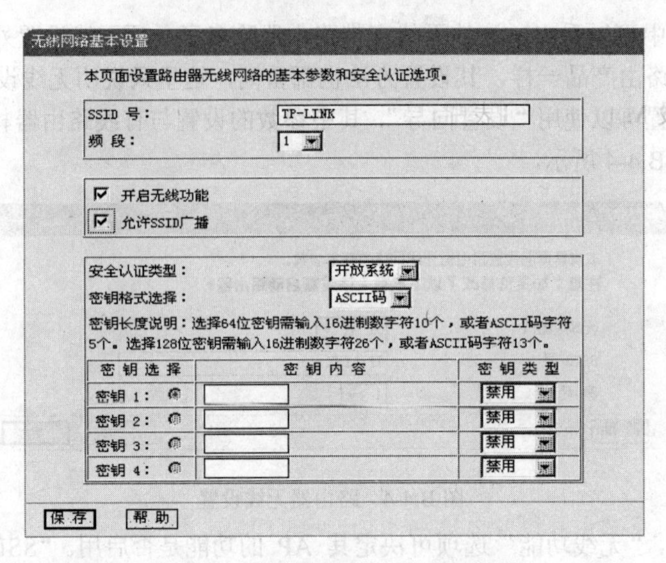

图 B.4-5 无线网络基本设置界面

(2) 主机状态设置，如图 B.4-6 所示。

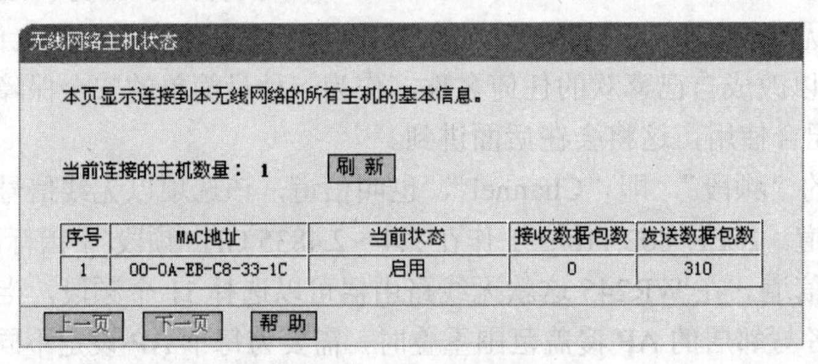

图 B.4-6 无线主机状态

主机状态设置中，可以查看到加入此无线网络的主机信息，最主要的是能获得其 MAC 地址，以便在 MAC 地址过滤中使用。

(3) MAC 地址过滤设置，如图 B.4-7 和图 B.4-8 所示。

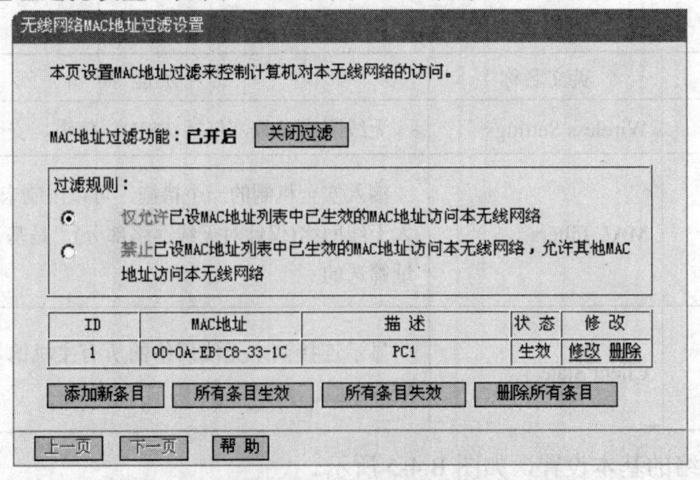

图 B.4-7 无线网络 MAC 地址过滤设置界面 1

MAC 地址过滤设置中，MAC 地址过滤功能默认为关闭。先单击“关闭过滤”按钮将其启用。通常我们只想让自己的几台客户端主机加入此无线网络，所以在“过滤规则”中选择“仅允许已设 MAC 地址列表中已生效的 MAC 地址访问本无线网络”，单击其下面的“添加新条目”按钮，在图 B.4-8 所示窗口中填写刚才记录的 MAC 地址，并加上自定义的描述，选择生效，保存后即返回如图 B.4-7 的界面，设置完成。这样，只有在表中的 MAC 地址无线网卡才能接入本 WLAN，比默认配置要安全多了。单击“所有条目生效”完成设置。

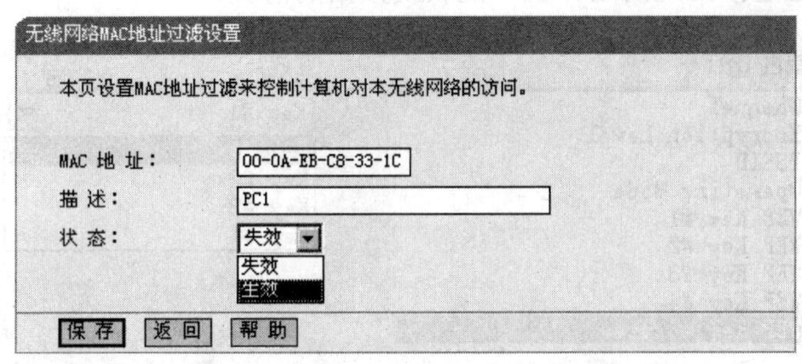

图 B.4-8 无线网络 MAC 地址过滤设置界面 2

还有一种获得 MAC 地址的方法，是在客户机系统的命令提示符窗口运行“ipconfig/all”找到无线网卡的名称，其下面的一行“Physical Address”信息即为该网卡的 MAC 地址。

3. 无线网卡客户端的设置

在设置完无线路由器，尤其是对其无线安全机制做了修改之后，要对无线网卡的参数做相应的修改，才能使客户端加入到此 WLAN 中。以 Windows 2000 为例，在 Windows 系统的设备管理器中，选择安装的无线网卡设备，并打开其“属性”窗口，单击“高级”标签，可以看到刚才在无线路由器中设置的无线参数的对应项，如图 B.4-9 所示。

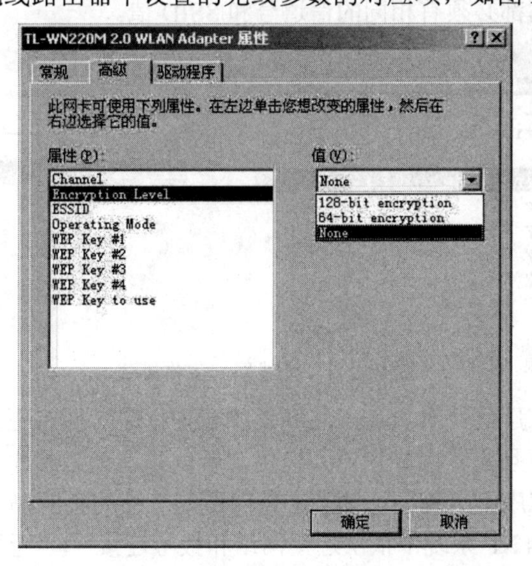

图 B.4-9 无线网卡属性窗口

“ESSID”对应无线路由器设置中的“SSID”，这项要保持一致才能联入网络。而无线网卡未手动指定 SSID 的情况下，将自动搜索信号最强的 AP 并进行连接，当然需要这个

AP 启用 SSID 广播功能。

“Encryption Level”加密级别对应“密钥类型”，即 WEP(Wired Equivalent Privacy，有线等效加密)共享密钥中的加密位数，根据路由器中设置的选项来选择 64 位(bit)还是 128 位。

“WEP Key #1～#4”是 4 条 WEP 共享密钥，根据无线路由器中的设置对应填写，并在“WEP Key to use”中选择使用哪条密钥，如图 B.4-10 所示。如果密钥不符，则会出现无线网卡客户端已连接上此网络，但不能收发数据的情况。

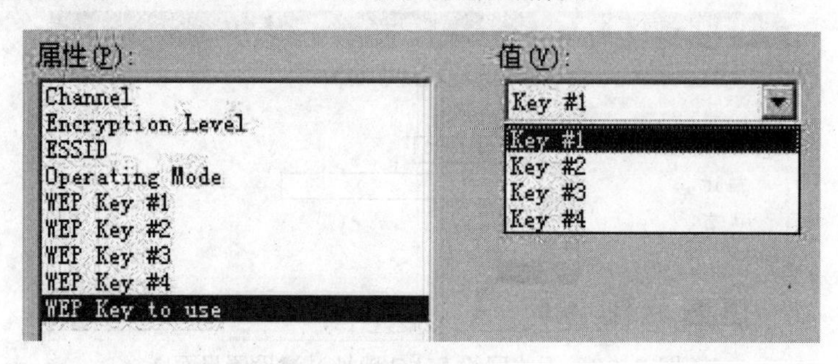

图 B.4-10　共享密钥

图 B.4-9 中的“Operating Mode”，即工作模式。对于无线 Adapter(网卡)来说，允许两种类型的网络工作模式：Infrastructure 模式和 Ad-Hoc 模式，如图 B.4-11 所示。如果选择了前者，无线网卡将会连接到一个 AP(相当于“客户端”模式，连接到 AP 这个“服务器”上)；如果选择后者，无线网卡将会直接连接到另一个无线工作站(如另一个无线网卡，其实就是点对点的模式)。而且在 Infrastructure 模式中，不需要设置“Channel”，此时的“频段”(或叫“信道”)是自动检测的。只有在 Ad-Hoc 模式中才需要设置“Channel”值，此时的工作组中所有的无线工作站都必须有相同的信道号和 SSID 值。

图 B.4-11　无线网卡工作模式

很多无线网卡都有厂商针对自身产品开发的配置程序，拥有更全面和高级的设置、安全认证、管理功能，而且配置方式也更人性化，所以建议读者优先使用网卡自带的配置程序。但各厂商的配置程序不尽相同，读者应查阅所购产品的说明书。

注意：在 Windows XP 系统中依次选“网络和拨号连接”|“无线网络连接”|“属性”|“无线网络配置”，勾选“用 Windows 来配置我的无线网络配置”，则使用 Windows 系统自带的参数配置项，单击旁边的“配置”按钮就可以设置参数了。而想使用网卡自带的配置程序需要取消此勾选。

练习题B

练习 B-1 单项选择题

1．在采用 CSMA/CD 技术的 Ethernet 网中，若有冲突发生，节点立即(　　)。

A．更快地发送　　B．停止发送
C．重新发送　　D．无任何反应

2．一般认为决定局域网特性的主要技术有三个，它们是(　　)。

A．传输媒体、差错检测方法和网络操作系统
B．通信方式、同步方式和拓扑结构
C．传输媒体、拓扑结构和媒体访问控制方法
D．数据编码技术、媒体访问控制方法和数据交换技术

3．IEEE 802.3 定义的 CSMA/CD 总线介质访问控制方法属于(　　)。

A．竞争法　　B．令牌法
C．轮转法　　D．无竞争法

4．IEEE 802 参考模型中，介质访问控制(MAC)是(　　)的子层。

A．网络层　　B．传输层
C．物理层　　D．数据链路层

5．IEEE 802.4 协议规定了(　　)的相关标准。

A．CSMA/CD　　B．Token Ring
C．Token Bus　　D．Ethernet

6．对局域网来说，网络控制的核心是(　　)。

A．工作站　　B．网卡
C．网络服务器　　D．网络互联设备

7．IEEE 802 参考模型中，逻辑链路控制(LLC)是(　　)的子层。

A．网络层　　B．传输层
C．物理层　　D．数据链路层

8．在考虑网络设计方案时，以下说法哪个是正确的？(　　)

A．一个局域网中一定要有专用网络服务器。
B．无论什么类型网络，其体系统结构必须包含 OSI 模型中的全部七个层次。
C．一个局域网中，可以采用交换机进行网络分段。
D．局域网中必须使用路由器。

9．IEEE 802 网络协议主要覆盖 OSI 的(　　)。

A．应用层和传输层　　B．应用层和网络层
C．数据链路层和物理层　　D．应用层和物理层

10．CSMA/CD 协议在站点发送数据时，(　　)。

A．一直侦听总线活动　　B．仅发送数据，然后等待确认
C．不侦听总线活动　　D．当数据长度超过 1000 字节时需侦听总线活动

11．IEEE 802.5 标准定义的是(　　)协议。

A．CSMA　　B．CSMA/CD　　C．Token Ring　　D．Token Bus

12．IEEE 802.3 的标准以太网中，任何两个站点之间通信最多只允许经过(　　)个中继器。

A．二　　B．三　　C．四　　D．五

13．Ethernet 局域网采用的媒体访问控制方式为(　　)。

A．CSMA　　B．CAMA/CD　　C．CDMA　　D．CSMA/CD

14．令牌是一种特殊的(　　)控制帧。

A．MAC　　B．LLC　　C．UDP　　D．HTTP

15．在 IEEE 802 标准中，规定局域网参考模型中的低三层自顶向下依次为(　　)，它们用于执行局域网最基本的通信功能。

A．数据链路层、网际层、物理层　　B．网际层、数据链路层、物理层

C．物理层、数据链路层、网际层　　D．物理层、网际层、数据链路层

16．FDDI 采用(　　)作为物理媒体。

A．同轴电缆　　B．光纤

C．屏蔽双绞线　　D．非屏蔽双绞线

17．在 10BASE-T 以太网中，连接计算机与交换机的双绞线最大长度为(　　)。

A．50 m　　B．100 m　　C．185 m　　D．500 m

18．ATM 信息传输和交换的基本单位是(　　)。

A．字节　　B．数据包　　C．信元　　D．位

19．交换局域网的核心部件是(　　)。

A．路由器　　B．集线器　　C．服务器　　D．交换机

20．无线局域网中两个站点间的距离目前可达到(　　)公里。

A．10　　B．20　　C．50　　D．100

练习 B-2　填空题

1．采用 CSMA/CD 媒体访问控制方法时，为了减少__________的发生，源站点在发送帧之前首先要监听信道上是否有其他站点发送的载波信号。

2．在 IEEE 802 标准系中，__________是为 Token Ring 制定的标准；IEEE 802.4 是为 Token Bus 制定的标准。

3．局域网协议结构一般只包含 OSI/RM 中的__________层和数据链路层。

4．“ATM 网络”中“ATM”的中文意思是______________。

5．ATM 的基本数据传输单位是信元，其长度为__________字节。

6．Token Bus 在物理上是一个__________结构局域网，在逻辑结构上则是一个环型结构的局域网。

7．在局域网参考模型中，LLC 与物理媒体无关，而__________则依赖于物理媒体和拓扑结构。

8．ATM 的信元为 53 个字节，其中________个字节是包含各种控制信息的信头，48 个字节是包含来自各种不同业务的用户数据的信息字段。

9．FDDI与标准令牌环不同之处在于采用了__________访问方法。

10．FDDI节点检测两种网络错误，一种是长时间无活动，另一种是__________。

11．ATM是将分组交换与__________优点相结合的网络技术。

12．交换机能为所有节点建立并行、独立和__________的连接。

13．VLAN的划分有三种方式：基于端口、基于MAC地址及基于__________。

14．WLAN有两种主要的拓扑结构，即自组织网络和__________。

练习B-3　概念解释

1．CSMA/CD；
2．Token Bus；
3．Token Ring；
4．FDDI；
5．交换局域网；
6．VLAN(虚拟局域网)；
7．WLAN(无线局域网)。

练习B-4　简答题

1．简述CSMA/CD的基本工作原理、主要优点及不足。
2．简述Token Bus的基本工作原理、主要优点及不足。
3．简述Token Ring的基本工作原理、主要优点及不足。
4．简述交换式局域网的工作过程。
5．什么是虚拟局域网技术？它的组网方式有什么特点？
6．在局域网中，客户机与服务机(C/S)模式和对等模式网络有什么不同？

练习B-5　判断题(对的打“√”，错的打“×”)

1．按转输介质访问控制方法来分，局域网可以分为共享介质局域网与交换局域网。（　）

2．IEEE 802.3定义的介质访问控制方法为：带有冲突检测的载波监听多路访问方法。（　）

3．在令牌环网中，令牌是沿着物理环顺序单向逐站传送。（　）

4．在局域网中，一定要有一台服务器。（　）

5．在粗缆以太网中，最远传输距离为500 m。（　）

6．在细缆以太网中，使用中继器时，最远传输距离为185 m。（　）

7．用双绞线及集线器组建网络时，最多可用4个中继器(或交换机)。（　）

8．在交换式以太网上使用一个16口100 Mb/s交换机，当16个节点同时使用时，每个端口的流量都可达到100 Mb/s。（　）

9．网络中只要有交换机可以实现虚拟局域网。（　）

10．相对于有线网络，无线局域网的组建、配置和维护较为容易。（　）

参考文献

[1] 尹建璋. 计算机网络技术及应用实例. 西安：西安电子科技大学出版社，2008
[2] 尹建璋. 局域网组建项目任务教程. 西安：西安电子科技大学出版社，2012
[3] 袁家政，须德. 计算机网络. 2 版. 西安：西安电子科技大学出版社，2006
[4] 李冬，孙芳，张慧. 计算机网络实训教程. 北京：清华大学出版社，2004
[5] 谭珂，全惠民. 局域网组建与管理实用手册. 北京：中国青年出版社，2003
[6] 欧阳江林，等. 计算机网络实训教程. 北京：电子工业出版社，2005
[7] 徐其兴，等. 计算机网络技术及应用. 北京：高等教育出版社，2006
[8] 谢希仁. 计算机网络. 2 版. 大连：大连理工大学出版社，1996
[9] 姜勇，等. 局域网组建实用培训教程. 2 版. 北京：清华大学出版社，2003
[10] 袁家政. 计算机网络安全与应用技术. 北京：清华大学出版社，2002
[11] 毕卡秋. 计算机网络基础教程. 北京：冶金工业出版社，2000
[12] 邓志华，朱庆. 网络安全与实训教程. 北京：人民邮电出版社，2006
[13] 张尧学，等. 计算机网络与 Internet 教程. 北京：清华大学出版社，2003
[14] 蒋青泉，等. 接入网技术. 北京：人民邮电出版社，2006
[15] 曾湘黔，等. 网络安全与防火墙技术. 重庆：重庆大学出版社，2005